矩 阵 分 析

Matrix Analysis

韩志涛 编著

东北大学出版社
·沈 阳·

图书在版编目（CIP）数据

矩阵分析 / 韩志涛编著. — 沈阳：东北大学出版社，2024. 7. --ISBN 978-7-5517-3631-2

Ⅰ. O151. 21

中国国家版本馆 CIP 数据核字第 2024D2Z432 号

出 版 者：东北大学出版社
地址：沈阳市和平区文化路三号巷 11 号
邮编：110819
电话：024-83683655（总编室）
024-83687331（营销部）
网址：http://press.neu.edu.cn
印 刷 者：辽宁一诺广告印务有限公司
发 行 者：东北大学出版社
幅面尺寸：185mm×260mm
印　　张：9. 25
字　　数：243 千字
出版时间：2024 年 7 月第 1 版
印刷时间：2024 年 7 月第 1 次印刷
责任编辑：刘宗玉
责任校对：潘佳宁
封面设计：潘正一
责任出版：初　茗

ISBN 978-7-5517-3631-2　　定　　价：28. 00 元

前　言

矩阵理论自 19 世纪创立以来，经过许多数学家的努力，已经发展成为一门内容丰富、逻辑清晰、应用广泛的数学分支. 可以说矩阵的理论已经渗透到了各个学科领域，它不仅是学习数值分析、最优化理论以及概率统计等数学学科的基础，而且在许多其他领域如控制理论、优化理论、力学、经济管理、金融等都有广泛的应用. 线性代数已经成为大学生的一门必修课，现在几乎所有的科研领域都有代数的影子. 但是大学里讲授的主要是线性部分，对于矩阵的分析性质很少涉及，而矩阵分析理论的应用更是广泛，如信号处理、电子、通信、模式识别、神经计算、雷达、图像处理、系统辨识等诸多领域都需要矩阵的分析性质.

本书从线性代数的基础理论出发，比较全面地介绍了矩阵分析的基本理论、方法和某些应用，主要包括线性空间、内积空间、线性变换等的基本概念和性质，范数理论和应用，矩阵的分解理论，矩阵的约当标准形，矩阵函数的理论和应用，矩阵的特征值的估计，矩阵的直积，等等.

本书是作者在多年为研究生讲授该门课程的基础上，参考国内外相关教材并结合学生们的后续科研工作中需要的知识编写而成的. 该课程学时短，信息量大，学生们在科研工作中又需要大量的矩阵的知识，如何在短时间内尽可能讲授丰富的内容，还能够让学生们充分掌握所学习的知识，这是作者花费大量的时间和精力一直在思考的问题. 为了尽可能增加课程的深度和广度，又使之通俗易懂，在写作过程中力求循序渐进，希望在学习过程中让学生们先入门再提高. 本书所采用的方法经过多年的教学检验被证明是比较好的方法.

本书可供非数学类研究生在学习矩阵理论时使用，尤其是需要短时间内快速掌握矩阵分析的基本理论时使用，也可作为高等学校理工科高年级本科生以及从事教学科研等人员学习矩阵分析的参考用书.

本书是在 2016 年第 1 版的基础上重新修订而成的，内容有较大幅度的修改和增加. 在重新修订过程中，郭阳、刘丽丽两位老师提出了很多宝贵意见，在这里向他们表示衷心的感谢!

限于作者水平，书中难免有疏漏之处，敬请读者批评指正.

韩志涛

2024 年 5 月

目　录

第一章　线性空间和线性变换 …… 1
1.1　线性空间的概念 …… 1
1.1.1　线性空间 …… 1
1.1.2　线性空间的例子、基底、坐标 …… 2
1.2　基变换与坐标变换 …… 3
1.3　子空间和维数定理 …… 6
1.3.1　子空间及生成方式 …… 6
1.3.2　维数定理 …… 8
1.4　线性空间中的线性变换 …… 11
1.5　线性变换的矩阵 …… 14
第二章　内积空间 …… 19
2.1　内积空间的基本概念 …… 19
2.2　正交基与子空间的正交 …… 21
2.3　点到子空间的距离与最小二乘法 …… 24
2.4　正规矩阵 …… 26
第三章　矩阵的标准形 …… 28
3.1　哈密顿-凯莱定理以及矩阵的最小多项式 …… 28
3.1.1　哈密顿-凯莱定理 …… 28
3.1.2　最小多项式 …… 29
3.2　矩阵的相似对角形 …… 32
3.3　约当标准形 …… 34
3.4　史密斯标准形 …… 38
第四章　向量和矩阵的范数 …… 42
4.1　向量的范数 …… 42
4.1.1　范数的定义 …… 42
4.1.2　几种常见的范数 …… 42
4.1.3　生成范数 …… 44
4.1.4　范数的等价 …… 45
4.2　矩阵的范数 …… 47
4.2.1　方阵的范数 …… 47

4.2.2 常用的范数 …… 48
4.2.3 与向量范数的相容性 …… 49
4.2.4 用矩阵范数来定义向量范数 …… 49
4.2.5 从属范数 …… 50
4.2.6 从属范数的计算 …… 52
4.3 范数的应用举例 …… 56
第五章 矩阵的分解 …… 59
5.1 矩阵的对角分解 …… 59
5.2 矩阵的三角分解 …… 62
5.3 矩阵的满秩分解 …… 66
5.4 舒尔定理与矩阵的 ***QR*** 分解 …… 69
5.5 矩阵的奇异值分解 …… 73
第六章 矩阵的函数 …… 80
6.1 矩阵的微分和积分 …… 80
6.1.1 对一个变量的导数 …… 80
6.1.2 对向量及矩阵的导数 …… 81
6.1.3 矩阵函数对矩阵变量的导数 …… 82
6.2 矩阵序列及矩阵级数 …… 84
6.2.1 矩阵的极限及序列 …… 84
6.2.2 矩阵的级数 …… 86
6.2.3 矩阵的幂级数 …… 88
6.3 矩阵函数 …… 90
6.4 矩阵函数的性质 …… 94
6.5 矩阵函数在微分方程组中的应用 …… 95
6.6 线性系统的能控性与能观性 …… 98
第七章 矩阵特征值的估计 …… 102
7.1 特征值界的估计 …… 102
7.2 特征值的包含区域 …… 104
7.2.1 Gerschgorin 盖尔圆定理 …… 104
7.2.2 特征值的隔离 …… 106
第八章 矩阵的直积 …… 109
8.1 直积的定义和性质 …… 109
8.2 直积的应用 …… 113
8.2.1 拉 直 …… 113
8.2.2 线性矩阵方程组 …… 115
习题解答 …… 119

第一章　线性空间和线性变换

1.1　线性空间的概念

1.1.1　线性空间

这一章讨论线性空间，什么是线性空间呢？在线性代数里曾经学习过线性方程组 $\boldsymbol{Ax}=\boldsymbol{0}$ 的解，当 $\boldsymbol{A}$ 的秩小于未知数的个数时，方程组有无穷多个解. 这无穷多个解做成一个集合，这个集合就是线性空间一个典型的例子.

首先，这个集合里的元素是向量，而且这个集合里有两种运算，任意两个向量可以相加，一个向量还可以乘个倍数. 不论是相加还是乘个倍数，得到的仍然是方程组的解，即这个集合对这两种运算是封闭的.

其次，向量乘一个倍数时，乘的是什么数？是有理数，还是实数？数取得不同，最后会得到不同的集合，即这个集合不但与集合里的元素有关，而且还与乘什么样的数有关.

进一步研究会发现，这个集合里一定有零向量，而且一个元素乘上一个负号也一定在这个集合里，此外还有一些其他的性质.

把这个集合拓展一下，集合里的元素不是向量而是同一类型的矩阵，或者多项式，这个集合有类似的性质.

把这个集合的性质抽象出来，就得到线性空间的概念.

集合里的元素可以与数相乘，这个数可以在一个数的集合里取，这个数的集合就叫作数域.

定义 1.1　数域：一个对和、差、积、商运算都封闭的复数的非空集合 P 称为数域.

容易验证，全体有理数 $\mathbf{Q}$、全体实数 $\mathbf{R}$、全体复数 $\mathbf{C}$，都构成数域，分别称为有理数域、实数域、复数域，而自然数集和整数集不是数域. 可以证明，集合

$$\{a+b\sqrt{2},\ a,\ b\in\mathbf{Q}\}$$

也构成数域.

定义 1.2　设 V 是一个非空的集合，如果在 V 中定义二元运算（加法），即 V 中的任意两个元素 $\boldsymbol{\alpha},\boldsymbol{\beta}$ 经过这个运算结果仍是 V 中的一个元素，这个元素称为 $\boldsymbol{\alpha}$ 与 $\boldsymbol{\beta}$ 的和，记作 $\boldsymbol{\alpha}+\boldsymbol{\beta}$. 在数域 P 与 V 之间定义一个运算叫作数量乘法，即对于 P 中的任意数 k 与 V 中的任意一个元素 $\boldsymbol{\alpha}$，经过这一运算的结果仍然是 V 中的一个元素，称为 k 与 $\boldsymbol{\alpha}$ 的数量乘积，记作 $k\boldsymbol{\alpha}$.

如果上述运算满足以下规则，则称 V 为数域 P 上的线性空间. V 中的元素也称为向量.

(1) 对任意的 $\boldsymbol{\alpha},\boldsymbol{\beta}\in V$，$\boldsymbol{\alpha}+\boldsymbol{\beta}=\boldsymbol{\beta}+\boldsymbol{\alpha}$；

(2) 对任意的 $\boldsymbol{\alpha},\boldsymbol{\beta},\boldsymbol{\gamma}\in V$，$(\boldsymbol{\alpha}+\boldsymbol{\beta})+\boldsymbol{\gamma}=\boldsymbol{\alpha}+(\boldsymbol{\beta}+\boldsymbol{\gamma})$；

(3) 在 V 中存在一个零元素，记作 $\boldsymbol{0}$，对任意的 $\boldsymbol{\alpha}\in V$，有 $\boldsymbol{\alpha}+\boldsymbol{0}=\boldsymbol{\alpha}$；

(4) 对任意的 $\boldsymbol{\alpha}\in V$，都有 $\boldsymbol{\alpha}$ 的负元素，记作 $-\boldsymbol{\alpha}$；

(5)对任意的 $\boldsymbol{\alpha}\in V$, 有 $1\cdot\boldsymbol{\alpha}=\boldsymbol{\alpha}$;

(6)对任意的 $\boldsymbol{\alpha}\in V$, k, $l\in P$, $k(l\boldsymbol{\alpha})=(kl)\boldsymbol{\alpha}$;

(7)对任意的 $\boldsymbol{\alpha}\in V$, k, $l\in P$, $(k+l)\boldsymbol{\alpha}=k\boldsymbol{\alpha}+l\boldsymbol{\alpha}$;

(8)对任意的 $k\in P$, $\boldsymbol{\alpha}$, $\boldsymbol{\beta}\in V$, $k(\boldsymbol{\alpha}+\boldsymbol{\beta})=k\boldsymbol{\alpha}+k\boldsymbol{\beta}$.

1.1.2 线性空间的例子、基底、坐标

例 1.1 n 元有序数组的集合, 记作 P^n, 若对于 P^n 中的任意两个元素

$$\boldsymbol{x}=(x_1, x_2, \cdots, x_n), \boldsymbol{y}=(y_1, y_2, \cdots, y_n)$$

及每个 $k\in P$, 定义加法和数乘为

$$\boldsymbol{x}+\boldsymbol{y}=(x_1+y_1, x_2+y_2, \cdots, x_n+y_n),$$
$$k\boldsymbol{x}=(kx_1, kx_2, \cdots, kx_n),$$

则容易验证 P^n 是 P 上的一个线性空间.

例 1.2 数域 P 上的 $m\times n$ 矩阵的集合 $P^{m\times n}$, 按通常的加法和数乘的定义, 则 $P^{m\times n}$ 构成一个线性空间.

例 1.3 n 为正整数, P 为数域, 关于 t 的所有次数小于 n 的多项式的集合, 用 $P_n[t]$ 表示, $P_n[t]$ 是线性空间.

如
$$\alpha=2+3t+t^2, \beta=1-2t+3t^2,$$
则
$$\alpha+\beta=3+t+4t^2.$$

例 1.4 所有多项式的集合 $P[t]$ 构成线性空间.

定义 1.3 (线性相关)在 V 中有一组元素 $\boldsymbol{\alpha}_1$, $\boldsymbol{\alpha}_2$, $\cdots$, $\boldsymbol{\alpha}_m$, 如果存在它们的一个线性组合

$$k_1\boldsymbol{\alpha}_1+k_2\boldsymbol{\alpha}_2+\cdots+k_m\boldsymbol{\alpha}_m=\boldsymbol{0},$$

其中系数不全是零, 则这组元素线性相关;如果不存在这样的组合, 则这组元素线性无关.

定义 1.4 (基底)V 中的一组向量 $\boldsymbol{\alpha}_1$, $\boldsymbol{\alpha}_2$, $\cdots$, $\boldsymbol{\alpha}_n$ 线性无关, 且其他元素都可以被它们线性表达, 则称 $\boldsymbol{\alpha}_1$, $\boldsymbol{\alpha}_2$, $\cdots$, $\boldsymbol{\alpha}_n$ 为 V 的一组基, n 为空间 V 的维数, 记作 $\dim V=n$,而表达式的系数是这个元素的坐标.

例 1.5 $\mathbf{R}^{2\times2}$空间的一组基为 $\boldsymbol{E}_{11}$, $\boldsymbol{E}_{12}$, $\boldsymbol{E}_{21}$, $\boldsymbol{E}_{22}$, 这里

$$\boldsymbol{E}_{11}=\begin{pmatrix}1&0\\0&0\end{pmatrix}, \boldsymbol{E}_{12}=\begin{pmatrix}0&1\\0&0\end{pmatrix}, \boldsymbol{E}_{21}=\begin{pmatrix}0&0\\1&0\end{pmatrix}, \boldsymbol{E}_{22}=\begin{pmatrix}0&0\\0&1\end{pmatrix}.$$

维数为 4.

例 1.6 在 $\mathbf{R}^{2\times2}$空间中, 基底如例 5 中的基底, 则矩阵

$$\boldsymbol{A}=\begin{pmatrix}2&1\\3&-2\end{pmatrix}=2\boldsymbol{E}_{11}+\boldsymbol{E}_{12}+3\boldsymbol{E}_{21}-2\boldsymbol{E}_{22}$$

的坐标为(2, 1, 3, -2).

在取定一组基后, 线性空间中的元素与坐标(也就是一个向量)一一对应.

例 1.7 $P_n[t]$的一组基为 1, t, t^2, $\cdots$, t^{n-1}, 维数为 n.

例 1.8 设 $\mathbf{R}^+$是所有正实数集合, 在其中定义加法与数乘运算为

$$a\oplus b=ab, k\circ a=a^k. (a, b\in\mathbf{R}^+, k\in\mathbf{R}\}$$

为了与通常数的加法与乘法运算相区别, 分别用"$\oplus$"和"$\circ$"表示例 1.8 中定义的加法和数乘运算.

可以证明 $\mathbf{R}^+$ 构成实数域上的线性空间.

证明　设 a, $b\in\mathbf{R}^+$, $k\in\mathbf{R}$, 则

$$a\oplus b=ab\in\mathbf{R}^+,\ k\circ a=a^k\in\mathbf{R}^+,$$

对运算封闭.

再设 a, b, $c\in\mathbf{R}^+$, k, $l\in\mathbf{R}$, 有

(1) $a\oplus b=ab=b\oplus a$,

(2) $(a\oplus b)\oplus c=abc=a\oplus(b\oplus c)$,

(3) $a\oplus 1=a\cdot 1=a$, 1 是零元,

(4) $a\oplus a^{-1}=1$, a^{-1}是 a 的负元,

(5) $1\circ a=a^1=a$,

(6) $k\circ(l\circ a)=a^{lk}=(lk)\circ a$,

(7) $(k+l)\circ a=a^k\cdot a^l=(k\circ a)\oplus(l\circ a)$,

(8) $k\circ(a\oplus b)=(ab)^k=(k\circ a)\oplus(k\circ b)$.

例 1.9　取集合 P 为单位圆上的点,记为 $P=\{\mathrm{e}^{\mathrm{i}Q}\mid Q$ 为与 x 轴正向夹角$\}$.加法定义为旋转, 即

$$\mathrm{e}^{\mathrm{i}Q_1}\oplus\mathrm{e}^{\mathrm{i}Q_2}=\mathrm{e}^{\mathrm{i}(Q_1+Q_2)}.$$

数乘为 $k_0\mathrm{e}^{\mathrm{i}Q}=\mathrm{e}^{\mathrm{i}kQ}$, $k\in\mathbf{R}$.

可以证明, P 为线性空间.

习题 1.1

1. 在 n 维线性空间 P^n 中, 下列 n 维向量的集合 V 是否构成 P 上的线性空间?

(1) $V=\{(a,\ b,\ a,\ b,\ \cdots,\ a,\ b)\mid a,\ b\in P\}$;

(2) $V=\{(a_1,\ a_2,\ \cdots,\ a_n)\mid \sum\limits_{i=1}^{n}a_i=1\}$;

(3) $V=\{\boldsymbol{X}=(x_1,\ x_2,\ \cdots,\ x_n)^{\mathrm{T}}\mid \boldsymbol{AX}=\boldsymbol{0},\ \boldsymbol{A}\in P^{n\times n}\}$.

2. 按照通常的矩阵加法及矩阵与数的乘法, 下列数域 P 上的方阵集合是否构成 P 上的线性空间?

(1) 全体形如$\begin{pmatrix}0 & a\\ -a & b\end{pmatrix}$的二阶方阵的集合;

(2) 全体 n 阶对称(或者反对称、上三角)矩阵的集合;

(3) $V=\{\boldsymbol{X}\mid \boldsymbol{AX}=\boldsymbol{0},\ \boldsymbol{X}\in P^{n\times n}\}$ ($\boldsymbol{A}$ 为给定的 n 阶方阵, $\boldsymbol{A}\in P^{n\times n}$).

1.2　基变换与坐标变换

一般来说, 一个元素在不同的基底下有不同的坐标, 它们的坐标有什么关系呢? 两个不同的基底之间有什么关联呢? 这一节来讨论这个问题.

设 V 是 P 上的 n 维线性空间, $\boldsymbol{\alpha}_1$, $\boldsymbol{\alpha}_2$, $\cdots$, $\boldsymbol{\alpha}_n$ 和 $\boldsymbol{\beta}_1$, $\boldsymbol{\beta}_2$, $\cdots$, $\boldsymbol{\beta}_n$ 是 V 的两个不同的基底, 因为 $\boldsymbol{\alpha}_1$, $\boldsymbol{\alpha}_2$, $\cdots$, $\boldsymbol{\alpha}_n$ 是基底, 所以 $\boldsymbol{\beta}_1$, $\boldsymbol{\beta}_2$, $\cdots$, $\boldsymbol{\beta}_n$ 可以被这个基底线性表达, 这两个基的关系是:

$$\boldsymbol{\beta}_1=a_{11}\boldsymbol{\alpha}_1+a_{21}\boldsymbol{\alpha}_2+\cdots+a_{n1}\boldsymbol{\alpha}_n,$$

$$\boldsymbol{\beta}_2=a_{12}\boldsymbol{\alpha}_1+a_{22}\boldsymbol{\alpha}_2+\cdots+a_{n2}\boldsymbol{\alpha}_n,$$
$$\cdots\cdots\cdots\cdots$$
$$\boldsymbol{\beta}_n=a_{1n}\boldsymbol{\alpha}_1+a_{2n}\boldsymbol{\alpha}_2+\cdots+a_{nn}\boldsymbol{\alpha}_n,$$

或者

$$(\boldsymbol{\beta}_1,\boldsymbol{\beta}_2,\cdots,\boldsymbol{\beta}_n)=(\boldsymbol{\alpha}_1,\boldsymbol{\alpha}_2,\cdots,\boldsymbol{\alpha}_n)\boldsymbol{A}.$$

这里 $\boldsymbol{A}=(a_{ij})_{n\times n}$ 称为从基底 $\boldsymbol{\alpha}_1,\cdots,\boldsymbol{\alpha}_n$ 到基底 $\boldsymbol{\beta}_1,\cdots,\boldsymbol{\beta}_n$ 的过渡矩阵.

设 V 中的元素 $\boldsymbol{\alpha}$ 在上述两个基底的表达式是

$$\boldsymbol{\alpha}=k_1\boldsymbol{\alpha}_1+k_2\boldsymbol{\alpha}_2+\cdots+k_n\boldsymbol{\alpha}_n=(\boldsymbol{\alpha}_1,\boldsymbol{\alpha}_2,\cdots,\boldsymbol{\alpha}_n)\begin{pmatrix}k_1\\k_2\\\vdots\\k_n\end{pmatrix},$$

$$\boldsymbol{\alpha}=l_1\boldsymbol{\beta}_1+l_2\boldsymbol{\beta}_2+\cdots+l_n\boldsymbol{\beta}_n=(\boldsymbol{\beta}_1,\boldsymbol{\beta}_2,\cdots,\boldsymbol{\beta}_n)\begin{pmatrix}l_1\\l_2\\\vdots\\l_n\end{pmatrix}.$$

利用过渡矩阵就可以得到这个元素的两个坐标之间的关系：

$$\boldsymbol{\alpha}=(\boldsymbol{\beta}_1,\boldsymbol{\beta}_2,\cdots,\boldsymbol{\beta}_n)\begin{pmatrix}l_1\\l_2\\\vdots\\l_n\end{pmatrix}=(\boldsymbol{\alpha}_1,\boldsymbol{\alpha}_2,\cdots,\boldsymbol{\alpha}_n)\boldsymbol{A}\begin{pmatrix}l_1\\l_2\\\vdots\\l_n\end{pmatrix}=(\boldsymbol{\alpha}_1,\boldsymbol{\alpha}_2,\cdots,\boldsymbol{\alpha}_n)\begin{pmatrix}k_1\\k_2\\\vdots\\k_n\end{pmatrix},$$

$$\begin{pmatrix}k_1\\k_2\\\vdots\\k_n\end{pmatrix}=\boldsymbol{A}\begin{pmatrix}l_1\\l_2\\\vdots\\l_n\end{pmatrix}.$$

例 1.10 如 $\boldsymbol{\alpha}=(1,1)$ 在基底

$$\boldsymbol{e}_1=(1,0),\boldsymbol{e}_2=(0,1)$$

下的坐标为(1, 1)，即

$$\boldsymbol{\alpha}=\boldsymbol{e}_1+\boldsymbol{e}_2;$$

而 $\boldsymbol{\alpha}$ 在基底

$$\boldsymbol{\varepsilon}_1=(1,0),\ \boldsymbol{\varepsilon}_2=(1,1)$$

下的坐标是(0, 1)，即

$$\boldsymbol{\alpha}=\boldsymbol{\varepsilon}_2.$$

例 1.11 把平面 $\mathbf{R}^2$ 上的基底

$$\boldsymbol{e}_1=(1,0),\ \boldsymbol{e}_2=(0,1)$$

逆时针旋转 45°，如图 1.1，得 $\boldsymbol{\varepsilon}_1$，$\boldsymbol{\varepsilon}_2$.

一个向量

$$\boldsymbol{OP}=(1,2)=\boldsymbol{e}_1+2\boldsymbol{e}_2$$

在新的基底下的坐标是什么？

解 从图 1.1 中可以看出

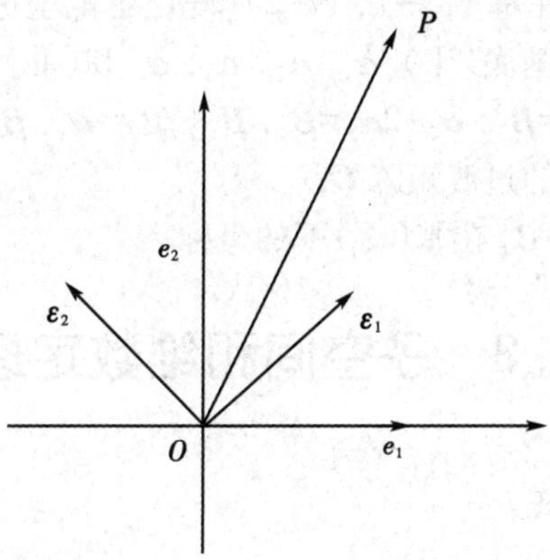

图 1.1

$$\boldsymbol{\varepsilon}_1=\left(\frac{1}{\sqrt{2}},\ \frac{1}{\sqrt{2}}\right)=(\boldsymbol{e}_1,\ \boldsymbol{e}_2)\begin{pmatrix}\frac{1}{\sqrt{2}}\\ \frac{1}{\sqrt{2}}\end{pmatrix},$$

$$\boldsymbol{\varepsilon}_2=\left(-\frac{1}{\sqrt{2}},\ \frac{1}{\sqrt{2}}\right)=(\boldsymbol{e}_1,\ \boldsymbol{e}_2)\begin{pmatrix}-\frac{1}{\sqrt{2}}\\ \frac{1}{\sqrt{2}}\end{pmatrix},$$

故

$$(\boldsymbol{\varepsilon}_1,\ \boldsymbol{\varepsilon}_2)=(\boldsymbol{e}_1,\ \boldsymbol{e}_2)\boldsymbol{A},$$

$$\boldsymbol{A}=\frac{1}{\sqrt{2}}\begin{pmatrix}1 & -1\\ 1 & 1\end{pmatrix},\ \boldsymbol{A}^{-1}=\frac{1}{\sqrt{2}}\begin{pmatrix}1 & 1\\ -1 & 1\end{pmatrix},$$

$$\boldsymbol{OP}=(\boldsymbol{e}_1,\ \boldsymbol{e}_2)\begin{pmatrix}1\\ 2\end{pmatrix}=(\boldsymbol{\varepsilon}_1,\ \boldsymbol{\varepsilon}_2)\boldsymbol{A}^{-1}\begin{pmatrix}1\\ 2\end{pmatrix}=(\boldsymbol{\varepsilon}_1,\ \boldsymbol{\varepsilon}_2)\frac{1}{\sqrt{2}}\begin{pmatrix}3\\ 1\end{pmatrix}.$$

$\boldsymbol{OP}$在新的基底下的坐标是$\frac{1}{\sqrt{2}}\begin{pmatrix}3\\ 1\end{pmatrix}$.

习题 1.2

1. 在三维线性空间 P^3 中，分别求下面的向量 $\boldsymbol{\alpha}$ 在基 $\boldsymbol{\varepsilon}_1$，$\boldsymbol{\varepsilon}_2$，$\boldsymbol{\varepsilon}_3$ 下的坐标：
   (1) $\boldsymbol{\alpha}=(1,\ 2,\ 1)$；$\boldsymbol{\varepsilon}_1=(1,\ 1,\ 1)$，$\boldsymbol{\varepsilon}_2=(1,\ 1,\ -1)$，$\boldsymbol{\varepsilon}_3=(1,\ -1,\ -1)$.
   (2) $\boldsymbol{\alpha}=(3,\ 7,\ 1)$；$\boldsymbol{\varepsilon}_1=(1,\ 3,\ 5)$，$\boldsymbol{\varepsilon}_2=(6,\ 3,\ 2)$，$\boldsymbol{\varepsilon}_3=(3,\ 1,\ 0)$.
2. 在 $\mathbf{R}^4$ 中有两个基：
   ① $\boldsymbol{\alpha}_1=(1,\ 0,\ 0,\ 0)$，$\boldsymbol{\alpha}_2=(0,\ 1,\ 0,\ 0)$，$\boldsymbol{\alpha}_3=(0,\ 0,\ 1,\ 0)$，$\boldsymbol{\alpha}_4=(0,\ 0,\ 0,\ 1)$；
   ② $\boldsymbol{\beta}_1=(2,\ 1,\ -1,\ 1)$，$\boldsymbol{\beta}_2=(0,\ 3,\ 1,\ 0)$，$\boldsymbol{\beta}_3=(5,\ 3,\ 2,\ 1)$，$\boldsymbol{\beta}_4=(6,\ 6,\ 1,\ 3)$.
   试求：(1) 从第一个基到第二个基的过渡矩阵；
   (2) 向量 $\boldsymbol{\alpha}=(x_1,\ x_2,\ x_3,\ x_4)$ 对第二个基的坐标 $(x_1',\ x_2',\ x_3',\ x_4')$；
   (3) 对两个基有相同坐标的向量.

3. 求 $P_3[t]$ 中多项式 $1+t+t^2$ 在基 1，$t-1$，$(t-2)(t-1)$ 下的坐标.

4. 设四维线性空间 V 的两个基底（Ⅰ）：$\boldsymbol{\alpha}_1$，$\boldsymbol{\alpha}_2$，$\boldsymbol{\alpha}_3$，$\boldsymbol{\alpha}_4$ 和（Ⅱ）：$\boldsymbol{\beta}_1$，$\boldsymbol{\beta}_2$，$\boldsymbol{\beta}_3$，$\boldsymbol{\beta}_4$ 满足

$$\boldsymbol{\alpha}_1+2\boldsymbol{\alpha}_2=\boldsymbol{\beta}_3,\ \boldsymbol{\alpha}_2+2\boldsymbol{\alpha}_3=\boldsymbol{\beta}_4,\ \boldsymbol{\beta}_1+2\boldsymbol{\beta}_2=\boldsymbol{\alpha}_3,\ \boldsymbol{\beta}_2+2\boldsymbol{\beta}_3=\boldsymbol{\alpha}_4.$$

（1）求由基（Ⅰ）到基（Ⅱ）的过渡矩阵 $\boldsymbol{C}$；

（2）求元素 $\boldsymbol{\alpha}=2\boldsymbol{\beta}_1-\boldsymbol{\beta}_2+\boldsymbol{\beta}_3+\boldsymbol{\beta}_4$ 在基（Ⅰ）下的坐标.

1.3 子空间和维数定理

1.3.1 子空间及生成方式

我们知道三维线性空间 $\mathbf{R}^3$ 的二维平面 $\mathbf{R}^2$ 也是一个线性空间，这种类型的空间叫作子空间.

定义 1.5 设 V 是 数域 P 上的线性空间，W 是 V 的非空子集，如果 W 对于线性空间 V 所定义的加法运算及数乘运算也构成 P 上的线性空间，则称 W 为 V 的线性子空间，简称子空间.

因为子集中的运算与原来空间中的运算一样，所以只需要判别运算是否封闭.

定理 1.1 设 W 是 P 上的线性空间 V 的非空子集，则 W 是 V 的线性子空间的充要条件是

（1）若 $\boldsymbol{\alpha}$，$\boldsymbol{\beta}\in W$，则 $\boldsymbol{\alpha}+\boldsymbol{\beta}\in W$；

（2）若 $\boldsymbol{\alpha}\in W$，$k\in P$，则 $k\boldsymbol{\alpha}\in W$.

$\{0\}$ 及 V 本身也是 V 的子空间，这两个子空间是 V 的平凡子空间.

例如，n 维线性空间 P^n 中，子集 $W=\{\boldsymbol{X}\mid \boldsymbol{AX}=\boldsymbol{0},\ \boldsymbol{X}\in P^n\}$ 构成一个 $n-r(\boldsymbol{A})$ 维的子空间.

下面介绍几种子空间的生成方式.

1.3.1.1 生成子空间

设 $\boldsymbol{\alpha}_1$，$\boldsymbol{\alpha}_2$，$\cdots$，$\boldsymbol{\alpha}_m$ 是 V 上的 m 个元素，由这 m 个元素的任意组合构成的集合 $\{k_1\boldsymbol{\alpha}_1+\cdots+k_m\boldsymbol{\alpha}_m\}$ 对 V 中的加法及数乘封闭，因而这个子集是 V 中的子空间. 记作

$$L(\boldsymbol{\alpha}_1,\ \boldsymbol{\alpha}_2,\ \cdots,\ \boldsymbol{\alpha}_m).$$

证明 任取

$$\boldsymbol{\alpha},\ \boldsymbol{\beta}\in L(\boldsymbol{\alpha}_1,\ \cdots,\ \boldsymbol{\alpha}_m),$$

则

$$\boldsymbol{\alpha}=k_1\boldsymbol{\alpha}_1+\cdots+k_m\boldsymbol{\alpha}_m,$$
$$\boldsymbol{\beta}=l_1\boldsymbol{\alpha}_1+\cdots+l_m\boldsymbol{\alpha}_m,$$
$$\boldsymbol{\alpha}+\boldsymbol{\beta}=(k_1+l_1)\boldsymbol{\alpha}_1+\cdots+(k_m+l_m)\boldsymbol{\alpha}_m\in L(\boldsymbol{\alpha}_1,\ \cdots,\ \boldsymbol{\alpha}_m),$$
$$k\boldsymbol{\alpha}\in L(\boldsymbol{\alpha}_1,\ \cdots,\ \boldsymbol{\alpha}_m).$$

所以，$L(\boldsymbol{\alpha}_1,\ \cdots,\ \boldsymbol{\alpha}_m)$ 是子空间.

例如在 $\mathbf{R}^{2\times2}$ 空间中，矩阵 $\begin{pmatrix}1 & 0\\ 0 & 0\end{pmatrix}$，$\begin{pmatrix}0 & 1\\ 0 & 0\end{pmatrix}$ 生成一个子空间，维数是 2，这是四维空间的二维子空间.

1.3.1.2 用原有的子空间生成新的子空间的方法

（1）设 V_1，V_2 是 V 的子空间，则 $V_1\cap V_2$ 是 V 的子空间，叫作两个子空间的交子空间.

例如，三维空间的两个子空间：

$$V_1=L(\boldsymbol{e}_1,\ \boldsymbol{e}_2),\ V_2=L(\boldsymbol{e}_2,\ \boldsymbol{e}_3),$$

则

$$V_1\cap V_2=L(\boldsymbol{e}_2).$$

证明　任取

$$\boldsymbol{\alpha},\ \boldsymbol{\beta}\in V_1\cap V_2,$$

则

$$\boldsymbol{\alpha}\in V_1,\ \boldsymbol{\beta}\in V_1,\ \boldsymbol{\alpha}\in V_2,\ \boldsymbol{\beta}\in V_2,\ \boldsymbol{\alpha}+\boldsymbol{\beta}\in V_1,\ \boldsymbol{\alpha}+\boldsymbol{\beta}\in V_2,$$

$$\boldsymbol{\alpha}+\boldsymbol{\beta}\in V_1\cap V_2.$$

同样地，

$$k\boldsymbol{\alpha}\in V_1\cap V_2.$$

所以 $V_1\cap V_2$ 是子空间.

例 1.12　设 $V_1=\{(x_1,\ x_2,\ x_3)\mid x_1+x_2+x_3=0\}$，$V_2=\{(x_1,\ x_2,\ x_3)\mid 2x_1-x_2-2x_3=0\}$ 是 V 的两个子空间，求 $V_1\cap V_2$.

解　由

$$x_1+x_2+x_3=0,$$
$$2x_1-x_2-2x_3=0$$

解得

$$3x_1=x_3,\ x_2=-4x_1,$$

交空间

$$V_1\cap V_2=\{x_1(1,\ -4,\ 3)\}.$$

这是一维的子空间.

(2)设 V_1，V_2 是 V 的子空间，V_1+V_2 也是 V 的子空间，这里

$$V_1+V_2=\{\boldsymbol{\alpha}_1+\boldsymbol{\alpha}_2\mid\boldsymbol{\alpha}_1\in V_1,\ \boldsymbol{\alpha}_2\in V_2\}.$$

这个子空间叫作 V_1 和 V_2 的和子空间.

例如三维空间

$$V_1=L(\boldsymbol{e}_1,\ \boldsymbol{e}_2),\ V_2=L(\boldsymbol{e}_3),$$

$$V_1+V_2=\mathbf{R}^3.$$

证明　设

$$\boldsymbol{\alpha}\in V_1+V_2,\ \boldsymbol{\beta}\in V_1+V_2,$$

则存在

$$\boldsymbol{\alpha}_1,\ \boldsymbol{\alpha}_2,\ \boldsymbol{\beta}_1,\ \boldsymbol{\beta}_2,$$

使得

$$\boldsymbol{\alpha}=\boldsymbol{\alpha}_1+\boldsymbol{\alpha}_2,\ \boldsymbol{\beta}=\boldsymbol{\beta}_1+\boldsymbol{\beta}_2,$$

$$\boldsymbol{\alpha}+\boldsymbol{\beta}=(\boldsymbol{\alpha}_1+\boldsymbol{\beta}_1)+(\boldsymbol{\alpha}_2+\boldsymbol{\beta}_2)\in V_1+V_2.$$

类似地

$$k\boldsymbol{\alpha}\in V_1+V_2,$$

所以 V_1+V_2 是子空间.

怎样求两个空间的和子空间呢？下面介绍一种求和子空间的方法. 把两个子空间都写成生成子空间的形式

$$V_1=L(\boldsymbol{\alpha}_1,\ \boldsymbol{\alpha}_2,\ \cdots,\ \boldsymbol{\alpha}_s),\ V_2=L(\boldsymbol{\beta}_1,\ \boldsymbol{\beta}_2,\ \cdots,\ \boldsymbol{\beta}_t),$$

则

$$V_1+V_2=L(\boldsymbol{\alpha}_1, \boldsymbol{\alpha}_2, \cdots, \boldsymbol{\alpha}_s, \boldsymbol{\beta}_1, \boldsymbol{\beta}_2, \cdots, \boldsymbol{\beta}_t),$$

即

$$L(\boldsymbol{\alpha}_1, \cdots, \boldsymbol{\alpha}_s)+L(\boldsymbol{\beta}_1, \cdots, \boldsymbol{\beta}_t)=L(\boldsymbol{\alpha}_1, \cdots, \boldsymbol{\alpha}_s, \boldsymbol{\beta}_1, \cdots, \boldsymbol{\beta}_t).$$

证明 这两个子空间的运算法则是一致的，要证明两边相等，只要证明它们作为集合相等即可.

任取

$$\boldsymbol{\alpha}\in 左边,$$

则

$$\boldsymbol{\alpha}=\boldsymbol{\alpha}_1'+\boldsymbol{\alpha}_2',\ \boldsymbol{\alpha}_1'\in L(\boldsymbol{\alpha}_1, \cdots, \boldsymbol{\alpha}_s),\ \boldsymbol{\alpha}_2'\in L(\boldsymbol{\beta}_1, \cdots, \boldsymbol{\beta}_t),$$
$$\boldsymbol{\alpha}=k_1\boldsymbol{\alpha}_1+\cdots+k_s\boldsymbol{\alpha}_s+l_1\boldsymbol{\beta}_1+\cdots+l_t\boldsymbol{\beta}_t\in L(\boldsymbol{\alpha}_1, \cdots, \boldsymbol{\alpha}_s, \boldsymbol{\beta}_1, \cdots, \boldsymbol{\beta}_t).$$

反之，任取

$$\boldsymbol{\alpha}\in 右边,$$

则

$$\boldsymbol{\alpha}=k_1\boldsymbol{\alpha}_1+\cdots+k_s\boldsymbol{\alpha}_s+l_1\boldsymbol{\beta}_1+\cdots+l_t\boldsymbol{\beta}_t\in 左边.$$

例 1.13 求两个子空间 V_1，V_2 的和子空间，其中 V_1，V_2 的表达式与例 1.12 的相同.

解 V_1 的坐标满足方程

$$x_1+x_2+x_3=0,$$

它的基础解系是

$$\boldsymbol{\alpha}_1=\begin{pmatrix}-1\\1\\0\end{pmatrix},\ \boldsymbol{\alpha}_2=\begin{pmatrix}-1\\0\\1\end{pmatrix},$$

即

$$V_1=L(\boldsymbol{\alpha}_1, \boldsymbol{\alpha}_2).$$

同理，V_2 的基础解系是

$$\boldsymbol{\beta}_1=\begin{pmatrix}1\\2\\0\end{pmatrix},\ \boldsymbol{\beta}_2=\begin{pmatrix}0\\-2\\1\end{pmatrix},$$

即

$$V_2=L(\boldsymbol{\beta}_1, \boldsymbol{\beta}_2),$$

则

$$V_1+V_2=L(\boldsymbol{\alpha}_1, \boldsymbol{\alpha}_2, \boldsymbol{\beta}_1, \boldsymbol{\beta}_2),$$

而 $\boldsymbol{\alpha}_1$，$\boldsymbol{\alpha}_2$，$\boldsymbol{\beta}_1$，$\boldsymbol{\beta}_2$ 的秩为 3，所以

$$V_1+V_2=L(\boldsymbol{\alpha}_1, \boldsymbol{\alpha}_2, \boldsymbol{\beta}_1).$$

两个子空间 V_1，V_2 的生成子空间 $V_1\cap V_2$，V_1+V_2 与 V_1，V_2 的维数之间有一个关系，这个关系是普遍成立的：

$$\dim V_1+\dim V_2=\dim(V_1+V_2)+\dim(V_1\cap V_2).$$

1.3.2 维数定理

由两个子空间 V_1，V_2 生成的子空间的维数 $\dim(V_1+V_2)$，$\dim(V_1\cap V_2)$ 与原来的子空间的维数之间有一个关系，称之为维数定理，即

$$\dim V_1+\dim V_2=\dim(V_1+V_2)+\dim(V_1\cap V_2).$$

证明　设

$$\dim V_1=r,\ \dim V_2=s,$$
$$\dim(V_1+V_2)=k,\ \dim(V_1\cap V_2)=t.$$

在 $V_1\cap V_2$ 中选取一个基 $\boldsymbol{\alpha}_1$, $\boldsymbol{\alpha}_2$, …, $\boldsymbol{\alpha}_t$, 扩充它使得 r 个线性无关的向量

$$\boldsymbol{\alpha}_1,\ \boldsymbol{\alpha}_2,\ \cdots,\ \boldsymbol{\alpha}_t,\ \boldsymbol{\alpha}_{t+1},\ \cdots,\ \boldsymbol{\alpha}_r$$

是 V_1 的基底.

同样, s 个线性无关的向量

$$\boldsymbol{\alpha}_1,\ \boldsymbol{\alpha}_2,\ \cdots,\ \boldsymbol{\alpha}_t,\ \boldsymbol{\beta}_{t+1},\ \cdots,\ \boldsymbol{\beta}_s$$

是 V_2 的基底, 如果能够证明

$$\boldsymbol{\alpha}_1,\ \boldsymbol{\alpha}_2,\ \cdots,\ \boldsymbol{\alpha}_t,\ \boldsymbol{\alpha}_{t+1},\ \cdots,\ \boldsymbol{\alpha}_r,\ \boldsymbol{\beta}_{t+1},\ \cdots,\ \boldsymbol{\beta}_s \tag{1-1}$$

为 V_1+V_2 的基底, 则有

$$\dim(V_1+V_2)=r+s-t.$$

要证明上面的等式, 只需要证明: 第一, 向量组(1-1)线性无关;

第二, V_1+V_2 的任何元素可以被式(1-1)线性表达.

第二个比较明显, 现在证明第一个, 设

$$k_1\boldsymbol{\alpha}_1+\cdots+k_t\boldsymbol{\alpha}_t+k_{t+1}\boldsymbol{\alpha}_{t+1}+\cdots+k_r\boldsymbol{\alpha}_r+l_{t+1}\boldsymbol{\beta}_{t+1}+\cdots+l_s\boldsymbol{\beta}_s=\mathbf{0}, \tag{1-2}$$

则

$$k_1\boldsymbol{\alpha}_1+\cdots+k_t\boldsymbol{\alpha}_t+k_{t+1}\boldsymbol{\alpha}_{t+1}+\cdots+k_r\boldsymbol{\alpha}_r=-l_{t+1}\boldsymbol{\beta}_{t+1}-\cdots-l_s\boldsymbol{\beta}_s.$$

左边属于 V_1, 右边属于 V_2, 所以它们都属于 $V_1\cap V_2$, 可以被 $V_1\cap V_2$ 的基底线性表达, 即存在一组数 l_1, …, l_t, 使得

$$-l_{t+1}\boldsymbol{\beta}_{t+1}-\cdots-l_s\boldsymbol{\beta}_s=l_1\boldsymbol{\alpha}_1+\cdots+l_t\boldsymbol{\alpha}_t,$$

即

$$l_1\boldsymbol{\alpha}_1+\cdots+l_t\boldsymbol{\alpha}_t+\cdots+l_s\boldsymbol{\beta}_s=\mathbf{0},$$

而

$$\boldsymbol{\alpha}_1,\ \cdots,\ \boldsymbol{\alpha}_t,\ \boldsymbol{\beta}_{t+1},\ \cdots,\ \boldsymbol{\beta}_s$$

是 V_2 的基底, 它的一个组合是零向量, 系数都是零.

把这个结果代入式(1-2), 得系数全是零, 于是式(1-1)线性无关.

例如, 三维空间 $\mathbf{R}^3$ 的维数为 3,

$$\dim L(\boldsymbol{e}_1,\boldsymbol{e}_2)=2,\ \dim L(\boldsymbol{e}_2,\boldsymbol{e}_3)=2,$$
$$\dim L(\boldsymbol{e}_1,\ \boldsymbol{e}_2,\ \boldsymbol{e}_3)=3=\dim(L(\boldsymbol{e}_1,\boldsymbol{e}_2)+L(\boldsymbol{e}_2,\boldsymbol{e}_3)),\ \dim L(\boldsymbol{e}_2)=1.$$

再来看 $V_1+V_2=W$.

W 是 V_1, V_2 的和, 反过来, 也可以看成 W 可以分解成 V_1+V_2, 即 W 中的每个元素 $\boldsymbol{\alpha}$ 都可以分解成 $\boldsymbol{\alpha}=\boldsymbol{\alpha}_1+\boldsymbol{\alpha}_2$, 如果每个元素的分解式是唯一的, 则称 V_1+V_2 是直和. 记作 $V_1\oplus V_2$ 或者 $V_1\dotplus V_2$.

例如三维空间之中,

$$L(\boldsymbol{e}_1,\ \boldsymbol{e}_2)+L(\boldsymbol{e}_3)$$

是直和.

如图 1.2, 向量 $\boldsymbol{OP}$ 分别向两个平面 $L(\boldsymbol{e}_1,\ \boldsymbol{e}_2)$, $L(\boldsymbol{e}_1,\ \boldsymbol{e}_3)$ 投影, 则 $\boldsymbol{OP}$ 的分解式不唯一.

$$\boldsymbol{OP}=\boldsymbol{OP}_1+\boldsymbol{P}_1\boldsymbol{P},$$

$$OP=OP_2+P_2P.$$

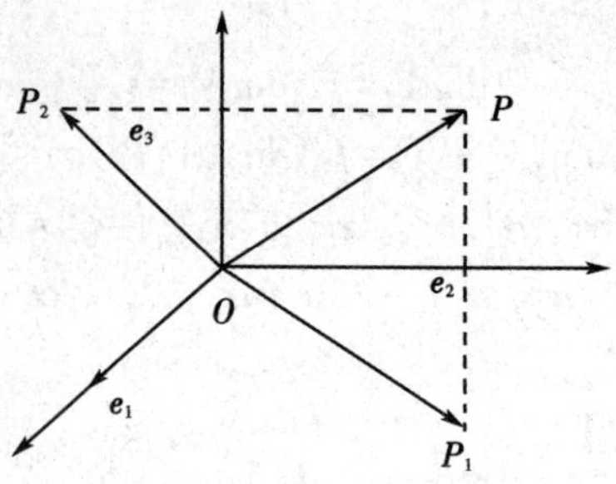

图 1.2

下面给出一种常用的判别直和的方法.

定理 1.2　V_1+V_2 是直和的充要条件是 $V_1\cap V_2=\{\mathbf{0}\}$.

证明　充分性，即若 $V_1\cap V_2=\{\mathbf{0}\}$，则 V_1+V_2 是直和.

任取
$$\boldsymbol{\alpha}\in V_1+V_2,$$
则
$$\boldsymbol{\alpha}=\boldsymbol{\alpha}_1+\boldsymbol{\alpha}_2,\ \boldsymbol{\alpha}_1\in V_1,\ \boldsymbol{\alpha}_2\in V_2,$$
如果还有
$$\boldsymbol{\alpha}=\boldsymbol{\alpha}_1'+\boldsymbol{\alpha}_2',$$
$$\boldsymbol{\alpha}_1'\in V_1,\ \boldsymbol{\alpha}_2'\in V_2,$$
则
$$\boldsymbol{\alpha}_1-\boldsymbol{\alpha}_1'=\boldsymbol{\alpha}_2'-\boldsymbol{\alpha}_2\in V_1\cap V_2.$$
$$\boldsymbol{\alpha}_1-\boldsymbol{\alpha}_1'=\boldsymbol{\alpha}_2'-\boldsymbol{\alpha}_2=\mathbf{0},$$
即分解式唯一.

必要性，即若分解式唯一，则 $V_1\cap V_2=\{\mathbf{0}\}$.

反证法，若 $\boldsymbol{\alpha}\in V_1\cap V_2$，$\boldsymbol{\alpha}\neq\mathbf{0}$，即存在
$$\boldsymbol{\alpha}\neq\mathbf{0},\ \boldsymbol{\alpha}+(-\boldsymbol{\alpha})=\mathbf{0},$$
则
$$\mathbf{0}=\boldsymbol{\alpha}+(-\boldsymbol{\alpha})=\mathbf{0}+\mathbf{0},$$
即分解式不唯一，矛盾.

习题 1.3

1. 在 $\mathbf{R}^n$ 中，分量满足下列条件的向量的全体能否构成 $\mathbf{R}^n$ 的子空间？

(1) $x_1+x_2+\cdots+x_n=0$;

(2) $x_1+x_2+\cdots+x_n=2$.

2. 试证：在 $\mathbf{R}^4$ 中，由 $(1,1,0,0)$，$(1,0,1,1)$ 生成的子空间与由 $(2,-1,3,3)$，$(0,1,-1,-1)$ 生成的子空间相同.

3. 设向量组
$$\boldsymbol{\alpha}_1=(1,0,2,1),\ \boldsymbol{\alpha}_2=(2,0,1,-1),\ \boldsymbol{\alpha}_3=(3,0,3,0),$$
$$\boldsymbol{\beta}_1=(1,1,0,1),\ \boldsymbol{\beta}_2=(4,1,3,1).$$
若
$$V_1=L(\boldsymbol{\alpha}_1,\boldsymbol{\alpha}_2,\boldsymbol{\alpha}_3),\ V_2=L(\boldsymbol{\beta}_1,\boldsymbol{\beta}_2),$$

求 V_1+V_2 的维数及一个基.

4. 设 V_1, V_2 分别是齐次线性方程组

$$x_1+x_2+\cdots+x_n=0 \text{ 与 } x_1=x_2=\cdots=x_n$$

的解空间，试证 $P^n=V_1\oplus V_2$.

5. $\mathbf{R}^{2\times 3}$ 的下列子集是否构成子空间？若构成子空间，求其基与维数：

(1) $W_1=\left\{\begin{pmatrix}-1 & b & 0\\ 0 & c & d\end{pmatrix} \middle| b, c, d\in\mathbf{R}\right\}$;

(2) $W_2=\left\{\begin{pmatrix}a & b & 0\\ 0 & 0 & c\end{pmatrix} \middle| a, b, c\in\mathbf{R}\right\}$;

(3) $W_3=\left\{\begin{pmatrix}a & b & c\\ d & 0 & 0\end{pmatrix} \middle| a+d=0, a, b, c, d\in\mathbf{R}\right\}$.

6. 设 $\boldsymbol{\alpha}_1$, $\boldsymbol{\alpha}_2$, $\boldsymbol{\alpha}_3$ 是三维空间 V 的一个基，试求由

$$\boldsymbol{\beta}_1=\boldsymbol{\alpha}_1-2\boldsymbol{\alpha}_2+3\boldsymbol{\alpha}_3,$$
$$\boldsymbol{\beta}_2=2\boldsymbol{\alpha}_1+3\boldsymbol{\alpha}_2+2\boldsymbol{\alpha}_3,$$
$$\boldsymbol{\beta}_3=4\boldsymbol{\alpha}_1+13\boldsymbol{\alpha}_2$$

生成的子空间的基与维数.

7. 证明线性空间 $\mathbf{R}^{2\times 2}$ 可以分解为二阶实对称矩阵构成的子空间与二阶实反对称矩阵构成的子空间的直和.

1.4　线性空间中的线性变换

设 V 是 P 的线性空间，从 V 到 V 的映射称为 V 中的变换，线性变换是常见的变换.

定义 1.6　设 T 是 V 上的变换，如果对于任意的 $\boldsymbol{\alpha}$, $\boldsymbol{\beta}\in V$ 及 $k\in P$ 都有

$$T(\boldsymbol{\alpha}+\boldsymbol{\beta})=T\boldsymbol{\alpha}+T\boldsymbol{\beta},\ T(k\boldsymbol{\alpha})=kT\boldsymbol{\alpha},$$

则称 T 为 V 上的线性变换.

线性变换保持 V 上的运算.

例 1.14　设

$$\boldsymbol{\alpha}=(x_1, x_2, x_3, x_4)\in\mathbf{R}^4,$$

令

$$T\boldsymbol{\alpha}=(x_1+x_2-3x_3-x_4,\ 3x_1-x_2-3x_3+4x_4,\ x_1+x_2,\ x_2+x_3),$$

则 T 是 $\mathbf{R}^4$ 上的线性变换.

例 1.15　设 $\boldsymbol{B}$, $\boldsymbol{C}\in\mathbf{R}^{n\times n}$，对任意的 $\boldsymbol{X}\in\mathbf{R}^{n\times n}$，定义 $T\boldsymbol{X}=\boldsymbol{BXC}$，则 T 是 $\mathbf{R}^{n\times n}$ 上的线性变换.

例 1.16　$TP(t)=\dfrac{\mathrm{d}}{\mathrm{d}t}P[t]$ 也是线性变换.

另外，零变换及单位变换也是线性变换，零变换是把所有元素变成零的变换，单位变换是把每个元素映射成自己的变换.

线性变换作为一种运算也可以组合，如果 T_1, T_2 是线性变换，则

$$(T_1+T_2)\boldsymbol{\alpha}=T_1\boldsymbol{\alpha}+T_2\boldsymbol{\alpha};$$
$$(kT_1)\boldsymbol{\alpha}=k(T_1\boldsymbol{\alpha}).$$

可以证明，线性空间中的所有线性变换也做成一个线性空间，记作 $L(V)$.

前面讲了线性子空间的构成方法，下面再讨论一种构成子空间的方法，即用线性变换定义的子空间，一个是像子空间，一个是核子空间.

像：$$TV=\{T\boldsymbol{\alpha}\mid\boldsymbol{\alpha}\in V\};$$

核：$$T^{-1}(\boldsymbol{0})=\ker T=\{\boldsymbol{\alpha}\mid\boldsymbol{\alpha}\in V,\ T\boldsymbol{\alpha}=\boldsymbol{0}\}.$$

像子空间是由 V 中所有元素的像构成的，即任取 $\boldsymbol{\beta}\in TV$，则一定存在 $\boldsymbol{\alpha}\in V$，使得 $\boldsymbol{\beta}=T\boldsymbol{\alpha}$.

而核子空间是由所有 $\boldsymbol{\alpha}$ 中的一些元素构成的，这些元素在线性变换的作用下是零.

例如，投影变换

$$T(x_1,\ x_2,\ x_3)=(x_1,\ x_2,\ 0).$$

可以看出，这个变换的像子空间是 $TV=\{(x_1,\ x_2,\ 0)\}$，是一个二维子空间，核子空间 $T^{-1}(\boldsymbol{0})=(0,\ 0,\ x_3)$，像子空间的维数是 2，核子空间的维数是 1，可以看到，这两个子空间的维数之和正好是原来的三维空间的维数. 这是一个特殊的变换，但是它揭示出的关系式是恒成立的，即一般地，有：

定理 1.3 （维数定理）

设 T 是 n 维空间上的线性变换，则

$$\dim TV+\dim T^{-1}(\boldsymbol{0})=n.$$

证明 设

$$\dim T^{-1}(\boldsymbol{0})=s,$$

$\boldsymbol{\alpha}_1,\ \boldsymbol{\alpha}_2,\ \cdots,\ \boldsymbol{\alpha}_s$ 是 $T^{-1}(\boldsymbol{0})$ 的基，把它扩充成 V 的基

$$\boldsymbol{\alpha}_1,\ \boldsymbol{\alpha}_2,\ \cdots,\ \boldsymbol{\alpha}_s,\ \boldsymbol{\beta}_1,\ \cdots,\ \boldsymbol{\beta}_t,$$

$$s+t=n.$$

如能证明

$$\dim TV=t,$$

则定理得证. 为此只需证明

$$T\boldsymbol{\beta}_1,\ T\boldsymbol{\beta}_2,\ \cdots,\ T\boldsymbol{\beta}_t$$

是 TV 的基，即

(1) $T\boldsymbol{\beta}_1,\ \cdots,\ T\boldsymbol{\beta}_t$ 线性无关；

(2) TV 的所有元素可以被它线性表达.

(1) 设

$$k_1T\boldsymbol{\beta}_1+k_2T\boldsymbol{\beta}_2\cdots+k_tT\boldsymbol{\beta}_t=\boldsymbol{0},$$

则

$$T(k_1\boldsymbol{\beta}_1+k_2\boldsymbol{\beta}_2\cdots+k_t\boldsymbol{\beta}_t)=\boldsymbol{0},$$

$$k_1\boldsymbol{\beta}_1+\cdots+k_t\boldsymbol{\beta}_t\in T^{-1}(\boldsymbol{0}),$$

可以被 $T^{-1}(\boldsymbol{0})$ 的基底线性表达，即存在一组数

$$l_1,\ l_2,\ \cdots,\ l_s,$$

使得

$$k_1\boldsymbol{\beta}_1+k_2\boldsymbol{\beta}_2+\cdots+k_t\boldsymbol{\beta}_t=l_1\boldsymbol{\alpha}_1+l_2\boldsymbol{\alpha}_2+\cdots+l_s\boldsymbol{\alpha}_s,$$

即

$$k_1\boldsymbol{\beta}_1+\cdots+k_t\boldsymbol{\beta}_t-l_1\boldsymbol{\alpha}_1-\cdots-l_s\boldsymbol{\alpha}_s=\boldsymbol{0}.$$

这相当于 V 的基底的一个组合是零，所以它的系数都是零，故

$$T\boldsymbol{\beta}_1,\ T\boldsymbol{\beta}_2,\ \cdots,\ T\boldsymbol{\beta}_t$$

线性无关.

(2)任取 $\boldsymbol{\beta}\in TV$，则存在

$$\boldsymbol{\alpha}=\sum_{i=1}^{s}k_i\boldsymbol{\alpha}_i+\sum_{j=1}^{t}l_j\boldsymbol{\beta}_j,$$

使得

$$\boldsymbol{\beta}=T\boldsymbol{\alpha},$$

而

$$\boldsymbol{\alpha}_i\in T^{-1}(\mathbf{0}),\ T\boldsymbol{\alpha}_i=\mathbf{0},$$

$$T\boldsymbol{\alpha}=\sum_{i=1}^{t}l_iT\boldsymbol{\beta}_i,$$

即 $T\boldsymbol{\alpha}=\boldsymbol{\beta}$ 可以被

$$T\boldsymbol{\beta}_1,\ T\boldsymbol{\beta}_2,\ \cdots,\ T\boldsymbol{\beta}_t$$

线性表达.

$$T\boldsymbol{\beta}_1,\ T\boldsymbol{\beta}_2,\ \cdots,\ T\boldsymbol{\beta}_t$$

是 TV 的基底，故

$$\dim TV+\dim T^{-1}(\mathbf{0})=n.$$

为了加深理解，下面讨论一个特殊的变换.

设 $\mathbf{R}^n$ 空间中的线性变换是

$$T\boldsymbol{X}=\boldsymbol{AX},$$

其中

$$\boldsymbol{A}=(a_{ij})_{n\times n},\ \boldsymbol{X}=(x_1,\ x_2,\ \cdots,\ x_n)^{\mathrm{T}},$$

即向量的线性变换是用这个向量乘以一个固定矩阵.

核空间

$$T^{-1}(\mathbf{0})=\{\boldsymbol{X}|\boldsymbol{AX}=\mathbf{0}\},$$

即核空间是方程组

$$\boldsymbol{AX}=\mathbf{0}$$

的解空间. 设 $r(\boldsymbol{A})=r$，则 $\boldsymbol{AX}=\mathbf{0}$ 的解空间的维数是 $n-r$，即

$$\dim T^{-1}(\mathbf{0})=n-r,$$

而像空间是

$$\{T\boldsymbol{X}=\boldsymbol{AX}\},$$

即像空间是所有 $\boldsymbol{AX}$ 形式的向量.

把矩阵 $\boldsymbol{A}$ 写成列向量的形式

$$\boldsymbol{A}=(\boldsymbol{\alpha}_1,\ \boldsymbol{\alpha}_2,\ \cdots,\ \boldsymbol{\alpha}_n),$$

则

$$\boldsymbol{AX}=(\boldsymbol{\alpha}_1\ \boldsymbol{\alpha}_2\cdots\boldsymbol{\alpha}_n)\begin{pmatrix}x_1\\ \vdots\\ x_n\end{pmatrix}=\sum_{i=1}^{a}x_i\boldsymbol{\alpha}_i,$$

即像空间是由所有 $\sum_{i=1}^{n} x_i\boldsymbol{\alpha}_i$ 的向量构成的，而这个正是由 $\boldsymbol{\alpha}_1, \boldsymbol{\alpha}_2, \cdots, \boldsymbol{\alpha}_n$ 生成的子空间 $L(\boldsymbol{\alpha}_1, \boldsymbol{\alpha}_2, \cdots, \boldsymbol{\alpha}_n)$.

TV 的维数是生成子空间的维数，所以

$$\dim TV=\dim L(\boldsymbol{\alpha}_1, \boldsymbol{\alpha}_2, \cdots, \boldsymbol{\alpha}_n)=r.$$

下面介绍不变子空间的概念

设 T 是 V 空间上的线性变换，W 是 V 的子空间，若对任意的 $\boldsymbol{\alpha}\in W$ 都有 $T\boldsymbol{\alpha}\in W$，则称 W 是线性变换 T 的不变子空间.

零空间$\{\mathbf{0}\}$、空间 V 本身都是 T 的不变子空间.

习题 1.4

1. 证明：

$$T_1(x_1, x_2)=(x_2, -x_1), T_2(x_1, x_2)=(x_1, -x_2)$$

是 $\mathbf{R}^2$ 的两个线性变换，并求 T_1+T_2，T_1T_2 及 T_2T_1.

2. 对任一 $\boldsymbol{A}\in P^{n\times n}$，又给定 $\boldsymbol{C}\in P^{n\times n}$，定义变换 T 如下：

$$T\boldsymbol{A}=\boldsymbol{CA}-\boldsymbol{AC}.$$

证明：(1) T 是 $P^{n\times n}$ 的线性变换；

(2) 对任意的 $\boldsymbol{A}, \boldsymbol{B}\in P^{n\times n}$ 有

$$T(\boldsymbol{AB})=T(\boldsymbol{A})\cdot\boldsymbol{B}+\boldsymbol{A}\cdot T(\boldsymbol{B}).$$

3. 设 T, S 是 $\mathbf{R}^3$ 的两个线性变换，它们定义为：

$$T(x, y, z)=(x+y+z, 0, 0), S(x, y, z)=(y, z, x),$$

试证 $T+S$ 的像集是 $\mathbf{R}^3$，即 $(T+S)\mathbf{R}^3=\mathbf{R}^3$.

4. 设 T 是 $\mathbf{R}^3$ 的线性变换，它定义为

$$T(x, y, z)=(0, z, y),$$

求 T^2 的像集及核.

5. 判断下列变换中哪些是线性变换：

(1) 在线性空间 V 中，$T\boldsymbol{\alpha}=\boldsymbol{\alpha}+\boldsymbol{\alpha}_0$，其中 $\boldsymbol{\alpha}\in V$，$\boldsymbol{\alpha}_0$ 是 V 中取定的元素；

(2) 在 $\mathbf{R}^3$ 中，$T(x_1, x_2, x_3)=(x_1^2, x_1+x_2, x_3)$；

(3) 在 $\mathbf{R}^{n\times n}$ 中，$T\boldsymbol{X}=\boldsymbol{BXC}$，其中 $\boldsymbol{X}\in\mathbf{R}^{n\times n}$，$\boldsymbol{B}$ 和 $\boldsymbol{C}$ 是取定的 n 阶方阵；

(4) 在 $P[t]$ 中，$Tf(t)=f(t+1)$.

1.5 线性变换的矩阵

V 上的所有线性变换构成的子空间是一个比较抽象的空间，我们知道一些具体的线性变换，但是任意一个线性变换是什么样子的？怎么表达呢？这一节来讨论这个问题.

设 $\boldsymbol{\alpha}\in V$，

$$\boldsymbol{\alpha}=\sum_{i=1}^{n} k_i\boldsymbol{\alpha}_i=(\boldsymbol{\alpha}_1, \boldsymbol{\alpha}_2, \cdots, \boldsymbol{\alpha}_n)\begin{pmatrix}k_1\\k_2\\\vdots\\k_n\end{pmatrix},$$

$$T\boldsymbol{\alpha}=(T\boldsymbol{\alpha}_1,\ T\boldsymbol{\alpha}_2,\ \cdots,\ T\boldsymbol{\alpha}_n)\begin{pmatrix}k_1\\k_2\\\vdots\\k_n\end{pmatrix}==\sum_{i=1}^{n}k_iT\boldsymbol{\alpha}_i,$$

可以看出，决定线性变换结果的是

$$T\boldsymbol{\alpha}_1,\ T\boldsymbol{\alpha}_2,\ \cdots,\ T\boldsymbol{\alpha}_n,$$

即基底在这个线性变换之下变成了什么形式.

因为 $T\boldsymbol{\alpha}_1$, $T\boldsymbol{\alpha}_2$, …, $T\boldsymbol{\alpha}_n$ 仍然是 V 中的元素，当然可以被 V 的基底表达：

$$\begin{cases}T\boldsymbol{\alpha}_1=a_{11}\boldsymbol{\alpha}_1+\cdots+a_{n1}\boldsymbol{\alpha}_n,\\T\boldsymbol{\alpha}_2=a_{12}\boldsymbol{\alpha}_1+\cdots+\alpha_{n2}\boldsymbol{\alpha}_n,\\\cdots\cdots\cdots\cdots\\T\boldsymbol{\alpha}_n=a_{1n}\boldsymbol{\alpha}_1+\cdots+a_{nn}\boldsymbol{\alpha}_n,\end{cases}$$

即

$$(T\boldsymbol{\alpha}_1,\ T\boldsymbol{\alpha}_2,\ \cdots,\ T\boldsymbol{\alpha}_n)=(\boldsymbol{\alpha}_1,\ \cdots,\ \boldsymbol{\alpha}_n)\boldsymbol{A}.$$

$\boldsymbol{A}=(a_{ij})_{n\times n}$ 为线性变换 T 在基底 $\boldsymbol{\alpha}_1,\cdots,\boldsymbol{\alpha}_n$ 下的矩阵.

可见每一个线性变换实际上与一个矩阵相对应，反过来，每个矩阵也对应一个线性变换，即给定一个矩阵 $\boldsymbol{A}$，只要定义

$$(T\boldsymbol{\alpha}_1,\ T\boldsymbol{\alpha}_2,\ \cdots,\ T\boldsymbol{\alpha}_n)=(\boldsymbol{\alpha}_1,\ \boldsymbol{\alpha}_2,\ \cdots,\ \boldsymbol{\alpha}_n)\boldsymbol{A},$$

则这个矩阵对应一个线性变换.

例 1.17　求线性变换

$$T(x_1,\ x_2,\ x_3)=(x_1+x_2,\ x_2+x_3,\ x_3+x_1)$$

在基底

$$\boldsymbol{e}_1=(1,\ 0,\ 0),\ \boldsymbol{e}_2=(0,\ 1,\ 0),\ \boldsymbol{e}_3=(0,\ 0,\ 1)$$

下的矩阵.

解

$$T\boldsymbol{e}_1=(1,\ 0,\ 1)=(\boldsymbol{e}_1,\ \boldsymbol{e}_2,\ \boldsymbol{e}_3)\begin{pmatrix}1\\0\\1\end{pmatrix},$$

$$T\boldsymbol{e}_2=(1,\ 1,\ 0)=(\boldsymbol{e}_1,\ \boldsymbol{e}_2,\ \boldsymbol{e}_3)\begin{pmatrix}1\\1\\0\end{pmatrix},$$

$$T\boldsymbol{e}_3=(0,\ 1,\ 1)=(\boldsymbol{e}_1,\ \boldsymbol{e}_2,\ \boldsymbol{e}_3)\begin{pmatrix}0\\1\\1\end{pmatrix},$$

$$T(\boldsymbol{e}_1,\ \boldsymbol{e}_2,\ \boldsymbol{e}_3)=(\boldsymbol{e}_1,\ \boldsymbol{e}_2,\ \boldsymbol{e}_3)\boldsymbol{A},$$

即线性变换 T 在此基底下的矩阵是

$$\boldsymbol{A}=\begin{pmatrix}1&1&0\\0&1&1\\1&0&1\end{pmatrix}.$$

例 1.18　在平面上，如图 1.3 所示，把平面上的向量绕原点旋转一个角度 θ，这是一个

线性变换，求这个线性变换在基底

$$e_1=(1,\ 0),\ e_2=(0,\ 1)$$

下的矩阵.

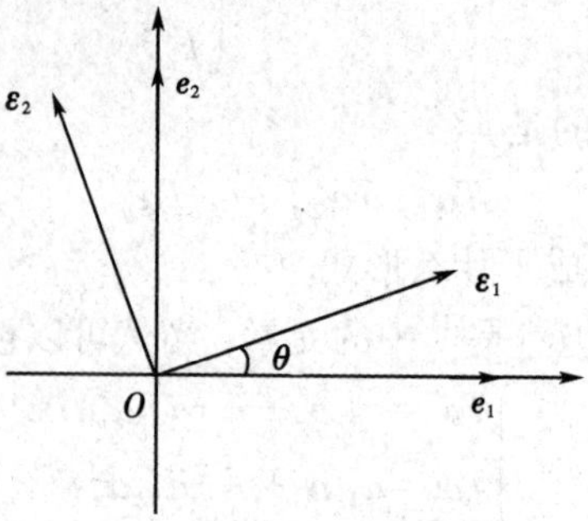

图 1.3

解 由图 1.3 可以看到

$$\varepsilon_1=Te_1=(\cos\theta,\ \sin\theta)=(e_1,\ e_2)\begin{pmatrix}\cos\theta\\ \sin\theta\end{pmatrix},$$

$$\varepsilon_2=Te_2=(e_1,e_2)\begin{pmatrix}-\sin\theta\\ \cos\theta\end{pmatrix}.$$

线性变换 T 在此基底下的矩阵是

$$A=\begin{pmatrix}\cos\theta & -\sin\theta\\ \sin\theta & \cos\theta\end{pmatrix}.$$

例 1.19 求 $\mathbf{R}^{2\times2}$ 中的线性变换

$$TX=AX,\ A=\begin{pmatrix}1 & 2\\ -2 & 3\end{pmatrix},\ X=\begin{pmatrix}x_1 & x_2\\ x_3 & x_4\end{pmatrix}$$

在基底 E_{11}, E_{12}, E_{21}, E_{22} 下的矩阵.

解 $$TE_{11}=\begin{pmatrix}1 & 2\\ -2 & 3\end{pmatrix}\begin{pmatrix}1 & 0\\ 0 & 0\end{pmatrix}=\begin{pmatrix}1 & 0\\ -2 & 0\end{pmatrix}=(E_{11},\ E_{12},\ E_{21},\ E_{22})\begin{pmatrix}1\\ 0\\ -2\\ 0\end{pmatrix}.$$

类似地，可以得到

$$T(E_{11},\ E_{12},\ E_{21},\ E_{22})=(E_{11},\ E_{12},\ E_{21},\ E_{22})A,$$

$$A=\begin{pmatrix}1 & 0 & 2 & 0\\ 0 & 1 & 0 & 2\\ -2 & 0 & 3 & 0\\ 0 & -2 & 0 & 3\end{pmatrix}.$$

例 1.20 设 $\mathbf{R}^3$ 中的线性变换

$$T(x_1,\ x_2,\ x_3)=(x_1+x_2,\ x_1+x_2+x_3,\ x_3+x_1),$$

求 T 在基底

$$\varepsilon_1=(1,\ 0,\ 0),\ \varepsilon_2=(1,\ 1,\ 0),\ \varepsilon_3=(1,\ 1,\ 1)$$

下的矩阵.

解　这里给出的基底不是最简单的基底，求出基底变换后再用基底表达不容易看出来，这时可以借助于简单的基底

$$e_1=(1,0,0),\ e_2=(0,1,0),\ e_3=(0,0,1),$$

容易得到

$$(\boldsymbol{\varepsilon}_1,\boldsymbol{\varepsilon}_2,\boldsymbol{\varepsilon}_3)=(\boldsymbol{e}_1,\boldsymbol{e}_2,\boldsymbol{e}_3)\boldsymbol{C},$$

$$\boldsymbol{C}=\begin{pmatrix}1&1&1\\0&1&1\\0&0&1\end{pmatrix}.$$

现在需要求出

$$T(\boldsymbol{\varepsilon}_1,\boldsymbol{\varepsilon}_2,\boldsymbol{\varepsilon}_3)=(\boldsymbol{\varepsilon}_1,\boldsymbol{\varepsilon}_2,\boldsymbol{\varepsilon}_3)\boldsymbol{A}$$

中的 $\boldsymbol{A}$.

由

$$T(\boldsymbol{\varepsilon}_1,\boldsymbol{\varepsilon}_2,\boldsymbol{\varepsilon}_3)=T(\boldsymbol{e}_1,\boldsymbol{e}_2,\boldsymbol{e}_3)\boldsymbol{C},$$

而

$$T(\boldsymbol{e}_1,\boldsymbol{e}_2,\boldsymbol{e}_3)=(\boldsymbol{e}_1,\boldsymbol{e}_2,\boldsymbol{e}_3)\boldsymbol{B},$$

$$\boldsymbol{B}=\begin{pmatrix}1&1&0\\1&1&1\\1&0&1\end{pmatrix},$$

则

$$T(\boldsymbol{\varepsilon}_1,\boldsymbol{\varepsilon}_2,\boldsymbol{\varepsilon}_3)=(\boldsymbol{e}_1,\boldsymbol{e}_2,\boldsymbol{e}_3)\boldsymbol{BC}=(\boldsymbol{\varepsilon}_1,\boldsymbol{\varepsilon}_2,\boldsymbol{\varepsilon}_3)\boldsymbol{C}^{-1}\boldsymbol{BC},$$

$$\boldsymbol{A}=\boldsymbol{C}^{-1}\boldsymbol{BC}=\begin{pmatrix}0&0&-1\\0&1&1\\1&1&2\end{pmatrix}.$$

同一个线性变换在不同的基底下的矩阵一般来说是不一样的，那么它们之间有什么关系呢？下面讨论这个问题.

设

$$T(\boldsymbol{\alpha}_1,\boldsymbol{\alpha}_2,\cdots,\boldsymbol{\alpha}_n)=(\boldsymbol{\alpha}_1,\boldsymbol{\alpha}_2,\cdots,\boldsymbol{\alpha}_n)\boldsymbol{A},$$
$$T(\boldsymbol{\beta}_1,\boldsymbol{\beta}_2,\cdots,\boldsymbol{\beta}_n)=(\boldsymbol{\beta}_1,\boldsymbol{\beta}_2,\cdots,\boldsymbol{\beta}_n)\boldsymbol{B}.$$

$\boldsymbol{\beta}_1,\boldsymbol{\beta}_2,\cdots,\boldsymbol{\beta}_n$ 与 $\boldsymbol{\alpha}_1,\boldsymbol{\alpha}_2,\cdots,\boldsymbol{\alpha}_n$ 之间的过渡矩阵是 $\boldsymbol{C}$，即

$$(\boldsymbol{\beta}_1,\boldsymbol{\beta}_2,\cdots,\boldsymbol{\beta}_n)=(\boldsymbol{\alpha}_1,\boldsymbol{\alpha}_2,\cdots,\boldsymbol{\alpha}_n)\boldsymbol{C},$$

则

$$\begin{aligned}(T\boldsymbol{\beta}_1,T\boldsymbol{\beta}_2,\cdots,T\boldsymbol{\beta}_n)&=(T\boldsymbol{\alpha}_1,T\boldsymbol{\alpha}_2,\cdots,T\boldsymbol{\alpha}_n)\boldsymbol{C}=(\boldsymbol{\alpha}_1,\boldsymbol{\alpha}_2,\cdots,\boldsymbol{\alpha}_n)\boldsymbol{AC}\\&=(\boldsymbol{\beta}_1,\boldsymbol{\beta}_2,\cdots,\boldsymbol{\beta}_n)\boldsymbol{C}^{-1}\boldsymbol{AC}.\end{aligned}$$

习题 1.5

1. 在 $\mathbf{R}^3$ 中，求线性变换 T 在所指定基下的矩阵：

(1)
$$T(x_1,x_2,x_3)=(2x_1-x_2,\ x_2+x_3,\ x_1)$$

在基

$$\boldsymbol{e}_1=(1,0,0),\ \boldsymbol{e}_2=(0,1,0),\ \boldsymbol{e}_3=(0,0,1)$$

下的矩阵.

(2)已知线性变换 T 在基

$$\boldsymbol{\eta}_1=(-1,\ 1,\ 1),\ \boldsymbol{\eta}_2=(1,\ 0,\ -1),\ \boldsymbol{\eta}_3=(0,\ 1,\ 1)$$

下的矩阵为

$$\begin{pmatrix} 1 & 0 & 1 \\ 1 & 1 & 0 \\ -1 & 2 & 1 \end{pmatrix},$$

求 T 在基 $\boldsymbol{e}_1,\ \boldsymbol{e}_2,\ \boldsymbol{e}_3$ 下的矩阵.

2. 给定线性空间 $\mathbf{R}^3$ 的两个基:

$$\boldsymbol{\varepsilon}_1=(1,\ 0,\ 1),\ \boldsymbol{\varepsilon}_2=(2,\ 1,\ 0),\ \boldsymbol{\varepsilon}_3=(1,\ 1,\ 1);$$
$$\boldsymbol{\eta}_1=(1,\ 2,\ -1),\ \boldsymbol{\eta}_2=(2,\ 2,\ -1),\ \boldsymbol{\eta}_3=(2,\ -1,\ -1).$$

又设 T 是 $\mathbf{R}^3$ 的线性变换, 且 $T\boldsymbol{\varepsilon}_i=\boldsymbol{\eta}_i(i=1,\ 2,\ 3)$, 试求:

(1)从基$\{\boldsymbol{\varepsilon}_i\}$到基$\{\boldsymbol{\eta}_i\}$的过渡矩阵;

(2)T 在基$\{\boldsymbol{\varepsilon}_i\}$和基$\{\boldsymbol{\eta}_i\}$下的矩阵.

3. 设 T 是线性空间 V 的线性变换, $\boldsymbol{\alpha}\in V$ 且 $T^{k-1}\boldsymbol{\alpha}\neq\mathbf{0}$, $T^k\boldsymbol{\alpha}=\mathbf{0}(k>1)$.
证明:$\boldsymbol{\alpha}$, $T\boldsymbol{\alpha}$, $\cdots$, $T^{k-1}\boldsymbol{\alpha}$ 线性无关.

4. 函数集合

$$V=\{(a_2t^2+a_1t+a_0)\mathrm{e}^t \mid a_2,\ a_1,\ a_0\in\mathbf{R}\}$$

对于函数的线性运算构成三维实线性空间, 取 V 的基

$$f_1=t^2\mathrm{e}^t,\ f_2=t\mathrm{e}^t,\ f_3=\mathrm{e}^t,$$

求微分变换 D 在该基下的矩阵.

5. 在 $\mathbf{R}^{2\times2}$中定义线性变换

$$T_1\boldsymbol{X}=\begin{pmatrix} a & b \\ c & d \end{pmatrix}\boldsymbol{X},\ T_2\boldsymbol{X}=\boldsymbol{X}\begin{pmatrix} a & b \\ c & d \end{pmatrix},\ T_3\boldsymbol{X}=\begin{pmatrix} a & b \\ c & d \end{pmatrix}\boldsymbol{X}\begin{pmatrix} a & b \\ c & d \end{pmatrix},$$

求 T_1, T_2, T_3 在基 $\boldsymbol{E}_{11}$, $\boldsymbol{E}_{12}$, $\boldsymbol{E}_{21}$, $\boldsymbol{E}_{22}$下的矩阵.

第二章 内积空间

2.1 内积空间的基本概念

我们知道线性空间中有两种运算，现在在这个空间之中再引入一种运算，叫作乘法.

定义 2.1 设 V 是实数域 P 上的线性空间，如果对于 V 中的任意两个元素 $\boldsymbol{\alpha}, \boldsymbol{\beta}$ 都有一个实数 $(\boldsymbol{\alpha}, \boldsymbol{\beta})$ 与它们对应，并且满足下面的四个条件，则 $(\boldsymbol{\alpha}, \boldsymbol{\beta})$ 称为元素 $\boldsymbol{\alpha}, \boldsymbol{\beta}$ 的内积：

(1) 对于任意的 $\boldsymbol{\alpha}, \boldsymbol{\beta}$，

$$(\boldsymbol{\alpha}, \boldsymbol{\beta})=(\boldsymbol{\beta}, \boldsymbol{\alpha});$$

(2) 对于任意的 $\boldsymbol{\alpha}, \boldsymbol{\beta}, \boldsymbol{\gamma}$，

$$(\boldsymbol{\alpha}+\boldsymbol{\beta}, \boldsymbol{\gamma})=(\boldsymbol{\alpha}, \boldsymbol{\gamma})+(\boldsymbol{\beta}, \boldsymbol{\gamma});$$

(3) $(k\boldsymbol{\alpha}, \boldsymbol{\beta})=k(\boldsymbol{\alpha}, \boldsymbol{\beta})$；

(4) $(\boldsymbol{\alpha}, \boldsymbol{\alpha}) \geqslant 0$ 当且仅当 $\boldsymbol{\alpha}=\mathbf{0}$ 时等式成立.

这时线性空间叫作实内积空间.

例 2.1 n 维线性空间 $\mathbf{R}^n$ 中的任意两个向量

$$\boldsymbol{x}=(x_1, x_2, \cdots, x_n), \boldsymbol{y}=(y_1, y_2, \cdots, y_n),$$

定义内积

$$(\boldsymbol{x}, \boldsymbol{y})=\sum_{i=1}^{n} x_i y_i,$$

这时 $\mathbf{R}^n$ 是内积空间，内积空间 $\mathbf{R}^n$ 称为欧几里得空间，简称欧氏空间.

例 2.2 n^2 维线性空间 $\mathbf{R}^{n\times n}$，对任意的 $\boldsymbol{A}, \boldsymbol{B} \in \mathbf{R}^{n\times n}$，

$$\boldsymbol{A}=(a_{ij})_{n\times n}, \boldsymbol{B}=(b_{ij})_{n\times n},$$

定义

$$(\boldsymbol{A}, \boldsymbol{B})=\sum_{i,j} a_{ij} b_{ij},$$

则容易验证 $(\boldsymbol{A}, \boldsymbol{B})$ 满足内积的定义，$\mathbf{R}^{n\times n}$ 构成内积空间.

例 2.3 $C[a, b]$ 中，定义

$$(f(x), g(x))=\int_a^b f(x)g(x)\mathrm{d}x,$$

则 (f, g) 满足内积的定义，从而 (f, g) 是内积.

要注意下面的运算

$$\boldsymbol{A}\cdot\boldsymbol{B}=(a_{ik}b_{kj})_{n\times n}$$

不是内积，在内积之中对应的结果一定是实数.

在内积空间之中可以定义每个元素的大小，

$$|\boldsymbol{\alpha}|=\sqrt{(\boldsymbol{\alpha}, \boldsymbol{\alpha})},$$

也可以定义两个元素之间的夹角

$$\cos\theta=\frac{(\boldsymbol{\alpha},\boldsymbol{\beta})}{|\boldsymbol{\alpha}|\cdot|\boldsymbol{\beta}|}.$$

这里可以证明，这样的定义是合理的，即有不等式

$$|(\boldsymbol{\alpha},\boldsymbol{\beta})|\leqslant|\boldsymbol{\alpha}|\cdot|\boldsymbol{\beta}|.$$

证明 设 t 是任意一个实数，则按照内积的定义

$$(\boldsymbol{\alpha}t+\boldsymbol{\beta},\ \boldsymbol{\alpha}t+\boldsymbol{\beta})\geqslant 0,$$

$$(\boldsymbol{\alpha},\boldsymbol{\alpha})t^2+2(\boldsymbol{\alpha},\boldsymbol{\beta})t+(\boldsymbol{\beta},\boldsymbol{\beta})\geqslant 0.$$

判别式

$$\Delta=(2(\boldsymbol{\alpha},\boldsymbol{\beta}))^2-4(\boldsymbol{\alpha},\boldsymbol{\alpha})(\boldsymbol{\beta},\boldsymbol{\beta})\leqslant 0,$$

即

$$(\boldsymbol{\alpha},\boldsymbol{\beta})^2\leqslant(\boldsymbol{\alpha},\boldsymbol{\alpha})(\boldsymbol{\beta},\boldsymbol{\beta}).$$

有了内积的概念，就有了夹角的概念，那么可以考虑一种特殊的情况，即$(\boldsymbol{\alpha},\boldsymbol{\beta})=0$，这时称向量 $\boldsymbol{\alpha},\boldsymbol{\beta}$ 正交.

例 2.4 设 $\boldsymbol{\alpha},\boldsymbol{\beta}$ 是两个正交的向量，则

$$|\boldsymbol{\alpha}+\boldsymbol{\beta}|^2=|\boldsymbol{\alpha}|^2+|\boldsymbol{\beta}|^2.$$

证明

$$\begin{aligned}|\boldsymbol{\alpha}+\boldsymbol{\beta}|^2&=(\boldsymbol{\alpha}+\boldsymbol{\beta},\ \boldsymbol{\alpha}+\boldsymbol{\beta})=(\boldsymbol{\alpha},\boldsymbol{\alpha})+2(\boldsymbol{\alpha},\boldsymbol{\beta})+(\boldsymbol{\beta},\boldsymbol{\beta})\\&=(\boldsymbol{\alpha},\boldsymbol{\alpha})+(\boldsymbol{\beta},\boldsymbol{\beta})=|\boldsymbol{\alpha}|^2+|\boldsymbol{\beta}|^2.\end{aligned}$$

习题 2.1

1. 设 $\boldsymbol{X}=(x_1,x_2)$，$\boldsymbol{Y}=(y_1,y_2)$是二维实线性空间 $\mathbf{R}^2$ 的任意两个向量，问按以下方式定义的运算是否是内积：

   (1) $(\boldsymbol{X},\boldsymbol{Y})=x_1y_1+x_2y_2+1$；

   (2) $(\boldsymbol{X},\boldsymbol{Y})=x_1y_1-x_2y_2$；

   (3) $(\boldsymbol{X},\boldsymbol{Y})=3x_1y_1+5x_2y_2$.

2. 设 V 是实数域 $\mathbf{R}$ 上的 n 维线性空间，$\boldsymbol{\alpha}_1,\boldsymbol{\alpha}_2,\cdots,\boldsymbol{\alpha}_n$ 是 V 的一个基，对 V 中的任意两个向量

$$\boldsymbol{\alpha}=\sum_{i=1}^{n}x_i\boldsymbol{\alpha}_i,\ \boldsymbol{\beta}=\sum_{i=1}^{n}y_i\boldsymbol{\alpha}_i,$$

   规定

$$(\boldsymbol{\alpha},\boldsymbol{\beta})=\sum_{i=1}^{n}ix_iy_i.$$

   证明：$(\boldsymbol{\alpha},\boldsymbol{\beta})$是 V 中的内积，从而 V 对此内积做成一欧氏空间.

3. 在欧氏空间 $\mathbf{R}^4$ 中，求一个单位向量与下列三个向量正交：

$$\boldsymbol{\alpha}_1=(1,1,-1,1),\ \boldsymbol{\alpha}_2=(1,-1,-1,1),\ \boldsymbol{\alpha}_3=(2,1,1,3).$$

4. 证明：对任意的实数 $a_1,a_2,\cdots,a_n$，下列不等式成立

$$\sum_{i=1}^{n}|a_i|\leqslant\sqrt{n\sum_{i=1}^{n}a_i^2}.$$

5. 设

$$\boldsymbol{x}=(x_1,x_2,\cdots,x_n),\ \boldsymbol{y}=(y_1,y_2,\cdots,y_n)\in\mathbf{R}^n,$$

   $\boldsymbol{A}$ 是 n 阶正定矩阵，令

$$(\boldsymbol{x},\ \boldsymbol{y})=\boldsymbol{xAy}^{\mathrm{T}}\quad(\boldsymbol{x},\ \boldsymbol{y}\in\mathbf{R}^{n}).$$

(1)证明$(\boldsymbol{x},\ \boldsymbol{y})$是$\mathbf{R}^n$中的内积；

(2)写出相应的柯西不等式.

2.2　正交基与子空间的正交

在线性空间中可以找到一组基底，这组基底本身线性无关，且其他元素可被它线性表达. 在内积空间中可以有进一步的结果，即可以找到标准正交基.

定义 2.2　由正交的单位向量$\boldsymbol{\alpha}_1,\ \boldsymbol{\alpha}_2,\ \cdots,\ \boldsymbol{\alpha}_n$组成的基底叫作标准正交基，这时

$$(\boldsymbol{\alpha}_i,\ \boldsymbol{\alpha}_j)=\begin{cases}1, & i=j,\\ 0, & i\neq j.\end{cases}\quad(i,\ j=1,\ 2,\ \cdots,\ n)$$

可以说任意一个n维欧氏空间中都存在标准正交基，下面讨论用施密特(Schmidt)正交化的方法求标准正交基.

设$\boldsymbol{\alpha}_1,\ \boldsymbol{\alpha}_2,\ \cdots,\ \boldsymbol{\alpha}_n$是$V$的一个基底，则$\boldsymbol{\alpha}_1,\ \boldsymbol{\alpha}_2,\ \cdots,\ \boldsymbol{\alpha}_n$线性无关.

首先取$\boldsymbol{\beta}_1=\boldsymbol{\alpha}_1$，然后从第二项开始，把前面的向量的分量减去：

$$\boldsymbol{\beta}_2=\boldsymbol{\alpha}_2-k_{21}\boldsymbol{\beta}_1,$$

使$\boldsymbol{\beta}_2$与$\boldsymbol{\beta}_1$垂直(见图 2.1)，由

$$(\boldsymbol{\alpha}_2-k_{21}\boldsymbol{\beta}_1,\ \boldsymbol{\beta}_1)=0$$

得

$$k_{21}=\frac{(\boldsymbol{\alpha}_2,\ \boldsymbol{\beta}_1)}{(\boldsymbol{\beta}_1,\ \boldsymbol{\beta}_1)}.$$

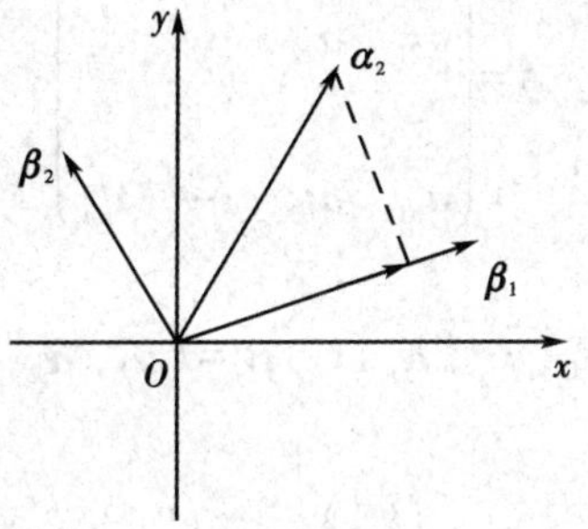

图 2.1

同样地，设

$$\boldsymbol{\beta}_3=\boldsymbol{\alpha}_3-k_{31}\boldsymbol{\beta}_1-k_{32}\boldsymbol{\beta}_2,$$

使$\boldsymbol{\beta}_3$与$\boldsymbol{\beta}_1,\ \boldsymbol{\beta}_2$都垂直，即

$$(\boldsymbol{\beta}_3,\ \boldsymbol{\beta}_1)=(\boldsymbol{\beta}_3,\ \boldsymbol{\beta}_2)=0,$$

得

$$k_{31}=\frac{(\boldsymbol{\alpha}_3,\ \boldsymbol{\beta}_1)}{(\boldsymbol{\beta}_1,\ \boldsymbol{\beta}_1)},\ k_{32}=\frac{(\boldsymbol{\alpha}_3,\ \boldsymbol{\beta}_2)}{(\boldsymbol{\beta}_2,\ \boldsymbol{\beta}_2)}.$$

由此做下去，

$$\boldsymbol{\beta}_n=\boldsymbol{\alpha}_n-k_{n1}\boldsymbol{\beta}_1-\cdots-k_{n,\ n-1}\boldsymbol{\beta}_{n-1},$$

$$k_{ni}=\frac{(\boldsymbol{\alpha}_n,\boldsymbol{\beta}_i)}{(\boldsymbol{\beta}_i,\boldsymbol{\beta}_i)}\quad(i=1,2,\cdots,n-1),$$

最后把得到的向量$\boldsymbol{\beta}_1,\boldsymbol{\beta}_2,\cdots,\boldsymbol{\beta}_n$单位化，即得到标准正交基.

在标准正交基下，内积的形式比较简单，可以用坐标表达.

设

$$\boldsymbol{\alpha}=x_1\boldsymbol{\alpha}_1+x_2\boldsymbol{\alpha}_2+\cdots+x_n\boldsymbol{\alpha}_n,$$
$$\boldsymbol{\beta}=y_1\boldsymbol{\alpha}_1+y_2\boldsymbol{\alpha}_2+\cdots+y_n\boldsymbol{\alpha}_n,$$
$$(\boldsymbol{\alpha},\boldsymbol{\beta})=x_1y_1+x_2y_2+\cdots+x_ny_n.$$

前面讨论过从一个基底到另一个基底的过渡矩阵，设两个基底为$\boldsymbol{\alpha}_1,\boldsymbol{\alpha}_2,\cdots,\boldsymbol{\alpha}_n$；$\boldsymbol{\beta}_1,\boldsymbol{\beta}_2,\cdots,\boldsymbol{\beta}_n$，从$\boldsymbol{\alpha}_1,\cdots,\boldsymbol{\alpha}_n$到$\boldsymbol{\beta}_1,\cdots,\boldsymbol{\beta}_n$的过渡矩阵是$\boldsymbol{A}$，即

$$(\boldsymbol{\beta}_1\cdots\boldsymbol{\beta}_n)=(\boldsymbol{\alpha}_1\cdots\boldsymbol{\alpha}_n)\boldsymbol{A},$$

这里$\boldsymbol{A}$一定是可逆的. 如果$\boldsymbol{\alpha}_1,\cdots,\boldsymbol{\alpha}_n$和$\boldsymbol{\beta}_1,\cdots,\boldsymbol{\beta}_n$都是标准正交基，可以有进一步的结果，即$\boldsymbol{A}$是正交矩阵.

设$\boldsymbol{\alpha}_1,\boldsymbol{\alpha}_2,\cdots,\boldsymbol{\alpha}_n$是标准正交基，则

$$\begin{pmatrix}(\boldsymbol{\alpha}_1,\boldsymbol{\alpha}_1) & (\boldsymbol{\alpha}_1,\boldsymbol{\alpha}_2)\cdots & (\boldsymbol{\alpha}_1,\boldsymbol{\alpha}_n)\\(\boldsymbol{\alpha}_2,\boldsymbol{\alpha}_1) & (\boldsymbol{\alpha}_2,\boldsymbol{\alpha}_2)\cdots & (\boldsymbol{\alpha}_2,\boldsymbol{\alpha}_n)\\ \vdots & \vdots & \vdots\\(\boldsymbol{\alpha}_n,\boldsymbol{\alpha}_1) & (\boldsymbol{\alpha}_n,\boldsymbol{\alpha}_2)\cdots & (\boldsymbol{\alpha}_n,\boldsymbol{\alpha}_n)\end{pmatrix}=\boldsymbol{E}.$$

由

$$(\boldsymbol{\beta}_1,\boldsymbol{\beta}_2,\cdots,\boldsymbol{\beta}_n)=(\boldsymbol{\alpha}_1,\boldsymbol{\alpha}_2,\cdots,\boldsymbol{\alpha}_n)\boldsymbol{A},$$

$$\boldsymbol{A}=\begin{pmatrix}a_{11} & a_{12} & \cdots & a_{1n}\\a_{21} & a_{22} & \cdots & a_{2n}\\ \vdots & \vdots & & \vdots\\a_{n1} & a_{n2} & \cdots & a_{nn}\end{pmatrix},$$

得

$$\boldsymbol{\beta}_i=(\boldsymbol{\alpha}_1,\boldsymbol{\alpha}_2,\cdots,\boldsymbol{\alpha}_n)\boldsymbol{x}_i,\ \boldsymbol{\beta}_j=(\boldsymbol{\alpha}_1,\boldsymbol{\alpha}_2,\cdots,\boldsymbol{\alpha}_n)\boldsymbol{x}_j.$$

这里

$$\boldsymbol{x}_i=\begin{pmatrix}a_{1i}\\a_{2i}\\ \vdots\\a_{ni}\end{pmatrix},\ \boldsymbol{x}_j=\begin{pmatrix}a_{1j}\\a_{2j}\\ \vdots\\a_{nj}\end{pmatrix},$$

$$(\boldsymbol{\beta}_i,\boldsymbol{\beta}_j)=\boldsymbol{x}_i^{\mathrm{T}}\boldsymbol{x}_j=\begin{cases}1, & i=j\\0, & i\neq j\end{cases}$$

所以$\boldsymbol{A}$是正交矩阵，即

$$\boldsymbol{A}^{\mathrm{T}}\boldsymbol{A}=\boldsymbol{E}.$$

现在讨论内积空间中的子空间的性质.

定义 2.3 如果任取$\boldsymbol{\alpha}\in V_1$，$\boldsymbol{\beta}\in V_2$，$(\boldsymbol{\alpha},\boldsymbol{\beta})=0$，则称$V_1$与$V_2$正交.

例如

$$V_1=\{(x_1,x_2,0)\mid x_1,x_2\in\mathbf{R}\},$$

$$V_2=\{(0,\ 0,\ x_3)\mid x_3\in\mathbf{R}\},$$

V_1 与 V_2 正交.

定义 2.4　如果任取 $\boldsymbol{\beta}\in V_1$，$(\boldsymbol{\alpha},\ \boldsymbol{\beta})=0$，则称 $\boldsymbol{\alpha}$ 与 V_1 正交.

关于子空间的和，这里有下面的结论.

定理 2.1　如果子空间 V_1 与 V_2 是正交的，则它们的和 V_1+V_2 是直和.

证明
$$V_1\perp V_2,$$
则
$$V_1\cap V_2=\{\mathbf{0}\}.$$

例 2.5　三维空间中的子空间 $L(\boldsymbol{e}_1,\ \boldsymbol{e}_2)$ 和 $L(\boldsymbol{e}_3)$ 是直和.

定义 2.5　如果 V 中的子空间 V_1 与 V_2 正交，并且
$$V_1+V_2=V,$$
则称 $V_1(V_2)$ 是 $V_2(V_1)$ 的正交补，记作
$$V_1=V_2^{\perp},\ V_2=V_1^{\perp}.$$

关于正交补,有下面的结论：

定理 2.2　n 维欧氏空间的任一子空间 V_1 都有唯一的正交补.

证明　在 V_1 中选一组正交基 $\boldsymbol{\varepsilon}_1,\ \cdots,\ \boldsymbol{\varepsilon}_m$，把它们扩充成 V 的正交基
$$\boldsymbol{\varepsilon}_1,\ \boldsymbol{\varepsilon}_2,\ \cdots,\ \boldsymbol{\varepsilon}_m,\ \boldsymbol{\varepsilon}_{m+1},\ \cdots,\ \boldsymbol{\varepsilon}_n,$$
则 $L(\boldsymbol{\varepsilon}_{m+1},\ \cdots,\ \boldsymbol{\varepsilon}_n)$ 就是 V_1 的正交补.

如果 $V_1=\{\mathbf{0}\}$，则 V 就是 V_1 的正交补.

再证明唯一性：

设 V_1 有两个正交补 V_2，V_3，我们证明 $V_2=V_3$，这两个子空间的运算是一样的，只需要作为集合
$$V_2=V_3.$$

先证明 $V_2\subset V_3$，任取 $\boldsymbol{\alpha}\in V_2$，证明 $\boldsymbol{\alpha}\in V_3$；反之，任取 $\boldsymbol{\alpha}\in V_3$，证明 $\boldsymbol{\alpha}\in V_2$，$V_3\subset V_2$.

任取 $\boldsymbol{\alpha}\in V_2$，则
$$\boldsymbol{\alpha}\in V=V_1+V_3,\ \boldsymbol{\alpha}=\boldsymbol{\alpha}_1+\boldsymbol{\alpha}_3,$$
$$\boldsymbol{\alpha}_1\in V_1,\ \boldsymbol{\alpha}_3\in V_3.$$

由 $\boldsymbol{\alpha}\perp V_1$ 得
$$0=(\boldsymbol{\alpha},\ \boldsymbol{\alpha}_1)=(\boldsymbol{\alpha}_1+\boldsymbol{\alpha}_3,\ \boldsymbol{\alpha}_1)=(\boldsymbol{\alpha}_1,\ \boldsymbol{\alpha}_1)+(\boldsymbol{\alpha}_3,\ \boldsymbol{\alpha}_1)=(\boldsymbol{\alpha}_1,\ \boldsymbol{\alpha}_1),$$
$$\boldsymbol{\alpha}_1=\mathbf{0},\ \boldsymbol{\alpha}=\boldsymbol{\alpha}_3\in V_3,\ V_2\subset V_3.$$

同理可证
$$V_3\subset V_2,$$
$$V_2=V_3.$$

例如三维空间 $\mathbf{R}^3$：
$$L^{\perp}(\boldsymbol{e}_1)=L(\boldsymbol{e}_2,\ \boldsymbol{e}_3).$$

习题 2.2

1. 设 $\boldsymbol{\varepsilon}_1$，$\boldsymbol{\varepsilon}_2$，$\boldsymbol{\varepsilon}_3$ 是三维欧氏空间的一个标准正交基，证明：
$$\boldsymbol{\alpha}_1=\frac{1}{3}(2\boldsymbol{\varepsilon}_1+2\boldsymbol{\varepsilon}_2-\boldsymbol{\varepsilon}_3),$$

$$\boldsymbol{\alpha}_2=\frac{1}{3}(2\boldsymbol{\varepsilon}_1-\boldsymbol{\varepsilon}_2+2\boldsymbol{\varepsilon}_3),$$

$$\boldsymbol{\alpha}_3=\frac{1}{3}(\boldsymbol{\varepsilon}_1-2\boldsymbol{\varepsilon}_2-2\boldsymbol{\varepsilon}_3)$$

也是一个标准正交基.

2. 求齐次线性方程组

$$\begin{cases}2x_1+x_2-x_3+x_4-3x_5=0,\\ x_1+x_2-x_3+x_5=0\end{cases}$$

的解空间的一个标准正交基.

3. 设 V 是 n 维欧氏空间，$\boldsymbol{\alpha}$ 为 V 中一个取定的非零向量，证明：

(1) $V_1=\{\boldsymbol{\beta}\mid(\boldsymbol{\beta},\boldsymbol{\alpha})=0,\boldsymbol{\beta}\in V\}$ 是 V 的子空间；

(2) $\dim V_1=n-1$.

4. 设 $\boldsymbol{\alpha}_1$，$\boldsymbol{\alpha}_2$，$\boldsymbol{\alpha}_3$ 是三维欧氏空间 V 的一个标准正交基，求 V 的一个正交变换，使得

$$T\boldsymbol{\alpha}_1=\frac{1}{3}(2\boldsymbol{\alpha}_1+2\boldsymbol{\alpha}_2-\boldsymbol{\alpha}_3),$$

$$T\boldsymbol{\alpha}_2=\frac{1}{3}(2\boldsymbol{\alpha}_1-\boldsymbol{\alpha}_2+2\boldsymbol{\alpha}_3).$$

（若一个线性变换满足 $(T\boldsymbol{\alpha},T\boldsymbol{\beta})=(\boldsymbol{\alpha},\boldsymbol{\beta})$，则称 T 为正交变换.）

5. 在 $\mathbf{R}^{n\times n}$ 中定义内积

$$(\boldsymbol{A},\boldsymbol{B})=\sum_{i,j}a_{ij}b_{ij},\ \boldsymbol{A}=(a_{ij})_{2\times2},\ \boldsymbol{B}=(b_{ij})_{2\times2},$$

由 $\mathbf{R}^{2\times2}$ 的基

$$\boldsymbol{G}_1=\begin{pmatrix}0&1\\1&1\end{pmatrix},\ \boldsymbol{G}_2=\begin{pmatrix}1&0\\1&1\end{pmatrix},\ \boldsymbol{G}_3=\begin{pmatrix}1&1\\0&1\end{pmatrix},\ \boldsymbol{G}_4=\begin{pmatrix}1&1\\1&0\end{pmatrix}$$

出发，构造一个正交基.

2.3 点到子空间的距离与最小二乘法

首先定义距离，设 V 是欧氏空间，$\boldsymbol{\alpha},\boldsymbol{\beta}\in V$，则 $\boldsymbol{\alpha}-\boldsymbol{\beta}$ 的长度 $|\boldsymbol{\alpha}-\boldsymbol{\beta}|$ 称为 $\boldsymbol{\alpha}$ 与 $\boldsymbol{\beta}$ 的距离. 如 $\mathbf{R}^n$ 中

$$\boldsymbol{x}=(x_1,x_2,\cdots,x_n),$$

$$\boldsymbol{y}=(y_1,y_2,\cdots,y_n),$$

$$(\boldsymbol{x}-\boldsymbol{y})^2=\sum_{i=1}^{n}(x_i-y_i)^2$$

是常见的距离.

在几何里，点到直线或者平面的距离是从这个点向直线或者平面引垂线，从这个点到垂足的距离. 也就是以垂线为最短. 现在证明，欧氏空间中的一个向量 $\boldsymbol{\alpha}$ 到一个子空间 W 中的各个向量的距离也以垂线为最短.

设 $\boldsymbol{\beta}\in W$ 而 $\boldsymbol{\alpha}-\boldsymbol{\beta}$ 不垂直于 W，$\boldsymbol{\alpha}-\boldsymbol{\gamma}\perp W$，$\boldsymbol{\gamma}\in W$，则

$$\begin{aligned}|\boldsymbol{\alpha}-\boldsymbol{\beta}|^2&=|\boldsymbol{\alpha}-\boldsymbol{\gamma}+\boldsymbol{\gamma}-\boldsymbol{\beta}|^2\\&=|\boldsymbol{\alpha}-\boldsymbol{\gamma}|^2+|\boldsymbol{\gamma}-\boldsymbol{\beta}|^2\end{aligned}$$

$$\geqslant |\boldsymbol{\alpha}-\boldsymbol{\gamma}|^2.$$

设 $W=L(\boldsymbol{\alpha}_1, \cdots, \boldsymbol{\alpha}_s)$，而 $\boldsymbol{\alpha}\in V$, $\boldsymbol{\alpha}\perp W$，容易看出

$$\boldsymbol{\alpha}\perp W \Leftrightarrow \boldsymbol{\alpha}\perp \boldsymbol{\alpha}_i \quad (i=1, 2, \cdots, s).$$

现在来看最小二乘法的问题.

解不相容的线性方程组 $\boldsymbol{AX}=\boldsymbol{b}$. 这里 $R(\boldsymbol{A})\neq R(\boldsymbol{A}\ \boldsymbol{b})$，即方程组无解. 现在找一个最小二乘解，也就是找一个近似程度最好的解.

设 $\boldsymbol{A}=(\boldsymbol{\alpha}_1, \boldsymbol{\alpha}_2, \cdots, \boldsymbol{\alpha}_n)$，这里 $\boldsymbol{\alpha}_1, \boldsymbol{\alpha}_2, \cdots, \boldsymbol{\alpha}_n$ 是列向量，则

$$\boldsymbol{AX}=(\boldsymbol{\alpha}_1, \boldsymbol{\alpha}_2, \cdots, \boldsymbol{\alpha}_n)\begin{pmatrix} x_1 \\ \vdots \\ x_n \end{pmatrix}=\sum_{i=1}^{n} x_i\boldsymbol{\alpha}_i.$$

当 $\boldsymbol{X}$ 的分量取遍所有值的时候，上面的表达式是

$$\boldsymbol{\alpha}_1, \cdots, \boldsymbol{\alpha}_n$$

的任意组合，所以

$$\boldsymbol{AX}=L(\boldsymbol{\alpha}_1, \cdots, \boldsymbol{\alpha}_n)=W.$$

而方程组无解意味着不存在一组 $x_1, \cdots, x_n$ 使 $\boldsymbol{AX}=\boldsymbol{b}$，即 $\boldsymbol{b}$ 不能被 $\boldsymbol{\alpha}_1, \cdots, \boldsymbol{\alpha}_n$ 组合出来，$\boldsymbol{b}\notin W$. 现在在 $L(\boldsymbol{\alpha}_1, \cdots, \boldsymbol{\alpha}_n)$ 中找一个离 $\boldsymbol{b}$ 最近的向量，即找一个 $\sum x_i\boldsymbol{\alpha}_i=\boldsymbol{\beta}$，使

$$\boldsymbol{b}-\boldsymbol{\beta}\perp W,$$

而 $\boldsymbol{b}-\boldsymbol{\beta}\perp W$ 时这个距离最小，当 $\boldsymbol{b}-\boldsymbol{\beta}\perp W$ 时，

$$\boldsymbol{b}-\boldsymbol{\beta}\perp\boldsymbol{\alpha}_i \quad (i=1, 2, \cdots, n).$$

这里 $\boldsymbol{b}-\boldsymbol{\beta}$ 与 $\boldsymbol{\alpha}_i$ 都是列向量，所以

$$(\boldsymbol{b}-\boldsymbol{\beta}, \boldsymbol{\alpha}_i)=0,$$

即
$$\boldsymbol{\alpha}_i^{\mathrm{T}}(\boldsymbol{b}-\boldsymbol{\beta})=0.$$

写在一起得

$$\begin{pmatrix} \boldsymbol{\alpha}_1^{\mathrm{T}} \\ \boldsymbol{\alpha}_2^{\mathrm{T}} \\ \vdots \\ \boldsymbol{\alpha}_n^{\mathrm{T}} \end{pmatrix}(\boldsymbol{b}-\boldsymbol{\beta})=0,\quad \begin{pmatrix} \boldsymbol{\alpha}_1^{\mathrm{T}} \\ \boldsymbol{\alpha}_2^{\mathrm{T}} \\ \vdots \\ \boldsymbol{\alpha}_n^{\mathrm{T}} \end{pmatrix}=\boldsymbol{A}^{\mathrm{T}},\ \boldsymbol{\beta}=\boldsymbol{AX},$$

所以最小二乘解是

$$\boldsymbol{A}^{\mathrm{T}}\boldsymbol{AX}=\boldsymbol{A}^{\mathrm{T}}\boldsymbol{b}.$$

例 2.6 求方程组$\begin{cases} x_1+x_2=1, \\ x_1+x_2=2, \\ x_1+x_2+x_3=0, \\ x_1+2x_2+x_3=-1 \end{cases}$的最小二乘解.

解 由 $\boldsymbol{A}^{\mathrm{T}}\boldsymbol{AX}=\boldsymbol{A}^{\mathrm{T}}\boldsymbol{b}$，得

$$x_1=\frac{5}{2},\ x_2=-1,\ x_3=-\frac{3}{2}.$$

习题 2.3

1. 求方程组

$$\begin{cases} x+y=1, \\ 2x+y=3, \\ 3x+2y=5 \end{cases}$$

的最小二乘解.

2. 求方程组

$$\begin{cases} x+y+z=1, \\ 2x-2y+z=2, \\ 3x-y+2z=5 \end{cases}$$

的最小二乘解.

2.4　正规矩阵

首先介绍一下复空间的概念.

如果把数域扩大到复数，则可以仿照实数空间内积的定义，把内积推广到复数，但是要考虑到复数的特性.

定义 2.6　设 V 是复数域 $\mathbf{C}$ 上的线性空间，如果对 V 中的任意向量 $\boldsymbol{\alpha}$, $\boldsymbol{\beta}$，都有一个复数$(\boldsymbol{\alpha}, \boldsymbol{\beta})$与之对应，且满足如下条件，则$(\boldsymbol{\alpha}, \boldsymbol{\beta})$称为 V 的内积：

(1) $(\boldsymbol{\alpha}, \boldsymbol{\beta})=\overline{(\boldsymbol{\beta}, \boldsymbol{\alpha})}$；

(2) $(\boldsymbol{\alpha}+\boldsymbol{\beta}, \boldsymbol{\gamma})=(\boldsymbol{\alpha}, \boldsymbol{\gamma})+(\boldsymbol{\beta}, \boldsymbol{\gamma})$；

(3) $(k\boldsymbol{\alpha}, \boldsymbol{\beta})=k(\boldsymbol{\alpha}, \boldsymbol{\beta})$；

(4) $(\boldsymbol{\alpha}, \boldsymbol{\alpha})\geqslant 0$，当且仅当 $\boldsymbol{\alpha}=\mathbf{0}$ 时$(\boldsymbol{\alpha},\boldsymbol{\alpha})=0$.

这时 V 称为复内积空间或者酉空间，这里$\overline{(\boldsymbol{\beta}, \boldsymbol{\alpha})}$是$(\boldsymbol{\beta}, \boldsymbol{\alpha})$的共轭，条件(1)是保证$(\boldsymbol{\alpha}, \boldsymbol{\alpha})$是实数，否则可能会有 $\boldsymbol{\alpha}\neq\mathbf{0}$ 但是$(\boldsymbol{\alpha}, \boldsymbol{\alpha})=0$，如

$$\boldsymbol{\alpha}=(3, 4, 5\mathrm{i})\neq\mathbf{0},\ (\boldsymbol{\alpha}, \boldsymbol{\alpha})=3^2+4^2+(5\mathrm{i})^2=0.$$

例 2.7　n 维线性空间 $\mathbf{C}^n$ 中，如果对 $\mathbf{C}^n$ 的任意两个向量

$$\boldsymbol{x}=(x_1, x_2, \cdots, x_n),\ \boldsymbol{y}=(y_1, y_2, \cdots, y_n)$$

定义

$$(\boldsymbol{x}, \boldsymbol{y})=x_1\overline{y}_1+x_2\overline{y}_2+\cdots+x_n\overline{y}_n,$$

则$(\boldsymbol{x}, \boldsymbol{y})$是内积，$\mathbf{C}^n$ 是酉空间.

这个内积也可以写成$(\boldsymbol{x}, \boldsymbol{y})=\boldsymbol{y}^{\mathrm{H}}\boldsymbol{x}$，这里 $\boldsymbol{y}^{\mathrm{H}}$ 是 $\boldsymbol{y}$ 的共轭转置.

可以证明在这个空间中

$$|(\boldsymbol{\alpha}, \boldsymbol{\beta})|\leqslant|\boldsymbol{\alpha}|\cdot|\boldsymbol{\beta}|$$

仍然成立.

在这个空间中，还可以定义一个元素的长度$|\boldsymbol{\alpha}|=\sqrt{(\boldsymbol{\alpha}, \boldsymbol{\alpha})}$，但是不能定义两个元素之间的夹角，因为$(\boldsymbol{\alpha}, \boldsymbol{\beta})$一般不是实数，由于$(\boldsymbol{\alpha}, \boldsymbol{\beta})$可以是零，因此在酉空间中也可以有标准正交基.

定义 2.7 设 $A\in\mathbf{C}^{n\times n}$ 且 $A^{H}A=AA^{H}=E$，则称 A 为酉矩阵.

这是实数空间正交矩阵的推广.

酉矩阵具有下列性质：

(1) $|\det A|=1$；

(2) $A^{-1}=A^{H}$，$(A^{-1})^{H}=(A^{H})^{-1}$；

(3) A^{-1} 也是酉矩阵，两个酉矩阵的乘积也是酉矩阵；

(4) A 的行(列)向量构成标准正交基.

下面讨论一类重要的矩阵——正规矩阵.

有一类矩阵，如对角形矩阵，实对称矩阵 $A^{T}=A$，反实对称矩阵 $A^{T}=-A$，厄米特矩阵 $A^{H}=A$，反厄米特矩阵 $A^{H}=-A$，正交矩阵 $A^{T}A=E$，以及酉矩阵等，都有一个共同的特性.

为了统一研究它们的相似标准形，引入正规矩阵的概念.

定义 2.8 设 $A\in\mathbf{C}^{n\times n}$，且 $A^{H}A=AA^{H}$，则 A 称为正规矩阵.

上面说的几种矩阵都是正规矩阵，但不是全部，例如矩阵

$$A=\begin{pmatrix}1 & -1\\ 1 & 1\end{pmatrix}$$

也是正规矩阵，它不是前面那几种矩阵.

在线性代数里有一个重要的结果，一个实对称矩阵可以对角化，即可以和一个对角矩阵相似，且对角线上的元素都是矩阵的特征值. 这个结论推广到复数空间就是正规矩阵一定可以对角化，即存在酉矩阵 U 使得 $U^{H}AU=\Lambda$，Λ 的对角线元素为 A 的特征值. 第五章来证明这个结论.

习题 2.4

试求一个酉矩阵 P，使得 $P^{-1}AP$ 为对角形：

(1) $A=\begin{pmatrix}-1 & \mathrm{i} & 0\\ -\mathrm{i} & 0 & -\mathrm{i}\\ 0 & \mathrm{i} & -1\end{pmatrix}$；(2) $A=\begin{pmatrix}0 & \mathrm{i} & 1\\ -\mathrm{i} & 0 & 0\\ 1 & 0 & 0\end{pmatrix}$.

这两个矩阵是正规矩阵吗？

第三章　矩阵的标准形

相似变换是矩阵的一种重要的变换，本章研究矩阵在相似变换下的简化问题，这是矩阵理论的基本问题之一. 这种分解简化形式在许多领域中都有重要的作用.

3.1　哈密顿-凯莱定理以及矩阵的最小多项式

3.1.1　哈密顿-凯莱定理

本节将要讨论矩阵的特征多项式的性质，并讨论另一种重要的多项式——最小多项式. 本节的结果有重要的理论及应用价值.

定理 3.1　(哈密顿-凯莱定理)每个 n 阶矩阵都是它的特征多项式的根，设 $\boldsymbol{A}$ 为 n 阶矩阵，

$$f(\lambda)=|\lambda\boldsymbol{E}-\boldsymbol{A}|=\lambda^n+a_{n-1}\lambda^{n-1}+\cdots+a_1\lambda+a_0,$$

则

$$f(\boldsymbol{A})=\boldsymbol{A}^n+a_{n-1}\boldsymbol{A}^{n-1}+\cdots+a_1\boldsymbol{A}+a_0\boldsymbol{E}=\boldsymbol{O}.$$

证明　设 $\boldsymbol{B}(\lambda)$ 为 $\lambda\boldsymbol{E}-\boldsymbol{A}$ 的伴随矩阵，则

$$\boldsymbol{B}(\lambda)\cdot(\lambda\boldsymbol{E}-\boldsymbol{A})=|\lambda\boldsymbol{E}-\boldsymbol{A}|\boldsymbol{E}=f(\lambda)\boldsymbol{E}.$$

由于矩阵 $\boldsymbol{B}(\lambda)$ 的元素都是行列式 $|\lambda\boldsymbol{E}-\boldsymbol{A}|$ 的元素的代数余子式，因而都是 λ 的多项式，其次数都不超过 $n-1$，故由矩阵的运算性质，$\boldsymbol{B}(\lambda)$ 可以写成

$$\boldsymbol{B}(\lambda)=\lambda^{n-1}\boldsymbol{B}_{n-1}+\lambda^{n-2}\boldsymbol{B}_{n-2}+\cdots+\boldsymbol{B}_0.$$

这里各个 $\boldsymbol{B}_i$ 均为 n 阶数字矩阵，因此有

$$\boldsymbol{B}(\lambda)(\lambda\boldsymbol{E}-\boldsymbol{A})=\lambda^n\boldsymbol{B}_{n-1}+\lambda^{n-1}(\boldsymbol{B}_{n-2}-\boldsymbol{B}_{n-1}\boldsymbol{A})+\cdots+\lambda(\boldsymbol{B}_0-\boldsymbol{B}_1\boldsymbol{A})-\boldsymbol{B}_0\boldsymbol{A}. \tag{3-1}$$

另一方面，显然有

$$f(\lambda)\boldsymbol{E}=\lambda^n\boldsymbol{E}+a_{n-1}\lambda^{n-1}\boldsymbol{E}+\cdots+a_1\lambda\boldsymbol{E}+a_0\boldsymbol{E}.$$

由式(3-1)即得

$$\left.\begin{array}{l}\boldsymbol{B}_{n-1}=\boldsymbol{E},\\ \boldsymbol{B}_{n-2}-\boldsymbol{B}_{n-1}\boldsymbol{A}=a_{n-1}\boldsymbol{E},\\ \cdots\cdots\cdots\cdots\\ \boldsymbol{B}_0-\boldsymbol{B}_1\boldsymbol{A}=a_1\boldsymbol{E},\\ -\boldsymbol{B}_0\boldsymbol{A}=a_0\boldsymbol{E}.\end{array}\right\} \tag{3-2}$$

以 $\boldsymbol{A}^n$, $\boldsymbol{A}^{n-1}$, $\cdots$, $\boldsymbol{A}$, $\boldsymbol{E}$ 依次右乘式(3-2)的第一式，第二式，$\cdots$，第 $n+1$ 式，并且将它们加起来，则左边变成零矩阵，而右边即为 $f(\boldsymbol{A})$，故有 $f(\boldsymbol{A})=\boldsymbol{O}$.

利用这个性质可以简化矩阵多项式的计算.

例 3.1　设矩阵

$$A=\begin{pmatrix}1&0&2\\0&-1&1\\0&1&0\end{pmatrix},$$

试计算

$$\varphi(A)=2A^8-3A^5+A^4+A^2-4E.$$

解　因为 A 的多项式为

$$f(\lambda)=|\lambda E-A|=\lambda^3-2\lambda+1,$$

再取多项式

$$\varphi(\lambda)=2\lambda^8-3\lambda^5+\lambda^4+\lambda^2-4.$$

以 $f(\lambda)$ 去除 $\varphi(\lambda)$ 可得余式

$$r(\lambda)=24\lambda^2-37\lambda+10.$$

由哈密顿-凯莱定理，$f(A)=O$，所以

$$\varphi(A)=r(A)=24A^2-37A+10E=\begin{pmatrix}-3&48&-26\\0&95&-6\\0&-61&34\end{pmatrix}.$$

例 3.2　已知矩阵

$$A=\begin{pmatrix}-1&1&0\\-4&3&0\\1&0&2\end{pmatrix},$$

计算：(1) $A^7-A^5-19A^4+28A^3+6A-4E$；

(2) A^{-1}.

解　(1)

$$f(\lambda)=|\lambda E-A|=\lambda^3-4\lambda^2+5\lambda-2,$$

以 $f(\lambda)$ 去除 $\varphi(\lambda)$，得余式

$$r(\lambda)=-3\lambda^2+22\lambda-8,$$

$$\varphi(A)=r(A)=-3A^2+22A-8E=\begin{pmatrix}-21&16&0\\-64&43&0\\19&-3&24\end{pmatrix}.$$

(2) 由

$$A^3-4A^2+5A-2E=O$$

得

$$A\,\frac{1}{2}(A^2-4A+5E)=E,$$

即

$$A^{-1}=\frac{1}{2}(A^2-4A+5E).$$

3.1.2　最小多项式

一般地说，若 A 是一个方阵，$\varphi(\lambda)$ 是一个多项式，$\varphi(A)=O$，这种多项式叫作矩阵 A 的零化多项式，可见每一个矩阵都有零化多项式，并且零化多项式一定有无穷多个，因为特征多项式乘任何一个多项式还是零化多项式. 那么有没有一个次数最低的零化多项式呢?

下面讨论这个问题.

定义 3.1 设$\boldsymbol{A}\in\mathbf{C}^{n\times n}$，在$\boldsymbol{A}$的零化多项式中，次数最低的首项系数为 1 的多项式，称为矩阵$\boldsymbol{A}$的最小多项式，记作$m(\lambda)$.

下面证明，最小多项式存在，而且是唯一的.

定理 3.2 矩阵$\boldsymbol{A}$的任何零化多项式都能被它的最小多项式整除.

证明 设$\varphi(\lambda)$是$\boldsymbol{A}$的任何一个零化多项式，则$\varphi(\boldsymbol{A})=\boldsymbol{O}$，如果$m(\lambda)$是$\boldsymbol{A}$的最小多项式，则$m(\boldsymbol{A})=\boldsymbol{O}$.

以$m(\lambda)$除$\varphi(\lambda)$得

$$\varphi(\lambda)=m(\lambda)q(\lambda)+r(\lambda).$$

这里$r(\lambda)$是余项，它的次数应该低于$m(\lambda)$的次数.

由

$$\varphi(\boldsymbol{A})=m(\boldsymbol{A})q(\boldsymbol{A})+r(\boldsymbol{A})$$

得

$$r(\boldsymbol{A})=\boldsymbol{O},$$

所以$r(\lambda)$也是$\boldsymbol{A}$的零化多项式，并且$r(\lambda)$的次数低于$m(\lambda)$的次数，这与$m(\lambda)$为最小多项式矛盾，所以只能是$r(\lambda)=0$，故

$$m(\lambda)\mid\varphi(\lambda).$$

上面证明了最小多项式能够整除零化多项式，如果$m_1(\lambda)$与$m_2(\lambda)$都是$\boldsymbol{A}$的最小多项式，则$m_1\mid m_2$，$m_2\mid m_1$，两个多项式互相整除，并且首项系数为 1，所以这两个多项式相同. 由此得出：

定理 3.3 矩阵$\boldsymbol{A}$的最小多项式唯一.

下面介绍求最小多项式的方法，对每个矩阵$\boldsymbol{A}$都可以求它的特征多项式，现在证明可以通过特征多项式求最小多项式.

因为最小多项式能够整除特征多项式，所以最小多项式的根一定是特征多项式的根. 现在证明，特征多项式的根也一定是最小多项式的根.

证明 设λ_0是$\boldsymbol{A}$的特征根，则存在特征向量$\boldsymbol{x}$使得

$$\boldsymbol{A}\boldsymbol{x}=\lambda_0\boldsymbol{x}.$$

又设$\boldsymbol{A}$的最小多项式是

$$m(\lambda)=\lambda^k+a_{k-1}\lambda^{k-1}+\cdots+a_1\lambda+a_0,$$

则

$$\begin{aligned}m(\boldsymbol{A})\boldsymbol{x}&=\boldsymbol{A}^k\boldsymbol{x}+a_{k-1}\boldsymbol{A}^{k-1}\boldsymbol{x}+\cdots+a_1\boldsymbol{A}\boldsymbol{x}+a_0\boldsymbol{x}\\&=(\lambda_0^k+a_{k-1}\lambda_0^{k-1}+\cdots+a_0)\boldsymbol{x}\\&=m(\lambda_0)\boldsymbol{x}.\end{aligned}$$

由于$m(\boldsymbol{A})=\boldsymbol{O}$，又$\boldsymbol{x}\neq\boldsymbol{0}$，所以$m(\lambda_0)=0$，即$\lambda_0$是$m(\lambda)$的根.

由此得到：

定理 3.4 矩阵$\boldsymbol{A}$的特征多项式的根一定是最小多项式的根，反过来，最小多项式的根也一定是特征多项式的根.

设矩阵$\boldsymbol{A}\in\mathbf{C}^{n\times n}$的所有特征值为$\lambda_1$，$\lambda_2$，…，$\lambda_s$，又$\boldsymbol{A}$的特征多项式为

$$f(\lambda)=|\lambda\boldsymbol{E}-\boldsymbol{A}|=(\lambda-\lambda_1)^{k_1}(\lambda-\lambda_2)^{k_2}\cdots(\lambda-\lambda_s)^{k_s},$$

则$\boldsymbol{A}$的最小多项式一定具有如下形式：

$$m(\lambda)=(\lambda-\lambda_1)^{n_1}(\lambda-\lambda_2)^{n_2}\cdots(\lambda-\lambda_s)^{n_s}.$$

这里 $n_i \leqslant k_i$.

例 3.3 求矩阵

$$\boldsymbol{A}=\begin{pmatrix} 3 & -3 & 2 \\ -1 & 5 & -2 \\ -1 & 3 & 0 \end{pmatrix}$$

的最小多项式.

解 $\boldsymbol{A}$ 的特征多项式为

$$f(\lambda)=|\lambda \boldsymbol{E}-\boldsymbol{A}|=(\lambda-2)^2(\lambda-4),$$

故 $\boldsymbol{A}$ 的最小多项式只能是

$$m(\lambda)=(\lambda-2)(\lambda-4),$$

或

$$f(\lambda).$$

验证

$$(\boldsymbol{A}-2\boldsymbol{E})(\boldsymbol{A}-4\boldsymbol{E})=\boldsymbol{O},$$

所以 $\boldsymbol{A}$ 的最小多项式为

$$m(\lambda)=(\lambda-2)(\lambda-4).$$

例 3.4 求

$$\boldsymbol{A}=\begin{pmatrix} 3 & 1 & -1 \\ -2 & 0 & 2 \\ -1 & -1 & 3 \end{pmatrix}$$

的最小多项式.

解

$$f(\lambda)=|\lambda \boldsymbol{E}-\boldsymbol{A}|=(\lambda-2)^3,$$

显然

$$\boldsymbol{A}-2\boldsymbol{E}\neq \boldsymbol{O}.$$

验证

$$(\boldsymbol{A}-2\boldsymbol{E})^2=\boldsymbol{O},$$

故

$$m(\lambda)=(\lambda-2)^2.$$

例 3.5 求

$$\boldsymbol{A}=\begin{pmatrix} 2 & -1 & 1 & -1 \\ 2 & 2 & -1 & -1 \\ 1 & 2 & -1 & 2 \\ 0 & 0 & 0 & 3 \end{pmatrix}$$

的最小多项式.

解

$$f(\lambda)=|\lambda \boldsymbol{E}-\boldsymbol{A}|=(\lambda-1)^3(\lambda-3),$$

直接计算

$$(\boldsymbol{A}-\boldsymbol{E})^2(\boldsymbol{A}-3\boldsymbol{E})\neq \boldsymbol{O},$$

故

$$m(\lambda)=f(\lambda).$$

习题 3.1

1. 利用特征多项式及哈密顿-凯莱定理证明：任意可逆矩阵 $\boldsymbol{A}$ 的逆矩阵 $\boldsymbol{A}^{-1}$ 都可以表示为 $\boldsymbol{A}$ 的多项式.
2. 设

$$\boldsymbol{A}=\begin{pmatrix}1&-1\\2&5\end{pmatrix},$$

证明：

$$\boldsymbol{B}=2\boldsymbol{A}^4-12\boldsymbol{A}^3+19\boldsymbol{A}^2-29\boldsymbol{A}+37\boldsymbol{E}$$

为可逆矩阵，并把 $\boldsymbol{B}^{-1}$ 表示成 $\boldsymbol{A}$ 的多项式.
3. 设 $\boldsymbol{A}$，$\boldsymbol{B}$ 均为 n 阶方阵，又 $\boldsymbol{E}-\boldsymbol{AB}$ 可逆，证明：

$$(\boldsymbol{E}-\boldsymbol{BA})^{-1}=\boldsymbol{E}+\boldsymbol{B}(\boldsymbol{E}-\boldsymbol{AB})^{-1}\boldsymbol{A}.$$

4. 设

$$\boldsymbol{A}=\begin{pmatrix}1&0&0\\1&0&1\\0&1&0\end{pmatrix},$$

证明：当 $n\geqslant 3$ 时，$\boldsymbol{A}^n=\boldsymbol{A}^{n-2}+\boldsymbol{A}^2-\boldsymbol{E}$，并求 $\boldsymbol{A}^{100}$.
5. 求下列矩阵的最小多项式：

$$(1)\begin{pmatrix}-1&-2&6\\-1&0&3\\-1&-1&4\end{pmatrix};(2)\begin{pmatrix}0&0&1\\0&1&0\\1&0&0\end{pmatrix};(3)\begin{pmatrix}3&-1&-3&1\\-1&3&1&-3\\3&-1&-3&1\\-1&3&1&-3\end{pmatrix}.$$

3.2 矩阵的相似对角形

把矩阵化为对角形，对于解决很多问题都有帮助. 如解微分方程组

$$\left.\begin{aligned}\frac{\mathrm{d}x_1}{\mathrm{d}t}&=\lambda_1x_1,\\ \frac{\mathrm{d}x_2}{\mathrm{d}t}&=\lambda_2x_2,\end{aligned}\right\}\tag{3-3}$$

容易解出

$$x_1=C_1\mathrm{e}^{\lambda_1t},\ x_2=C_2\mathrm{e}^{\lambda_2t}.$$

而

$$\begin{cases}\dfrac{\mathrm{d}x_1}{\mathrm{d}t}=a_{11}x_1+a_{12}x_2,\\ \dfrac{\mathrm{d}x_2}{\mathrm{d}t}=a_{21}x_1+a_{22}x_2\end{cases}$$

如果能够化为式(3-3)的形式，就可以求出解.

设

$$X=\begin{pmatrix}x_1\\x_2\end{pmatrix},\ A=\begin{pmatrix}a_{11}&a_{12}\\a_{21}&a_{22}\end{pmatrix},\ Y=\begin{pmatrix}y_1\\y_2\end{pmatrix},$$

则

$$\frac{\mathrm{d}X}{\mathrm{d}t}=AX.$$

设有可逆矩阵 P，使得 $X=PY$，代入方程：

$$\frac{\mathrm{d}Y}{\mathrm{d}t}=P^{-1}APY.$$

如果 $P^{-1}AP$ 是对角矩阵

$$\Lambda=\begin{pmatrix}\lambda_1&\\&\lambda_2\end{pmatrix},$$

则方程组化为

$$\frac{\mathrm{d}Y}{\mathrm{d}t}=\Lambda Y,$$

解出

$$y_1=C_1\mathrm{e}^{\lambda_1 t},\ y_2=C_2\mathrm{e}^{\lambda_2 t}.$$

再利用 $X=PY$ 就可以求出原来方程组的解. 那么一个 n 阶矩阵，在什么条件下可以对角化呢？

若有可逆矩阵 P 使得

$$P^{-1}AP=\Lambda,\ AP=P\Lambda.$$

设

$$P=(P_1,\ P_2,\ \cdots,\ P_n),\ \Lambda=\mathrm{diag}(\lambda_1,\ \cdots,\ \lambda_n),$$

则

$$(AP_1,\ AP_2,\ \cdots,\ AP_n)=(\lambda_1P_1,\ \lambda_2P_2,\ \cdots,\ \lambda_nP_n),$$

可见 P_i 是 A 的特征向量，由此可以得到下面的结果：

定理 3.5　设 $A\in\mathbf{C}^{n\times n}$，则 A 可以对角化的充要条件是 A 有 n 个线性无关的特征向量.

例 3.6　矩阵

$$A=\begin{pmatrix}0&1&0\\0&0&1\\-6&-11&-6\end{pmatrix}$$

是否可以对角化？

解　因为

$$f(\lambda)=|\lambda E-A|=(\lambda+1)(\lambda+2)(\lambda+3),$$

矩阵 A 的特征值为 -1，-2，-3.

由于 A 的三个特征值互不相同，故 A 有三个线性无关的特征向量，A 可以对角化，进一步可以得到特征向量

$$P_1=\begin{pmatrix}1\\-1\\1\end{pmatrix},\ P_2=\begin{pmatrix}1\\-2\\4\end{pmatrix},\ P_3=\begin{pmatrix}1\\-3\\9\end{pmatrix},$$

故

$$P=\begin{pmatrix}1&1&1\\-1&-2&-3\\1&4&9\end{pmatrix},\ P^{-1}AP=\begin{pmatrix}-1&&\\&-2&\\&&-3\end{pmatrix}.$$

例 3.7 解方程组

$$\begin{cases}\dfrac{\mathrm{d}x_1}{\mathrm{d}t}=x_2,\\\dfrac{\mathrm{d}x_2}{\mathrm{d}t}=x_3,\\\dfrac{\mathrm{d}x_3}{\mathrm{d}t}=-6x_1-11x_2-6x_3.\end{cases}$$

解 原方程组可以化为

$$\frac{\mathrm{d}\boldsymbol{X}}{\mathrm{d}t}=\boldsymbol{AX},\ \boldsymbol{X}=\begin{pmatrix}x_1\\x_2\\x_3\end{pmatrix},\ \boldsymbol{Y}=\begin{pmatrix}y_1\\y_2\\y_3\end{pmatrix}.$$

这里的矩阵与例 3.6 相同，设 $\boldsymbol{X}=\boldsymbol{PY}$，$\boldsymbol{P}$ 与例 3.6 相同，则

$$\frac{\mathrm{d}\boldsymbol{Y}}{\mathrm{d}t}=\boldsymbol{P}^{-1}\boldsymbol{APY}=\begin{pmatrix}-1&&\\&-2&\\&&-3\end{pmatrix}\boldsymbol{Y},$$

解出

$$y_1=C_1\mathrm{e}^{-t},\ y_2=C_2\mathrm{e}^{-2t},\ y_3=C_3\mathrm{e}^{-3t}.$$

再由

$$\boldsymbol{X}=\boldsymbol{PY}$$

得

$$\begin{cases}x_1=C_1\mathrm{e}^{-t}+C_2\mathrm{e}^{-2t}+C_3\mathrm{e}^{-3t},\\x_2=-C_1\mathrm{e}^{-t}-2C_2\mathrm{e}^{-2t}-3C_3\mathrm{e}^{-3t},\\x_3=C_1\mathrm{e}^{-t}+4C_2\mathrm{e}^{-2t}+9C_3\mathrm{e}^{-3t}.\end{cases}$$

习题 3.2

下列矩阵能否与对角矩阵相似？若 $\boldsymbol{A}$ 与对角矩阵相似，则求出可逆矩阵 $\boldsymbol{P}$，使得 $\boldsymbol{P}^{-1}\boldsymbol{AP}$ 为对角形矩阵.

(1) $\boldsymbol{A}=\begin{pmatrix}3&4\\5&2\end{pmatrix}$；(2) $\boldsymbol{A}=\begin{pmatrix}5&-3&2\\6&-4&4\\4&-4&5\end{pmatrix}$；(3) $\boldsymbol{A}=\begin{pmatrix}0&1&0\\-4&4&0\\-2&1&2\end{pmatrix}$.

3.3 约当标准形

由上一节可知，并不是每个方阵都能够相似于对角矩阵. 如果矩阵不能对角化，那么通过相似变换，矩阵能够化成的最简单的形式是什么形状呢？本节将要讨论这个问题. 我们将看到，矩阵总可以通过相似变换化为约当标准形.

定义 3.2　形如

$$J_i=\begin{pmatrix}\lambda_i & & & \\ 1 & \lambda_i & & \\ & \ddots & \ddots & \\ & & 1 & \lambda_i\end{pmatrix}_{r_i\times r_i}$$

的矩阵称为 r_i 阶的约当块，由若干个约当块构成的分块对角矩阵

$$J=\begin{pmatrix}J_1 & & & \\ & J_2 & & \\ & \ddots & \ddots & \\ & & & J_s\end{pmatrix}$$

称为约当标准形.

定理 3.6　设 $A\in\mathbf{C}^{n\times n}$，则 A 与一个约当矩阵 J 相似，即存在 $P\in\mathbf{C}^{n\times n}$ 使得 $P^{-1}AP=J$. 这个约当矩阵 J 除了约当块的排列次序外由矩阵 A 唯一确定，称 J 为 A 的约当标准形.

这个定理的证明比较烦琐，略去.

以下我们把重点放在求约当标准形 J 以及相似变换矩阵 P 上，有关的证明略去.

下面介绍用行列式因子法确定约当标准形的方法：

设矩阵 A 的元素都是 λ 的多项式，则 A 称为 λ 矩阵，记作 $A(\lambda)$，特殊地，$A\in\mathbf{C}^{n\times n}$，$\lambda E-A$ 是 A 的特征矩阵，这也是 λ 矩阵.

定义 3.3　$A(\lambda)$ 中所有非零的 k 阶子式的首项系数为 1 的最大公因式 $D_k(\lambda)$ 称为 A 的一个 k 级行列式因子.

例 3.8　求矩阵

$$A=\begin{pmatrix}1 & 0 & 0\\ 0 & \lambda-1 & 0\\ 0 & 0 & \lambda-2\end{pmatrix}$$

的行列式因子.

解　显然，一阶行列式因子是 1，三阶行列式因子是 $(\lambda-1)(\lambda-2)$，而不是零的二阶行列式为

$$\lambda-1,\ \lambda-2,\ (\lambda-1)(\lambda-2),$$

故二阶行列式因子是 1.

由定义 $D_n(\lambda)=|\lambda E-A|$，又因为 $D_{k-1}(\lambda)$ 能够整除每一个 $k-1$ 级子式，而每一个 k 级子式可以展开为 $k-1$ 级子式的线性组合，所以 D_{k-1} 能够整除 D_k，即 $D_{k-1}|D_k$.

定义 3.4　下列 n 个多项式

$$d_1=D_1,\ d_2=\frac{D_2}{D_1},\ d_2=\frac{D_3}{D_2},\ \cdots,\ d_n=\frac{D_n}{D_{n-1}}$$

称为 $A(\lambda)$ 的不变因子. 把每个次数大于零的不变因子分解为互不相同的一次因式的方幂的乘积，所有这些一次因式的方幂（相同的必须按出现次数计算）称为 A 的初级因子.

例 3.9 求下列矩阵的不变因子及初级因子.

$$(1)\boldsymbol{A}=\begin{pmatrix}-1&&&\\&-2&&\\&&1&\\&&&2\end{pmatrix};\quad (2)\boldsymbol{A}=\begin{pmatrix}1&2&0\\0&2&0\\-2&-2&-1\end{pmatrix}.$$

解 (1)$f(\lambda)=|\lambda\boldsymbol{E}-\boldsymbol{A}|=(\lambda+1)(\lambda+2)(\lambda-1)(\lambda-2)$.

行列式因子

$$D_3=D_2=D_1=1,\ D_4=f(\lambda),$$

不变因子

$$d_1=d_2=d_3=1,\ d_4=f(\lambda),$$

初级因子

$$\lambda+1,\ \lambda+2,\ \lambda-1,\ \lambda-2.$$

(2)因为

$$f(\lambda)=|\lambda\boldsymbol{E}-\boldsymbol{A}|=(\lambda-1)(\lambda+1)(\lambda-2),$$

又易得

$$D_2=1,\ D_1=1,$$

所以不变因子

$$d_1=d_2=1,\ d_3=f(\lambda),$$

初级因子

$$\lambda-1,\ \lambda+1,\ \lambda-2.$$

有了上述概念，就可以求得矩阵 $\boldsymbol{A}$ 的约当标准形. 设 $\boldsymbol{A}$ 的全部初级因子是

$$(\lambda-\lambda_1)^{k_1},\ (\lambda-\lambda_2)^{k_2},\ \cdots,\ (\lambda-\lambda_s)^{k_s},$$

这里 λ_1, λ_2, $\cdots$, λ_s 可能有相同的，指数 k_1, k_2, $\cdots$, k_s 也可能有相同的，对每个初级因子 $(\lambda-\lambda_i)^{k_i}$构成一个 k_i 阶约当块

$$\boldsymbol{J}_i=\begin{pmatrix}\lambda_i&&&\\1&\lambda_i&&\\&\ddots&\ddots&\\&&1&\lambda_i\end{pmatrix}\quad(i=1,\ 2,\ \cdots,\ 3).$$

由所有这些约当块构成的分块对角矩阵

$$\boldsymbol{J}=\begin{pmatrix}\boldsymbol{J}_1&&&\\&\boldsymbol{J}_2&&\\&&\ddots&\\&&&\boldsymbol{J}_s\end{pmatrix}$$

称为矩阵 $\boldsymbol{A}$ 的约当标准形.

定理 3.7 每个 n 阶复数矩阵 $\boldsymbol{A}$ 都与一个约当标准形 $\boldsymbol{J}$ 相似，即存在矩阵 $\boldsymbol{P}$ 使得

$$\boldsymbol{P}^{-1}\boldsymbol{A}\boldsymbol{P}=\boldsymbol{J}.$$

除去约当块的排列次序外，约当形矩阵由矩阵 $\boldsymbol{A}$ 唯一确定.

例 3.10 求矩阵

$$\boldsymbol{A}=\begin{pmatrix}2&-1&-1\\2&-1&-2\\-1&1&2\end{pmatrix}$$

的约当标准形及所用的矩阵.

解

$$f(\lambda)=|\lambda\boldsymbol{E}-\boldsymbol{A}|$$

的初级因子为

$$\lambda-1,\ (\lambda-1)^2,$$

故 $\boldsymbol{A}$ 的约当标准形

$$\boldsymbol{J}=\begin{pmatrix}1&&\\&1&\\&1&1\end{pmatrix}.$$

再设

$$\boldsymbol{P}=(\boldsymbol{P}_1\quad\boldsymbol{P}_2\quad\boldsymbol{P}_3),$$

由

$$\boldsymbol{P}^{-1}\boldsymbol{A}\boldsymbol{P}=\boldsymbol{J}$$

得

$$(\boldsymbol{A}\boldsymbol{P}_1\quad\boldsymbol{A}\boldsymbol{P}_2\quad\boldsymbol{A}\boldsymbol{P}_3)=(\boldsymbol{P}_1\quad\boldsymbol{P}_2+\boldsymbol{P}_3\quad\boldsymbol{P}_3),$$

即

$$(\boldsymbol{E}-\boldsymbol{A})\boldsymbol{P}_1=\boldsymbol{O},$$
$$(\boldsymbol{E}-\boldsymbol{A})\boldsymbol{P}_2=-\boldsymbol{P}_3,$$
$$(\boldsymbol{E}-\boldsymbol{A})\boldsymbol{P}_3=\boldsymbol{O}.$$

第一个方程与第三个方程一样，基础解系为

$$\boldsymbol{x}_1=\begin{pmatrix}1\\1\\0\end{pmatrix},\ \boldsymbol{x}_2=\begin{pmatrix}1\\0\\1\end{pmatrix},$$

通解

$$\boldsymbol{x}=C_1\boldsymbol{x}_1+C_2\boldsymbol{x}_2.$$

可以选择 C_1，C_2，使得下面两个矩阵的秩相同：

$$\boldsymbol{E}-\boldsymbol{A}=\begin{pmatrix}-1&1&1\\-2&2&2\\1&-1&-1\end{pmatrix},\ (\boldsymbol{E}-\boldsymbol{A},\ C_1\boldsymbol{x}_1+C_2\boldsymbol{x}_2),$$

可得

$$C_1=2,\ C_2=-1.$$

代入第二个方程求得

$$\boldsymbol{x}_2=\begin{pmatrix}1\\0\\0\end{pmatrix},$$

$$\boldsymbol{x}_3=2\boldsymbol{x}_1-\boldsymbol{x}_2=\begin{pmatrix}1\\2\\-1\end{pmatrix},$$

$$\boldsymbol{P}=(\boldsymbol{P}_1\quad\boldsymbol{P}_2\quad\boldsymbol{P}_3)=(\boldsymbol{x}_1\quad\boldsymbol{x}_2\quad\boldsymbol{x}_3)=\begin{pmatrix}1&1&1\\1&0&2\\0&0&-1\end{pmatrix},$$

$$P^{-1}AP=J.$$

习题 3.3

1. 求下列矩阵的不变因子及初级因子：

$$(1)\boldsymbol{A}=\begin{pmatrix}-1&&&\\&-2&&\\&&1&\\&&&2\end{pmatrix};\quad (2)\boldsymbol{A}=\begin{pmatrix}1&2&0\\0&2&0\\-2&-2&-1\end{pmatrix}.$$

2. 设

$$\boldsymbol{A}=\begin{pmatrix}a&-b_1&\cdots&0&0\\0&a&\cdots&0&0\\\vdots&\vdots&&\vdots&\vdots\\0&0&\cdots&a&-b_{n-1}\\0&0&\cdots&0&a\end{pmatrix}_{n\times n}\quad(b_i\neq0),$$

求 $\boldsymbol{A}$ 的初级因子.

3.4 史密斯标准形

从上一节可以看到，求出矩阵的行列式因子、不变因子以及初级因子，就可以求出矩阵的约当标准形. 而当矩阵阶数比较高时，求它的行列式因子比较麻烦. 如果矩阵比较特殊，比方说是对角矩阵，就可以比较方便地求出行列式因子. 所以考虑先把矩阵化为对角形，问题是在把矩阵化为对角形时，矩阵的行列式因子是否改变.

定义 3.5 下列变换称为矩阵 $\boldsymbol{A}$ 的初等变换：

(1) 互换矩阵 $\boldsymbol{A}$ 的任意两行(两列)；

(2) 以非零的数 k 乘 $\boldsymbol{A}$ 的某一行(列)；

(3) 以多项式 $\varphi(\lambda)$ 乘 $\boldsymbol{A}$ 的某一行(列)加到另一行(列)上.

可以看出，这三种变换不会改变行列式因子.

定义 3.6 下面形式的矩阵

$$\boldsymbol{A}(\lambda)=\begin{pmatrix}d_1(\lambda)&&&&&&\\&d_2(\lambda)&&&&&\\&&\ddots&&&&\\&&&d_r(\lambda)&&&\\&&&&0&&\\&&&&&\ddots&\\&&&&&&0\end{pmatrix}$$

称为矩阵 $\boldsymbol{A}$ 的史密斯标准形. 其中

$$d_i\mid d_{i+1}\quad(i=1,2,\cdots,r-1).$$

我们有下面的结论：

定理 3.8 任一个非零多项式矩阵 $\boldsymbol{A}$ 都可以经过初等变换化为史密斯标准形.

下面讨论怎么把一个矩阵 $\boldsymbol{A}$ 化为史密斯标准形. 假设一个矩阵经过初等变换化为如下形式的标准形：

$$\begin{pmatrix} d_1 & & & & & & \\ & d_2 & & & & & \\ & & \ddots & & & & \\ & & & d_r & & & \\ & & & & d_{r+1} & & \\ & & & & & \ddots & \\ & & & & & & d_n \end{pmatrix},$$

其中 $d_i \mid d_{i+1}$.

由上面所述，在这个过程中，行列式因子不变，所以变换后的矩阵与原来的矩阵有相同的行列式因子. 而这个矩阵的行列式因子很容易得出，

$$D_1=d_1,\ D_2=d_1d_2,\ \cdots,\ D_n=d_1d_2\cdots d_n.$$

由此可以得出，对角线上的元素正好是矩阵的不变因子.

特殊地，左上角的元素为一阶行列式因子，即矩阵的所有元素的公因子. 这个公因子可以很容易求出. 这个结果很重要，因为我们可以利用这个结论求出史密斯标准形.

现在设矩阵 $\boldsymbol{A}(\lambda)$ 是一个 λ 矩阵.

首先通过观察确定左上角第一个元素，如果矩阵中有这一项，就把它挪到左上角上去，如果没有这一项，可以通过初等变换得出这一项. 因为它是所有元素的公因子，能够整除所有元素，也一定能够整除它们的组合，所以可以通过初等变换得到.

左上角的元素得到以后，可以利用初等变换把它所在的行和列的其他元素都消成零，矩阵变成如下形式：

$$\begin{pmatrix} d_1 & 0 \\ 0 & \boldsymbol{B}_1(\lambda) \end{pmatrix}.$$

这时对于矩阵 $\boldsymbol{B}_1$ 来说，相当于一个新的矩阵，如果把它化成史密斯标准形，则左上角第一个元素仍然是 $\boldsymbol{B}_1$ 的一阶行列式因子，可以用同样的方法求出. 在这个过程中使用的是初等变换，而 d_1 能够整除所有元素，当然能够整除它们的组合，所以 $d_1 \mid d_2$，这时矩阵可以通过初等变换化为下面的形式：

$$\begin{pmatrix} d_1 & & \\ & d_2 & \\ & & \boldsymbol{B}_2(\lambda) \end{pmatrix}.$$

重复这个过程，即可以得到史密斯标准形：

$$\begin{pmatrix} d_1 & & & & & & \\ & d_2 & & & & & \\ & & \ddots & & & & \\ & & & d_r & & & \\ & & & & 0 & & \\ & & & & & \ddots & \\ & & & & & & 0 \end{pmatrix}.$$

例 3.11 求矩阵

$$A(\lambda)=\begin{pmatrix}0 & \lambda(\lambda-1) & 0\\ \lambda & 0 & \lambda+1\\ 0 & 0 & -\lambda+2\end{pmatrix}$$

的史密斯标准形.

解

$$A(\lambda)\to\begin{pmatrix}\lambda & 0 & \lambda+1\\ 0 & \lambda(\lambda-1) & 0\\ 0 & 0 & -\lambda+2\end{pmatrix}\to\begin{pmatrix}\lambda & 0 & 1\\ 0 & \lambda(\lambda-1) & 0\\ 0 & 0 & -\lambda+2\end{pmatrix}$$

$$\to\begin{pmatrix}1 & 0 & \lambda\\ 0 & \lambda(\lambda-1) & 0\\ -\lambda+2 & 0 & 0\end{pmatrix}\to\begin{pmatrix}1 & 0 & 0\\ 0 & \lambda(\lambda-1) & 0\\ 0 & 0 & \lambda(\lambda-2)\end{pmatrix}\to\begin{pmatrix}1 & 0 & 0\\ 0 & \lambda(\lambda-1) & -\lambda\\ 0 & 0 & \lambda(\lambda-2)\end{pmatrix}$$

$$\to\begin{pmatrix}1 & 0 & 0\\ 0 & -\lambda & \lambda(\lambda-1)\\ 0 & \lambda(\lambda-2) & 0\end{pmatrix}\to\begin{pmatrix}1 & 0 & 0\\ 0 & \lambda & 0\\ 0 & 0 & \lambda(\lambda-1)(\lambda-2)\end{pmatrix}.$$

例 3.12 求矩阵

$$A(\lambda)=\begin{pmatrix}1-\lambda & 2\lambda-1 & \lambda\\ \lambda & \lambda^2 & -\lambda\\ 1+\lambda^2 & \lambda^2+\lambda-1 & -\lambda^2\end{pmatrix}$$

的史密斯标准形.

解

$$A\to\begin{pmatrix}1 & 2\lambda-1 & \lambda\\ 0 & \lambda^2 & -\lambda\\ 1 & \lambda^2+\lambda-1 & \lambda^2\end{pmatrix}\to\begin{pmatrix}1 & 0 & 0\\ 0 & \lambda^2 & -\lambda\\ 0 & \lambda^2-\lambda & -\lambda^2-\lambda\end{pmatrix}$$

$$\to\begin{pmatrix}1 & 0 & 0\\ 0 & \lambda & \lambda^2\\ 0 & 0 & -\lambda^3-\lambda\end{pmatrix}\to\begin{pmatrix}1 & 0 & 0\\ 0 & \lambda & 0\\ 0 & 0 & \lambda^3+\lambda\end{pmatrix}.$$

例 3.13 求矩阵

$$A=\begin{pmatrix}-1 & -2 & 6\\ -1 & 0 & 3\\ -1 & -1 & 4\end{pmatrix}$$

的约当标准形.

解

$$\lambda E-A=\begin{pmatrix}\lambda+1 & 2 & -6\\ 1 & \lambda & -3\\ 1 & 1 & \lambda-4\end{pmatrix}\to\begin{pmatrix}0 & -\lambda+1 & -\lambda^2+3\lambda-2\\ 0 & \lambda-1 & -\lambda+1\\ 1 & 1 & \lambda-4\end{pmatrix}$$

$$\to\begin{pmatrix}1 & 0 & 0\\ 0 & \lambda-1 & -\lambda+1\\ 0 & -\lambda+1 & -\lambda^2+3\lambda-2\end{pmatrix}\to\begin{pmatrix}1 & 0 & 0\\ 0 & \lambda-1 & 0\\ 0 & 0 & (\lambda-1)^2\end{pmatrix},$$

$$J=\begin{pmatrix}1 & & \\ & 1 & \\ & 1 & 1\end{pmatrix}\text{或}J=\begin{pmatrix}1 & & \\ 1 & 1 & \\ & & 1\end{pmatrix}.$$

例 3.14　求矩阵

$$A=\begin{pmatrix}-1&0&1\\1&2&0\\-4&0&3\end{pmatrix}$$

的约当标准形.

解

$$\lambda E-A=\begin{pmatrix}\lambda+1&0&-1\\-1&\lambda-2&0\\4&0&\lambda-3\end{pmatrix}\to\begin{pmatrix}0&0&-1\\-1&\lambda-2&0\\(\lambda-1)^2&0&0\end{pmatrix}$$

$$\to\begin{pmatrix}1&0&0\\0&\lambda-2&-1\\0&0&(\lambda-1)^2\end{pmatrix}\to\begin{pmatrix}1&0&0\\0&1&0\\0&0&(\lambda-1)^2(\lambda-2)\end{pmatrix},$$

$$J=\begin{pmatrix}1&&\\1&1&\\&&2\end{pmatrix}\text{或}J=\begin{pmatrix}2&&\\&1&\\&1&1\end{pmatrix}.$$

习题 3.4

1. 在复数域上，求下列矩阵的约当标准形：

(1) $\begin{pmatrix}1&-1&2\\3&-3&6\\2&-2&4\end{pmatrix}$;　　(2) $\begin{pmatrix}3&7&-3\\-2&-5&2\\-4&-10&3\end{pmatrix}$;

(3) $\begin{pmatrix}3&0&8\\3&-1&6\\-2&0&-5\end{pmatrix}$;　　(4) $\begin{pmatrix}4&5&-2\\-2&-2&1\\-1&-1&1\end{pmatrix}$.

2. 求下列矩阵的约当标准形和相应的相似变换矩阵：

(1) $\begin{pmatrix}-1&1&1\\-5&21&17\\6&-26&-21\end{pmatrix}$;　　(2) $\begin{pmatrix}8&-3&6\\3&-2&0\\-4&2&-2\end{pmatrix}$;

(3) $\begin{pmatrix}-7&-12&-6\\3&5&3\\3&6&2\end{pmatrix}$;　　(4) $\begin{pmatrix}-1&-2&6\\-1&0&3\\-1&-1&4\end{pmatrix}$.

第四章 向量和矩阵的范数

我们曾经用内积定义了向量空间中一个元素的长度，它是几何长度的推广，利用这个长度的概念我们可以讨论极限、逼近的问题. 在分析解决这些问题时，最重要的是利用了长度的基本性质、非负性、齐次性和三角表达式. 本章利用这种思想，可以更广泛地定义元素的长度，这就是范数理论. 本章主要讨论向量和矩阵的范数及其应用.

4.1 向量的范数

4.1.1 范数的定义

我们可以按照如下方式定义线性空间中元素的长度：

定义 4.1 若对任意的 $\boldsymbol{x}\in\mathbf{C}^n$ 都有一个实数 $\|\boldsymbol{x}\|$ 与之对应，且满足

(1)非负性：$\boldsymbol{x}\neq\mathbf{0}$ 时 $\|\boldsymbol{x}\|>0$，当 $\boldsymbol{x}=\mathbf{0}$ 时，$\|\boldsymbol{x}\|=0$；

(2)齐次性：对任意的 $k\in\mathbf{C}$，$\|k\boldsymbol{x}\|=|k|\cdot\|\boldsymbol{x}\|$；

(3)三角不等式：对任意的 $\boldsymbol{x},\boldsymbol{y}\in\mathbf{C}^n$ 都有

$$\|\boldsymbol{x}+\boldsymbol{y}\|\leqslant\|\boldsymbol{x}\|+\|\boldsymbol{y}\|,$$

则称 $\|\boldsymbol{x}\|$ 为 $\mathbf{C}^n$ 上的向量范数，简称向量范数.

可以看出，以前定义的内积，由此引出的长度 $\|\boldsymbol{x}\|=\sqrt{(\boldsymbol{x},\boldsymbol{x})}$ 一定是范数. 这是由内积引出的范数.

由范数的定义可以看出 $\|-\boldsymbol{x}\|=\|\boldsymbol{x}\|$，且由于

$$\|\boldsymbol{x}+\boldsymbol{y}\|\leqslant\|\boldsymbol{x}\|+\|\boldsymbol{y}\|,$$

得

$$\|\boldsymbol{x}\|=\|\boldsymbol{x}-\boldsymbol{y}+\boldsymbol{y}\|\leqslant\|\boldsymbol{x}-\boldsymbol{y}\|+\|\boldsymbol{y}\|,$$
$$\|\boldsymbol{y}\|=\|\boldsymbol{y}-\boldsymbol{x}+\boldsymbol{x}\|\leqslant\|\boldsymbol{x}-\boldsymbol{y}\|+\|\boldsymbol{x}\|,$$

即

$$\big|\,\|\boldsymbol{x}\|-\|\boldsymbol{y}\|\,\big|\leqslant\|\boldsymbol{x}-\boldsymbol{y}\|.$$

这个公式以下要用到.

4.1.2 几种常见的范数

例 4.1 设

$$\boldsymbol{x}=(x_1,x_2,\cdots,x_n)^{\mathrm{T}}\in\mathbf{C}^n.$$

规定

$$\|\boldsymbol{x}\|_2=\sqrt{\sum_{i=1}^{n}|x_i|^2},$$

容易证明，这是范数，叫作向量的 2 范数.

可以证明 2 范数在酉变换下不变，即 $\boldsymbol{x}\in\mathbf{C}^n$ 经过酉变换变为 $\boldsymbol{y}=\boldsymbol{U}\boldsymbol{x}$，$\boldsymbol{U}$ 为酉矩阵，即 $\boldsymbol{U}^{\mathrm{T}}\boldsymbol{U}=\boldsymbol{E}$，则

$$\|\boldsymbol{y}\|_2^2=\boldsymbol{y}^{\mathrm{H}}\boldsymbol{y}=(\boldsymbol{U}\boldsymbol{x})^{\mathrm{H}}\boldsymbol{U}\boldsymbol{x}=\boldsymbol{x}^{\mathrm{H}}\boldsymbol{U}^{\mathrm{H}}\boldsymbol{U}\boldsymbol{x}=\boldsymbol{x}^{\mathrm{H}}\boldsymbol{x}=\|\boldsymbol{x}\|_2^2.$$

例 4.2　设

$$\boldsymbol{x}\in\mathbf{C}^n.$$

规定

$$\|\boldsymbol{x}\|_1=\sum_{i=1}^{n}|x_i|,$$

则 $\|x\|_1$ 是范数，叫作向量的 1 范数.

证明　(1) $\boldsymbol{x}\neq\boldsymbol{0}$ 时，

$$\|\boldsymbol{x}\|_1=\sum_{i=1}^{n}|x_i|>0;$$

$\boldsymbol{x}=\boldsymbol{0}$ 时，

$$\|\boldsymbol{x}\|_1=0.$$

(2) 对任意的 k，

$$\|k\boldsymbol{x}\|_1=\sum|kx_i|=|k|\cdot\sum|x_i|=|k|\ \|\boldsymbol{x}\|_1.$$

(3) 对任意的

$$\boldsymbol{x},\boldsymbol{y}\in\mathbf{C}^n,$$

$$\begin{aligned}\|\boldsymbol{x}+\boldsymbol{y}\|_1&=\sum_i|x_i+y_i|\leqslant\sum(|x_i|+|y_i|)=\sum_i|x_i|+\sum_i|y_i|\\&=\|\boldsymbol{x}\|_1+\|\boldsymbol{y}\|_1.\end{aligned}$$

故 $\|\boldsymbol{x}\|_1$ 是 $\mathbf{C}^n$ 上的范数.

例 4.3　设

$$\boldsymbol{x}\in\mathbf{C}^n.$$

规定

$$\|\boldsymbol{x}\|_\infty=\max_i|x_i|,$$

则 $\|\boldsymbol{x}\|_\infty$ 是一种范数，叫作向量的 ∞ 范数.

证明　(1) $\boldsymbol{x}\neq\boldsymbol{0}$ 时，

$$\|\boldsymbol{x}\|_\infty=\max_i|x_i|>0;$$

$\boldsymbol{x}=\boldsymbol{0}$ 时，

$$\|\boldsymbol{x}\|_\infty=0.$$

(2) 对任意的 k，

$$\|k\boldsymbol{x}\|_\infty=\max_i|kx_i|=|k|\cdot\max_i|x_i|=|k|\ \|\boldsymbol{x}\|_\infty.$$

(3) 对任意的 $\boldsymbol{x}$，$\boldsymbol{y}$，

$$\begin{aligned}\|\boldsymbol{x}+\boldsymbol{y}\|_\infty&=\max_i|x_i+y_i|\leqslant\max_i(|x_i|+|y_i|)\leqslant\max_i|x_i|+\max_i|y_i|\\&=\|\boldsymbol{x}\|_\infty+\|\boldsymbol{y}\|_\infty.\end{aligned}$$

一般地，设 $\boldsymbol{x}\in\mathbf{R}^n$，规定，

$$\|\boldsymbol{x}\|_p=\left(\sum|x_i|^p\right)^{\frac{1}{p}},$$

则 $\|\boldsymbol{x}\|_p$ 也是范数，叫作向量的 p 范数(证明略去).

还可以看出，在函数空间中，规定

$$\|f\| = \max|f(x)|,$$

则 $\|f\|$ 是函数的范数.

在连续函数的空间中，规定

$$\|f(x)\| = \int_a^b |f(x)|\,\mathrm{d}x,$$

则 $\|f\|$ 也是范数.

对于上面提到的三种范数，可以看出 $\boldsymbol{x}=(x_1, x_2)$，则

$$\|\boldsymbol{x}\|_1=1, \ \|\boldsymbol{x}\|_2=1, \ \|\boldsymbol{x}\|_\infty=1,$$

分别代表如图 4.1 所示的三种图形.

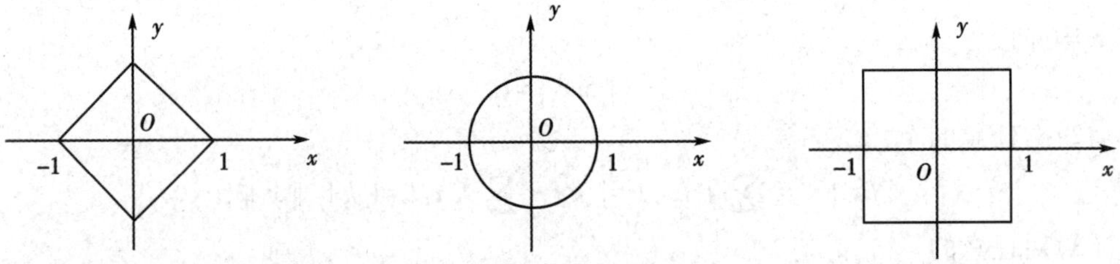

图 4.1

4.1.3 生成范数

在一个向量空间之中可以构造无穷多种范数，前面所述只是最常用的范数. 下面给出由已知范数构造新的向量范数的方法.

例 4.4 设

$$\boldsymbol{x}=(x_1, x_2, \cdots, x_n) \in \mathbf{C}^n.$$

规定

$$\|\boldsymbol{x}\| = a\|\boldsymbol{x}\|_1 + b\|\boldsymbol{x}\|_2 \quad (a, b>0),$$

则 $\|\boldsymbol{x}\|$ 是范数.

证明 (1) $\boldsymbol{x}\neq\mathbf{0}$ 时，

$$\|\boldsymbol{x}\|>0;$$

$\boldsymbol{x}=\mathbf{0}$ 时，

$$\|\boldsymbol{x}\|=0.$$

(2) 对于任意的 k，

$$\|k\boldsymbol{x}\| = a\|k\boldsymbol{x}\|_1 + b\|k\boldsymbol{x}\|_2 = |k|(a\|\boldsymbol{x}\|_1 + b\|\boldsymbol{x}\|_2) = |k| \cdot \|\boldsymbol{x}\|.$$

(3) 任取 $\boldsymbol{x}, \boldsymbol{y} \in \mathbf{C}^n$，则

$$\begin{aligned}\|\boldsymbol{x}+\boldsymbol{y}\| &= a\|\boldsymbol{x}+\boldsymbol{y}\|_1 + b\|\boldsymbol{x}+\boldsymbol{y}\|_2 \leqslant a(\|\boldsymbol{x}\|_1 + \|\boldsymbol{y}\|_1) + b(\|\boldsymbol{x}\|_2 + \|\boldsymbol{y}\|_2) \\ &= (a\|\boldsymbol{x}\|_1 + b\|\boldsymbol{x}\|_2) + (a\|\boldsymbol{y}\|_1 + b\|\boldsymbol{y}\|_2) = \|\boldsymbol{x}\| + \|\boldsymbol{y}\|.\end{aligned}$$

所以 $\|\boldsymbol{x}\|$ 是范数.

由于 a, b 是任意的，所以这种范数有无穷多.

例 4.5 设 $\boldsymbol{A} \in \mathbf{C}_n^{m\times n}$，$\|\cdot\|_a$ 是 $\mathbf{C}^m$ 上的一种范数，对于任意的 $\boldsymbol{x} \in \mathbf{C}^n$，规定 $\|\boldsymbol{x}\| =$

$\|Ax\|_a$，则 $\|x\|$ 是 $\mathbf{C}^n$ 上的范数.

证明　(1) $x\neq 0$ 时，

$$Ax\neq 0,\ \|x\| = \|Ax\|_a > 0.$$

(2) $k\in\mathbf{C}$，$\|kx\| = \|Akx\|_a = |k|\,\|Ax\|_a = |k|\,\|x\|$.

(3) $\|x+y\| = \|A(x+y)\|_a \leqslant \|Ax\|_a + \|Ay\|_a = \|x\| + \|y\|$.

所以 $\|x\|$ 是范数.

由于矩阵 A 可以有无穷多，所以用这种方法也可以构造出无穷多种范数.

4.1.4　范数的等价

我们定义范数主要是为了讨论向量的极限的性质，首先给出极限的定义：

定义 4.2　给定 $\mathbf{C}^n$ 上的向量序列 $\{x^{(k)}\}$，其中

$$x^{(k)} = (x_1^{(k)},\ x_2^{(k)},\ \cdots,\ x_n^{(k)})\quad (k=1,\ 2,\ \cdots),$$

如果

$$\lim_{k\to\infty} x_i^{(k)} = x_i,$$

则称 $\{x^{(k)}\}$ 收敛，记作

$$\lim_{k\to\infty} x^{(k)} = x.$$

不收敛的序列叫作发散序列.

例如，序列

$$x^{(k)} = \left(\frac{1}{k},\ \frac{2k+1}{2k},\ \cos\frac{1}{k}\right),$$

可以看出 $x^{(k)}$ 收敛，并且

$$x^{(k)} \to (0,\ 1,\ 1).$$

下面的定理表明收敛可以用范数来判别：

定理 4.1　$\mathbf{C}^n$ 中的向量序列 $\{x^{(k)}\}$ 收敛于 x 的充分必要条件是，对于 $\mathbf{C}^n$ 上的范数 $\|\cdot\|_\infty$，

$$\lim_{k\to\infty} \|x^{(k)} - x\|_\infty = 0.$$

证明　若

$$x^{(k)} \to x,$$

则

$$\lim_{k\to\infty} |x_i^{(k)} - x_i| = 0,$$

$$\lim_{k\to\infty} \|x^{(k)} - x\|_\infty = \lim_{k\to\infty} \max |x_i^{(k)} - x| = 0.$$

反之，若

$$\lim_{k\to\infty} \|x^{(k)} - x\|_\infty = 0,$$

由

$$|x_i^{(k)} - x_i| \leqslant \|x^{(k)} - x\|_\infty$$

得

$$\lim_{k\to\infty} |x_i^{(k)} - x_i| = 0,\ x^{(k)} \to x.$$

收敛是向量序列的性质，这种性质不应该受到度量方式的影响，也就是一个向量序列

在一种范数的意义下收敛，那么它在另一种范数的意义下也应该收敛. 下面我们将要看到，一个空间中的序列在一种范数下收敛，那么它在另一种范数下也是收敛的.

定义 4.3 设 $\|\boldsymbol{x}\|_a$ 和 $\|\boldsymbol{x}\|_b$ 是 $\mathbf{C}^n$ 上的两种向量范数，如果存在正数 k 和 l 使得对于任意的 $\boldsymbol{x}$ 都有

$$k\|\boldsymbol{x}\|_b \leqslant \|\boldsymbol{x}\|_a \leqslant l\|\boldsymbol{x}\|_b,$$

则称向量范数 $\|\boldsymbol{x}\|_a$ 和 $\|\boldsymbol{x}\|_b$ 等价.

接下来我们证明，同一个空间中的不同的范数是等价的：

定理 4.2 $\mathbf{C}^n$ 空间上的所有范数等价.

证明 只需要证明所有的范数都和一种范数等价即可，这里证明所有的范数都和 2 范数 $\|\boldsymbol{x}\|_2$ 等价.

设 $\boldsymbol{\alpha}_1, \boldsymbol{\alpha}_2, \cdots, \boldsymbol{\alpha}_n$ 是一组基，在这样的一组基底下，任何一个元素都由它的坐标决定：

$$\boldsymbol{x}=x_1\boldsymbol{\alpha}_1+x_2\boldsymbol{\alpha}_2+\cdots+x_n\boldsymbol{\alpha}_n.$$

这里 $\boldsymbol{\alpha}_1, \boldsymbol{\alpha}_2, \cdots, \boldsymbol{\alpha}_n$ 是固定的，任何一种范数 $\|\boldsymbol{x}\|=\varphi(x_1, x_2, \cdots, x_n)$ 是 $x_1, \cdots, x_n$ 的函数. 而这个函数是连续函数.

设

$$\boldsymbol{x}'=x_1'\boldsymbol{\alpha}_1+x_2'\boldsymbol{\alpha}_2+\cdots+x_n'\boldsymbol{\alpha}_n,$$

则

$$\begin{aligned}|\varphi(x_1', x_2', \cdots, x_n')-\varphi(x_1, x_2, \cdots, x_n)| &= |\,\|\boldsymbol{x}'\|-\|\boldsymbol{x}\|\,| \\ &\leqslant \|\boldsymbol{x}'-\boldsymbol{x}\| = \|(x_1'-x_1)\boldsymbol{\alpha}_1+\cdots+(x_n'-x_n)\boldsymbol{\alpha}_n\| \\ &\leqslant |x_1'-x_1|\,\|\boldsymbol{\alpha}_1\|+\cdots+|x_n'-x_n|\,\|\boldsymbol{\alpha}_n\|.\end{aligned}$$

当基底固定时，$\|\boldsymbol{\alpha}_i\|$ 是常数，因此当 x_i' 与 x_i 充分接近时，$\varphi(x_1', \cdots, x_n')$ 与 $\varphi(x_1, \cdots, x_n)$ 也充分接近，故 $\varphi(x_1, \cdots, x_2)$ 是连续函数.

一个连续函数在有界闭集上一定取得最大、最小值.

现在取定一个有界闭集

$$W=\{x_1\boldsymbol{\alpha}_1+\cdots+x_n\boldsymbol{\alpha}_n \mid x_1^2+x_2^2+\cdots+x_n^2=1\},$$

函数 $\varphi(x_1, \cdots, x_n)=\|\boldsymbol{x}\|$ 在这个闭集上一定有最大值 M 和最小值 m，即

$$m\leqslant\|\boldsymbol{x}\|\leqslant M.$$

任取 $\boldsymbol{x}\in\mathbf{C}^n$，$\boldsymbol{x}$ 不一定在 W 中，现在取

$$\boldsymbol{y}=\frac{\boldsymbol{x}}{\|\boldsymbol{x}\|_2},$$

则 $\boldsymbol{y}$ 一定在 W 中，即

$$m\leqslant\|\boldsymbol{y}\|\leqslant M,\quad \|\boldsymbol{y}\|=\frac{\|\boldsymbol{x}\|}{\|\boldsymbol{x}\|_2}.$$

由此

$$m\|\boldsymbol{x}\|_2\leqslant\|\boldsymbol{x}\|\leqslant M\|\boldsymbol{x}\|_2,$$

再由等价的传递性，可知所有的范数等价.

现在再讨论极限，假设两个范数 $\|\cdot\|$ 和 $\|\cdot\|_\infty$ 等价，利用不等式

$$k\|\boldsymbol{x}^{(k)}-\boldsymbol{x}\|_\infty\leqslant\|\boldsymbol{x}^{(k)}-\boldsymbol{x}\|\leqslant l\|\boldsymbol{x}^{(k)}-\boldsymbol{x}\|_\infty$$

知道其中一个收敛到零，则另一个一定收敛到零，即若 $\{\boldsymbol{x}^{(k)}\}$ 在 $\|\cdot\|_\infty$ 意义下收敛，则 $\{\boldsymbol{x}^{(k)}\}$ 在 $\|\boldsymbol{x}\|$ 意义下也收敛. 向量序列的收敛性不受范数选择的影响.

同一个向量在不同的范数下范数一般不同，如

$$x=(1,1,\cdots,1)\in \mathbf{C}^n,$$

则

$$\|x\|_2=\sqrt{n},\ \|x\|_1=n,\ \|x\|_\infty=1,$$

相差很大，但是在讨论收敛时，效果是一样的，但是要注意，这里讨论的是有限维的空间，无穷维空间的范数可以不等价.

习题 4.1

1. 若 $\|\cdot\|$ 是酉空间 $\mathbf{C}^n$ 的向量范数，证明向量范数的基本性质：

   (1)零向量的范数为零；(2)若 $\boldsymbol{\alpha}$ 是非零向量，则 $\left\|\dfrac{\boldsymbol{\alpha}}{\|\boldsymbol{\alpha}\|}\right\|=1$；

   (3) $\|-\boldsymbol{\alpha}\|=\|\boldsymbol{\alpha}\|$；(4) $|\,\|\boldsymbol{\alpha}\|-\|\boldsymbol{\beta}\|\,|\leqslant\|\boldsymbol{\alpha}-\boldsymbol{\beta}\|$.

2. 证明：若 $\boldsymbol{\alpha}\in\mathbf{C}^n$，则

   (1) $\|\boldsymbol{\alpha}\|_2\leqslant\|\boldsymbol{\alpha}\|_1\leqslant\sqrt{n}\|\boldsymbol{\alpha}\|_2$；(2) $\|\boldsymbol{\alpha}\|_\infty\leqslant\|\boldsymbol{\alpha}\|_1\leqslant n\|\boldsymbol{\alpha}\|_\infty$；

   (3) $\|\boldsymbol{\alpha}\|_\infty\leqslant\|\boldsymbol{\alpha}\|_2\leqslant\sqrt{n}\|\boldsymbol{\alpha}\|_\infty$.

3. 设 $x=(1,1,1)$，求 $\|x\|_1$，$\|x\|_2$，$\|x\|_\infty$.

4. 求向量 $x=(1+\mathrm{i},-2,4\mathrm{i},1,0)^{\mathrm{T}}$ 的 1，2，∞ 范数.

5. 设 $a_1,a_2,\cdots,a_n$ 是一组给定的正数，对任意的

   $$x=(x_1,x_2,\cdots,x_n)\in\mathbf{C}^n,$$

   规定

   $$\|x\|=\sqrt{\sum_{i=1}^{n}a_i|x_i|^2}.$$

   证明：$\|x\|$ 是 $\mathbf{C}^n$ 上的一种向量范数.

6. 设 $\|\cdot\|_a$ 与 $\|\cdot\|_b$ 是 $\mathbf{C}^n$ 上的两种向量范数，又 k_1，k_2 是正常数，证明下列函数是 $\mathbf{C}^n$ 上的向量范数：

   (1) $\max\{\|x\|_a,\|x\|_b\}$；(2) $k_1\|x\|_a+k_2\|x\|_b$.

4.2　矩阵的范数

由于一个 $m\times n$ 矩阵可以看作 $m\times n$ 维向量，因此可以按照定义向量范数的方法来定义矩阵范数，但是矩阵之间还有矩阵的乘法，在研究矩阵范数时应该予以考虑.

4.2.1　方阵的范数

定义 4.4　若对于任意的 $A\in\mathbf{C}^{n\times n}$ 都有一个实数 $\|A\|$ 与之对应，且满足

(1)非负性：$A\neq O$，$\|A\|>0$；$A=O$，$\|A\|=0$；

(2)齐次性：对任意的 $k\in\mathbf{C}$，

$$\|kA\|=|k|\,\|A\|;$$

(3)三角不等式：对任意的 A，$B\in\mathbf{C}^{n\times n}$，

$$\|A+B\|\leqslant\|A\|+\|B\|;$$

(4)相容性:对任意的 $A, B\in \mathbf{C}^{n\times n}$ 都有 $\|AB\|\leqslant\|A\|\cdot\|B\|$,
则称 $\|A\|$ 为 $\mathbf{C}^{n\times n}$ 上矩阵的范数,简称矩阵范数.

由于定义中的前三条均与向量范数一致,因此矩阵范数有与向量范数类似的性质,如

$$\|-A\|=\|A\|,\ \left|\,\|A\|-\|B\|\,\right|\leqslant\|A-B\|,$$

以及 $\mathbf{C}^{n\times n}$ 上的两个矩阵范数等价.

4.2.2 常用的范数

下面看一些常见的矩阵范数:

例 4.6 与 $\|x\|_1$ 相仿,设 $A=(a_{ij})_{n\times n}\in\mathbf{C}^{n\times n}$,规定

$$\|A\|_{m_1}=\sum_{i,j}|a_{ij}|,$$

则 $\|A\|_{m_1}$ 是 $\mathbf{C}^{n\times n}$ 上的矩阵范数,称为 m_1 范数.

证明 前三条都很简单,看第四条:相容性. 设 $B=(b_{ij})_{n\times n}$,则

$$\begin{aligned}\|AB\|_{m_1}&\leqslant\sum_{i,j}\sum_k|a_{ik}b_{kj}|\leqslant\sum_{i,j}\Big(\sum_k|a_{ik}|\sum_k|b_{kj}|\Big)\\&=\sum_{i,k}|a_{ik}|\cdot\sum_{k,j}|b_{kj}|=\|A\|_{m_1}\cdot\|B\|_{m_1},\end{aligned}$$

因此 $\|A\|_{m_1}$ 是矩阵范数.

例 4.7 与 $\|x\|_2$ 相仿,对于 $A=(a_{ij})_{n\times n}$,规定

$$\|A\|_F=\sqrt{\sum_{i,j}|a_{ij}|^2}=\sqrt{\operatorname{tr}(A^HA)},$$

则 $\|A\|_F$ 是 $\mathbf{C}^{n\times n}$ 上的一种矩阵范数,称为矩阵的 Frobenius 范数,简称 F 范数.

这里 $\operatorname{tr}(A^HA)$ 是取矩阵 A^HA 的迹,即 A^HA 对角线元素之和.

证明 这里只证明相容性:

$$\begin{aligned}\|AB\|_F^2&=\sum_{i,j}\Big|\sum a_{ik}b_{kj}\Big|^2\leqslant\sum_{i,j}\Big(\sum_k|a_{ik}||b_{kj}|\Big)^2\\&\leqslant\sum_{i,j}\Big(\sum_k|a_{ik}|^2\cdot\sum_k|b_{kj}|^2\Big)\leqslant\sum_{i,k}|a_{ik}|^2\cdot\sum_{k,j}|b_{kj}|^2\\&=\|A\|_F^2\cdot\|B\|_F^2,\end{aligned}$$

故 $\|A\|_F$ 是 $\mathbf{C}^{n\times n}$ 上的矩阵范数.

与向量类似,F 范数具有酉不变性,即 U 是酉矩阵,则

$$\begin{aligned}\|UA\|_F^2&=\operatorname{tr}((UA)^HUA)=\operatorname{tr}(A^HU^HUA)=\operatorname{tr}(A^HA)=\|A\|_F^2,\\\|AU\|_F^2&=\operatorname{tr}((AU)^HAU)=\operatorname{tr}(U^HA^HAU)\\&=\operatorname{tr}(A^HAUU^H)=\operatorname{tr}(A^HA)=\|A\|_F^2.\end{aligned}$$

这里利用了

$$\operatorname{tr}(AB)=\operatorname{tr}(BA).$$

需要注意的是向量的 ∞ 范数不能直接推广到矩阵,如定义 $\|A\|_\infty=\max|a_{ij}|$,取

$$A=\begin{pmatrix}1&1\\1&1\end{pmatrix}=B,\ AB=\begin{pmatrix}2&2\\2&2\end{pmatrix},\ \|AB\|_\infty=2,\ \|A\|_\infty=\|B\|_\infty=1,$$

不满足 $\|AB\|_\infty\leqslant\|A\|_\infty\|B\|_\infty$,因此需要修改.

例 4.8 设 $A=(a_{ij})_{n\times n}$. 规定

$$\|A\|_{m_\infty}=n\cdot\max_{i,j}|a_{ij}|,$$

则 $\|A\|_{m_\infty}$ 是 $\mathbf{C}^{n\times n}$ 上的矩阵范数.

这里只证明相容性，设 $B=(b_{ij})_{n\times n}$，则

$$\begin{aligned}\|AB\|_{m_\infty} &= n\cdot\max\left|\sum a_{ik}b_{kj}\right| \leqslant n\cdot\max\sum |a_{ik}|\cdot|b_{kj}|\\&\leqslant (n\cdot\max|a_{ik}|)\cdot\max\sum|b_{kj}| \leqslant \|A\|_{m_\infty} n\cdot\max|b_{kj}|\\&= \|A\|_{m_\infty}\cdot\|B\|_{m_\infty}.\end{aligned}$$

例 4.9 设

$$A=\begin{pmatrix}1 & \mathrm{i} & 1-\mathrm{i}\\0 & 1 & 2\\\mathrm{i} & -\mathrm{i} & 1+\mathrm{i}\end{pmatrix},$$

则

$$\|A\|_{m_1}=7+2\sqrt{2},\quad \|A\|_{m_\infty}=6,\quad \|A\|_{\mathrm{F}}=\sqrt{13}.$$

4.2.3 与向量范数的相容性

由于矩阵与向量在实际运算中经常同时出现，所以矩阵范数与向量范数也会同时出现，因此需要考虑两种范数之间的关系，下面的定义给出了这种联系：

定义 4.5 设 $\|\cdot\|_m$ 是 $\mathbf{C}^{n\times n}$ 上的矩阵范数，$\|\cdot\|_v$ 是 $\mathbf{C}^n$ 上的向量范数，对任意的 $A\in\mathbf{C}^{n\times n}$，$x\in\mathbf{C}^n$，都有

$$\|AX\|_v\leqslant\|A\|_m\|x\|_v,$$

则称矩阵范数 $\|\cdot\|_m$ 与向量范数 $\|\cdot\|_v$ 是相容的.

例 4.10 $\mathbf{C}^{n\times n}$ 上的 m_1 范数与 $\mathbf{C}^n$ 上的 1 范数相容.

证明 设

$$A=(a_{ij})_{n\times n},\ x=(x_1,x_2,\cdots,x_n)^{\mathrm{T}}\in\mathbf{C}^n,$$

则

$$\begin{aligned}\|Ax\|_1&=\sum_i\left|\sum_k a_{ik}x_k\right|\leqslant\sum_i\sum_k|a_{ik}|\cdot|x_k|\\&=\sum_i\sum_k|a_{ik}|\cdot\sum_k|x_k|=\sum_{i,k}|a_{ik}|\cdot\sum_k|x_k|\\&=\|A\|_{m_1}\cdot\|x\|_1.\end{aligned}$$

例 4.11 $\mathbf{C}^{n\times n}$ 上的 F 范数与 $\mathbf{C}^n$ 上的 2 范数相容.

证明

$$\begin{aligned}\|Ax\|_2^2&=\sum_i\left|\sum_k a_{ik}x_k\right|^2\leqslant\sum_i\left(\sum_k|a_{ik}|\cdot|x_k|\right)^2\\&\leqslant\sum_i\sum_k|a_{ik}|^2\cdot\sum_k|x_k|^2=\|A\|_{\mathrm{F}}^2\cdot\|x\|_2^2.\end{aligned}$$

可以证明 $\mathbf{C}^{n\times n}$ 上的 m_∞ 范数与 $\mathbf{C}^n$ 上的 1，2，∞ 范数都是相容的，与一个矩阵相容的范数可能不唯一，那么对于任何一种矩阵范数，是否能够找到与它相容的向量范数呢？答案是肯定的.

4.2.4 用矩阵范数来定义向量范数

设 $\|\cdot\|$ 是 $\mathbf{C}^{n\times n}$ 上的一种矩阵范数，则在 $\mathbf{C}^n$ 上可以定义一种向量范数. 以二维空间为例，如设 $x\in\mathbf{C}^2$，取 $\boldsymbol{\alpha}=(\alpha_1,\alpha_2)^{\mathrm{T}}\neq\mathbf{0}$，设 $\|\cdot\|_{m_1}$ 是 $\mathbf{C}^{2\times2}$ 中的范数，任取

$$A=(a_{ij})_{2\times2}\in\mathbf{C}^{2\times2},$$

则

$$\|A\|_{m_1}=|a_{11}|+|a_{12}|+|a_{21}|+|a_{22}|.$$

现在任取

$$x\in\mathbf{C}^2,\ x=(x_1,\ x_2)^{\mathrm{T}},$$

则

$$x\alpha^{\mathrm{H}}=\begin{pmatrix}x_1\\x_2\end{pmatrix}(\overline{\alpha}_1\quad\overline{\alpha}_2)=\begin{pmatrix}x_1\overline{\alpha}_1 & x_1\overline{\alpha}_2\\x_2\overline{\alpha}_1 & x_2\overline{\alpha}_2\end{pmatrix}$$

是 $\mathbf{C}^{2\times2}$的矩阵. 规定

$$\|x\|=\|x\alpha^{\mathrm{H}}\|_{m_1}=|x_1\overline{\alpha}_1|+|x_1\overline{\alpha}_2|+|x_2\overline{\alpha}_1|+|x_2\overline{\alpha}_2|,$$

则在 $\mathbf{C}^2$ 中定义了一种运算.

如取

$$\alpha=(1,\ 2)^{\mathrm{T}},\ x=(1,\ 1)^{\mathrm{T}},$$

则

$$\|x\|=\|x\alpha^{\mathrm{H}}\|_{m_1}=\left\|\begin{pmatrix}1\\1\end{pmatrix}(1,\ 2)\right\|_{m_1}=6.$$

取

$$\alpha=(1,\ \mathrm{i})^{\mathrm{T}},\ x=(1,\ 1)^{\mathrm{T}},$$

则

$$\|x\|=\|x\alpha^{\mathrm{H}}\|_{m_1}=4.$$

实际上这种运算得到了一种向量范数.

证明 (1)当 $x\neq 0$, 由于 $\alpha\neq 0$, 所以

$$x\alpha^{\mathrm{H}}\neq 0,\ \|x\|=\|x\alpha^{\mathrm{H}}\|_{m_1}>0.$$

(2)任取 $k\in\mathbf{C}$,

$$\|kx\|=\|kx\alpha^{\mathrm{H}}\|_{m_1}=|k|\cdot\|x\alpha^{\mathrm{H}}\|_{m_1}=|k|\ \|x\|.$$

(3)对于任意的 $x,\ y\in\mathbf{C}^n$,

$$\|x+y\|=\|(x+y)\alpha^{\mathrm{H}}\|_{m_1}=\|x\alpha^{\mathrm{H}}+y\alpha^{\mathrm{H}}\|_{m_1}\leqslant\|x\alpha^{\mathrm{H}}\|_{m_1}+\|y\alpha^{\mathrm{H}}\|_{m_1}=\|x\|+\|y\|.$$

这是一种向量范数, 而且这种范数与矩阵范数相容, 任取

$$A\in\mathbf{C}^{2\times2},\ x\in\mathbf{C}^2,$$

$$\|Ax\|=\|(Ax)\alpha^{\mathrm{H}}\|_{m_1}=\|A(x\alpha^{\mathrm{H}})\|_{m_1}\leqslant\|A\|_{m_1}\|x\alpha^{\mathrm{H}}\|_{m_1}=\|A\|_{m_1}\|x\|.$$

一般地, 可以得到:

定理 4.3 设 $\|\cdot\|_m$ 是 $\mathbf{C}^{n\times n}$上的一种范数, 则在 $\mathbf{C}^n$ 上必存在与它相容的向量范数.

证明 任取 $\alpha\in\mathbf{C}^n$, $\alpha\neq 0$, 对于任意的 x, 规定

$$\|x\|=\|x\alpha^{\mathrm{H}}\|_m,$$

则按照前面的证明, 这是与矩阵相容的向量范数.

4.2.5 从属范数

前面介绍了由矩阵范数定义向量范数的方法, 接下来将要介绍由向量范数来定义矩阵范数的方法.

我们知道，单位矩阵在矩阵乘法中的作用类似于 1 在乘法中的作用. 但是对于已经知道的矩阵范数，如 m_1，F，m_∞ 范数，n 阶单位矩阵 $\boldsymbol{E}$ 的范数

$$\|\boldsymbol{E}\|_{m_1}=n,\ \|\boldsymbol{E}\|_{\mathrm{F}}=\sqrt{n},\ \|\boldsymbol{E}\|_{m_\infty}=n.$$

能否构造出使得 $\|\boldsymbol{E}\|=1$ 的范数呢？下面给出的就是这样的一种范数：

设 $\mathbf{C}^n$ 上的范数为 $\|\boldsymbol{x}\|_v$，对于任意的矩阵 $\boldsymbol{A}\in\mathbf{C}^{n\times n}$，$\boldsymbol{Ax}$ 是一个向量，可以计算 $\|\boldsymbol{Ax}\|_v$. 当 $\boldsymbol{x}\neq\boldsymbol{0}$ 时，

$$\frac{\|\boldsymbol{Ax}\|_v}{\|\boldsymbol{x}\|_v}$$

是 $\boldsymbol{x}$ 的函数，也就是一个 n 元函数.

又因为 $\|\boldsymbol{x}\|_v$ 是一个正数，由范数的性质，正数可以放到范数里：

$$\frac{\|\boldsymbol{Ax}\|_v}{\|\boldsymbol{x}\|_v}=\left\|\boldsymbol{A}\frac{\boldsymbol{x}}{\|\boldsymbol{x}\|_v}\right\|_v,$$

而 $\left\|\frac{\boldsymbol{x}}{\|\boldsymbol{x}\|_v}\right\|_v=1$，即函数

$$\frac{\|\boldsymbol{Ax}\|_v}{\|\boldsymbol{x}\|_v}$$

相当于定义在一个闭集上，所以一定有最大、最小值. 现在规定

$$\|\boldsymbol{A}\|=\max_{\boldsymbol{x}\neq\boldsymbol{0}}\frac{\|\boldsymbol{Ax}\|_v}{\|\boldsymbol{x}\|_v}.$$

这样对于每个矩阵，我们定义了一个数，可以证明 $\|\boldsymbol{A}\|$ 是矩阵范数，且 $\|\boldsymbol{A}\|$ 与 $\|\boldsymbol{x}\|_v$ 相容.

定理 4.4　已知 $\mathbf{C}^n$ 上的向量范数 $\|\cdot\|_v$，对于任意的 $\boldsymbol{A}\in\mathbf{C}^{n\times n}$，规定

$$\|\boldsymbol{A}\|=\max_{\boldsymbol{x}\neq\boldsymbol{0}}\frac{\|\boldsymbol{Ax}\|_v}{\|\boldsymbol{x}\|_v},$$

则 $\|\boldsymbol{A}\|$ 是 $\mathbf{C}^{n\times n}$ 上的矩阵范数，称为由向量范数 $\|\cdot\|_v$ 导出的矩阵范数，简称导出范数或者从属范数.

首先，

$$\|\boldsymbol{E}\|=\max\frac{\|\boldsymbol{Ex}\|_v}{\|\boldsymbol{x}\|}=1;$$

其次，这个范数与向量范数 $\|\boldsymbol{x}\|_v$ 一定相容，因为 $\|\boldsymbol{A}\|$ 是 $\frac{\|\boldsymbol{Ax}\|_v}{\|\boldsymbol{x}\|_v}$ 的最大值，所以它大于任何的 $\frac{\|\boldsymbol{Ax}\|_v}{\|\boldsymbol{x}\|_v}$，即

$$\|\boldsymbol{A}\|\geqslant\frac{\|\boldsymbol{Ax}\|_v}{\|\boldsymbol{x}\|_v},\ \|\boldsymbol{Ax}\|_v\leqslant\|\boldsymbol{A}\|\cdot\|\boldsymbol{x}\|_v.$$

这就是相容性.

现在来证明这样规定的运算 $\|\boldsymbol{A}\|$ 是范数：

(1) 当 $\boldsymbol{A}=\boldsymbol{O}$，$\boldsymbol{Ax}=\boldsymbol{0}$，$\|\boldsymbol{A}\|=0$；当 $\boldsymbol{A}\neq\boldsymbol{O}$ 时，一定存在 $\boldsymbol{x}\in\mathbf{C}^n$，使得 $\boldsymbol{Ax}\neq\boldsymbol{0}$，则

$$\|\boldsymbol{A}\|=\max\frac{\|\boldsymbol{Ax}\|_v}{\|\boldsymbol{x}\|}>0.$$

(2)任取 $k\in\mathbf{C}$, 有

$$\|kA\|=\max\frac{\|kAx\|_v}{\|x\|_v}=|k|\cdot\max\frac{\|Ax\|_v}{\|x\|_v}=|k|\cdot\|A\|.$$

(3)对于任意的 $A, B\in\mathbf{C}^{n\times n}$,

$$\|A+B\|=\max\frac{\|(A+B)x\|_v}{\|x\|_v}\leqslant\max\frac{\|Ax\|_v+\|Bx\|_v}{\|x\|_v}$$

$$\leqslant\max\frac{\|Ax\|_v}{\|x\|_v}+\max\frac{\|Bx\|_v}{\|x\|_v}$$

$$=\|A\|+\|B\|.$$

(4) $\|AB\|=\max\frac{\|ABx\|_v}{\|x\|_v}\leqslant\max\frac{\|A\|\cdot\|Bx\|_v}{\|x\|_v}.$

Bx 是向量, 由相容的性质,

$$\|ABx\|_v\leqslant\|A\|\cdot\|Bx\|_v,$$

而 $\|A\|$ 是常数,

$$\max\frac{\|A\|\ \|Bx\|_v}{\|x\|_v}=\|A\|\cdot\|B\|.$$

4.2.6 从属范数的计算

从属范数的计算是求多元函数的最大值, 计算并不容易, 我们只就向量的 1, 2, ∞ 范数导出从属范数的计算公式.

定理 4.5 设 $A=(a_{ij})_{n\times n}$, 记由向量范数 1, 2, ∞ 导出的矩阵范数分别是 $\|A\|_1$, $\|A\|_2$, $\|A\|_\infty$, 则

(1) $\|A\|_1=\max\limits_j\sum\limits_{i=1}^n|a_{ij}|$.

(2) $\|A\|_\infty=\max\limits_i\sum\limits_{j=1}^n|a_{ij}|$.

(3) $\|A\|_2=\sqrt{\lambda_1}$, λ_1 为 A^HA 的最大特征值.

$\|A\|_1$ 是矩阵 A 的元素取模, 然后把每一列元素加起来, 取这些列的和的最大值. 而 $\|A\|_\infty$ 是把每行的模加起来, 然后取最大值.

例 4.12

$$A=\begin{pmatrix}1 & \mathrm{i}\\ 1-\mathrm{i} & 2\end{pmatrix},$$

$$\|A\|_1=\max\{1+|1-\mathrm{i}|,\ 2+|\mathrm{i}|\}=3,$$

$$\|A\|_\infty=\max\{1+|\mathrm{i}|,\ |1-\mathrm{i}|+2\}=2+\sqrt{2},$$

$$A^HA=\begin{pmatrix}3 & 2+3\mathrm{i}\\ 2-3\mathrm{i} & 5\end{pmatrix},$$

$$|\lambda E-A^HA|=\lambda^2-8\lambda+2=0,$$

$$\lambda_1=4+\sqrt{14},\ \lambda_2=4-\sqrt{14},$$

得

$$\|A\|_2=\sqrt{\lambda_1}=\sqrt{4+\sqrt{14}}\approx 2.7825.$$

可见 2 范数最小.

下面证明这些公式：

(1)
$$\|A\|_1=\max_j\sum_{i=1}^{n}|a_{ij}|.$$

首先证明
$$\|A\|_1\leqslant\max_j\sum_i|a_{ij}|,$$
其次证明
$$\|A\|_1\geqslant\max_j\sum_i|a_{ij}|,$$
所以
$$\|A\|_1=\max_j\sum_{i=1}^{n}|a_{ij}|.$$

以二维为例，n 维时证明方法相同，设 $A=(a_{ij})_{2\times2}$，而 $|a_{11}|+|a_{21}|$ 比 $|a_{12}|+|a_{22}|$ 大.

证明
$$\|A\|_1=|a_{11}|+|a_{21}|.$$

任取
$$x=(x_1,\ x_2)^{\mathrm{T}},$$
则
$$\|x\|_1=|x_1|+|x_2|,$$
$$\begin{aligned}\|Ax\|_1=\left\|\begin{pmatrix}a_{11}x_1+a_{12}x_2\\a_{21}x_1+a_{22}x_2\end{pmatrix}\right\|_1&=|a_{11}x_1+a_{12}x_2|+|a_{21}x_1+a_{22}x_2|\\&\leqslant|a_{11}||x_1|+|a_{12}||x_2|+|a_{21}||x_1|+|a_{22}||x_2|\\&=(|a_{11}|+|a_{21}|)|x_1|+(|a_{12}|+|a_{22}|)|x_2|\\&\leqslant(|a_{11}|+|a_{21}|)(|x_1|+|x_2|)\\&=(|a_{11}|+|a_{21}|)\|x\|_1,\end{aligned}$$
这个不等式对于所有的 x 都成立，所以
$$\|A\|_1=\max\frac{\|Ax\|_1}{\|x\|}\leqslant|a_{11}|+|a_{21}|.$$

由于 $\|A\|_1$ 是函数 $\dfrac{\|Ax\|_1}{\|x\|_1}$ 的最大值，它一定大于任何一个函数值，取 $x=(1,0)^{\mathrm{T}}$，这时，
$$Ax=\begin{pmatrix}a_{11}\\a_{21}\end{pmatrix},\quad\|Ax\|_1=\|a_{11}\|+\|a_{21}\|,$$
$$\|x\|_1=1,\quad\|A\|_1\geqslant\frac{\|Ax\|_1}{\|x\|_1}=|a_{11}|+|a_{21}|.$$

由此
$$\|A\|_1=|a_{11}|+|a_{21}|.$$

(2)现在用同样的方法证明
$$\|A\|_\infty=\max_i\sum_{j=1}^{n}|a_{ij}|.$$
取
$$x=(x_1,\ x_2,\ \cdots,\ x_n)^{\mathrm{T}},$$

$$\begin{aligned}\|Ax\|_\infty &= \max_i \left|\sum_j a_{ij}x_j\right| \leqslant \max_i \sum_j |a_{ij}|\cdot|x_j| \\ &= \max_i\{|a_{i1}||x_1|+|a_{i2}||x_2|+\cdots+|a_{in}||x_n|\} \\ &= \max_i\{(|a_{i1}|+|a_{i2}|+\cdots+|a_{in}|)\max|x_j|\} \\ &= \max_i \sum_j |a_{ij}|\cdot\|x\|_\infty,\end{aligned}$$

所以

$$\|A\|_\infty = \max \frac{\|Ax\|_\infty}{\|x\|_\infty} \leqslant \max_i \sum_j |a_{ij}|.$$

现在证明

$$\|A\|_\infty \geqslant \max_i \sum_j |a_{ij}|.$$

取一个特殊的 x, 使得

$$\frac{\|Ax\|_\infty}{\|x\|_\infty} = \max \sum_j |a_{ij}|,$$

设某一个 i 使得 $\sum_j |a_{ij}|$ 最大, 不妨设

$$i=1,\ x=(x_1,\ x_2,\ \cdots,\ x_n)^{\mathrm{T}},$$

这时 Ax 的第一行为

$$a_{11}x_1+a_{12}x_2+\cdots+a_{1n}x_n,$$

取

$$x_i=\frac{|a_{1i}|}{a_{1i}}(a_{1i}\neq 0),\ x_i=1(a_{1i}=0),$$

则第一行为

$$\sum_{j=1}^{n}|a_{1j}|,\ |x_i|\leqslant 1,\ \|x\|_\infty=1,$$

$$\sum_{j=1}^{n}|a_{kj}| \leqslant \sum_{j=1}^{n}|a_{ij}|,$$

$$\|A\|_\infty \geqslant \frac{\|Ax\|_\infty}{\|x\|_\infty} = \sum_j |a_{ij}|,$$

$$\|A\|_\infty = \sum_j |a_{ij}| = \max_i \sum_j |a_{ij}|.$$

(3)最后证明 $\|A\|_2=\sqrt{\lambda_1}$, λ_1 是 $A^{\mathrm{H}}A$ 的最大特征值.

设

$$x=(x_1,\ x_2,\ \cdots,\ x_n)^{\mathrm{T}},$$

则

$$\|x\|_2=\sqrt{\sum |x_i|^2}=\sqrt{x^{\mathrm{H}}x},\ \|Ax\|_2=\sqrt{(Ax)^{\mathrm{H}}Ax}.$$

由于 $A^{\mathrm{H}}A$ 是厄米特矩阵, 因而是正规矩阵, 故存在 n 阶酉矩阵

$$U=(U_1,\ U_2,\ \cdots,\ U_n),$$

使得

$$U^{\mathrm{H}}A^{\mathrm{H}}AU=\mathrm{diag}(\lambda_1,\ \lambda_2,\ \cdots,\ \lambda_n),$$

其中

$$U_1,\ U_2,\ \cdots,\ U_n$$

是 U 的列向量，也是 $A^{\mathrm{H}}A$ 的特征向量，λ_1，…，λ_n 是 $A^{\mathrm{H}}A$ 的特征值. 由于 U 是酉矩阵，所以 U_1，…，U_n 是标准正交的，即

$$U_i^{\mathrm{H}}U_i=1,\ U_i^{\mathrm{H}}U_j=0,$$

即 U_1，U_2，…，U_n 可以作为基底使用，现在用这个基底来表达 x：

$$x=\sum k_iU_i,\ x^{\mathrm{H}}=\sum \bar{k}_iU_i^{\mathrm{H}},$$

这时

$$\|x\|_2=\sqrt{x^{\mathrm{H}}x},\ x^{\mathrm{H}}x=\left(\sum \bar{k}_iU_i^{\mathrm{H}}\right)\left(\sum k_iU_i\right)=\sum |k_i|^2.$$

由于 U_i 是 $A^{\mathrm{H}}A$ 的特征向量，所以

$$\begin{aligned}A^{\mathrm{H}}Ax&=A^{\mathrm{H}}A\left(\sum k_iU_i\right)=\sum k_iA^{\mathrm{H}}AU_i\\&=\sum k_i\lambda_iU_i,\\x^{\mathrm{H}}A^{\mathrm{H}}Ax&=\left(\sum \bar{k}_iU_i^{\mathrm{H}}\right)\left(\sum k_i\cdot\lambda_iU_i\right)\\&=\sum |k_i|^2\cdot\lambda_i,\\\|Ax\|_2&=\sqrt{\sum |k_i|^2\lambda_i}.\end{aligned}$$

设

$$\lambda_1\geqslant\lambda_2\geqslant\cdots\geqslant\lambda_n\geqslant 0,\ \|Ax\|_2\leqslant\sqrt{\lambda_1}\sqrt{\sum |k_i|^2}=\sqrt{\lambda_1}\,\|x\|_2,$$

对一切 x，

$$\frac{\|Ax\|_2}{\|x\|_2}\leqslant\sqrt{\lambda_1},$$

所以

$$\|A\|_2\leqslant\sqrt{\lambda_1}.$$

现在取一个特殊的 $x=U_1$，

$$A^{\mathrm{H}}AU_1=\lambda_1U_1,\ x^{\mathrm{H}}A^{\mathrm{H}}Ax=U_1^{\mathrm{H}}\lambda_1U_1=\lambda_1,$$

$$\|x\|_2=\sqrt{U_1^{\mathrm{H}}U_1}=1,\ \frac{\|Ax\|_2}{\|x\|_2}=\sqrt{\lambda_1},\ \|A\|_2\geqslant\sqrt{\lambda_1},$$

所以

$$\|A\|_2=\sqrt{\lambda_1}.$$

习题 4.2

1. 已知

$$A=\begin{pmatrix}1+\mathrm{i}&0&-3\\5&4\mathrm{i}&0\\-2&3&1\end{pmatrix},$$

求 A 的 m_1，F，m_∞，1，∞ 范数.

2. 已知 $\|\cdot\|_m$ 是 $\mathbf{C}^{n\times n}$ 上的矩阵范数，S 是 n 阶可逆矩阵. 对任意的 $A\in\mathbf{C}^{n\times n}$，规定

$$\| A \| = \| S^{-1}AS \|_m.$$

证明 $\|\cdot\|$ 是 $\mathbf{C}^{n\times n}$ 上的一种矩阵范数.

3. 证明对于 $\mathbf{C}^{n\times n}$ 上的任一矩阵范数 $\|\cdot\|$，均有 $\| E \| \geqslant 1$.

4. 对任意的

$$A = (a_{ij})_{m\times n} \in \mathbf{C}^{m\times n},$$

规定

$$\| A \|_m = \max\{m, n\} \max_{i,j} |a_{ij}|.$$

证明 $\|\cdot\|_m$ 是 $\mathbf{C}^{m\times n}$ 上的一种矩阵范数，且它与向量的 1，2，∞ 范数相容.

5. 对任意的

$$A \in \mathbf{C}^{m\times n}, A = (a_{ij})_{m\times n},$$

规定

$$\| A \|_a = \sqrt{mn} \cdot \max_{i,j} |a_{ij}|.$$

证明 $\|\cdot\|_a$ 是 $\mathbf{C}^{m\times n}$ 上的一种矩阵范数，且它与向量 2 范数相容.

6. 设 U 是 n 阶酉矩阵，证明 $\| U \|_2 = 1$.

4.3 范数的应用举例

定义 4.6 设 $A \in \mathbf{C}^{n\times n}$，$\lambda_1, \lambda_2, \cdots, \lambda_n$ 是 A 的 n 个特征值，称 $\rho(A) = \max_i |\lambda_i|$ 为 A 的谱半径，即 A 的谱半径是 A 的特征值的模的最大值.

前面证明过，对任何一个矩阵范数 $\|\cdot\|_m$，都存在一个向量范数 $\|\cdot\|_v$ 与它相容.

对于任何一个矩阵范数 $\|\cdot\|_m$，找到一个范数 $\|\cdot\|_v$ 与之相容，并且设 x 是 A 的对应于 λ 的特征向量，则

$$\| Ax \|_v \leqslant \| A \|_m \cdot \| x \|_v.$$

由

$$\| Ax \|_v = \| \lambda x \|_v = |\lambda| \, \| x \|_v$$

得

$$|\lambda| \, \| x \|_v \leqslant \| A \|_m \| x \|_v,$$

所以

$$|\lambda| \leqslant \| A \|_m.$$

定理 4.6 设 $A \in \mathbf{C}^{n\times n}$，则对 $\mathbf{C}^{n\times n}$ 上的任何一个矩阵范数 $\|\cdot\|_m$，都有

$$\rho(A) \leqslant \| A \|_m.$$

例 4.13 已知

$$A = \begin{pmatrix} 0 & 0.2 & 0.1 \\ -0.2 & 0 & 0.2 \\ -0.1 & -0.2 & 0 \end{pmatrix},$$

估计 A 的特征值.

解 可以求得

$$\|A\|_1=\|A\|_\infty=0.4,\ \|A\|_{m_1}=1,\ \|A\|_{m_\infty}=0.6,\ \|A\|_F=\sqrt{0.18},$$
所以它的特征值的模不超过0.4，$\rho(A)\leqslant 0.4$.

虽然谱半径比任何一个矩阵范数要小，但是可以证明一个有趣的结论：比谱半径大一点的数，比方说$\rho(A)+\varepsilon$，这里ε是任意正数，都可以找到一个矩阵范数比$\rho(A)+\varepsilon$小.

定理 4.7　设$A\in\mathbf{C}^{n\times n}$，任取一个正数$\varepsilon$，都可以找到一个矩阵范数$\|\cdot\|$，使得
$$\|A\|\leqslant\rho(A)+\varepsilon.$$

证明　先看一个约当块
$$J=\begin{pmatrix}\lambda & & \\ 1 & \lambda & \\ & 1 & \lambda\end{pmatrix}.$$
设
$$D=\mathrm{diag}(1,\ \varepsilon,\ \varepsilon^2),$$
则
$$DJD^{-1}=\begin{pmatrix}1 & & \\ & \varepsilon & \\ & & \varepsilon^2\end{pmatrix}\begin{pmatrix}\lambda & & \\ 1 & \lambda & \\ & 1 & \lambda\end{pmatrix}\begin{pmatrix}1 & & \\ & \varepsilon^{-1} & \\ & & \varepsilon^{-2}\end{pmatrix}$$
$$=\begin{pmatrix}\lambda & & \\ \varepsilon & \lambda & \\ & \varepsilon & \lambda\end{pmatrix}.$$

可以看到，经过运算，对角线元素不变，副对角线的元素变成了ε. 一般地，一个n阶约当矩阵
$$J=\begin{pmatrix}\lambda_1 & & & \\ \delta_1 & \lambda_2 & & \\ & \ddots & \ddots & \\ & & \delta_{n-1} & \lambda_n\end{pmatrix},$$
则
$$DJD^{-1}=\begin{pmatrix}\lambda_1 & & & \\ \varepsilon\delta_1 & \lambda_2 & & \\ & \ddots & \ddots & \\ & & \varepsilon\delta_{n-1} & \lambda_n\end{pmatrix},$$
且
$$\|DJD^{-1}\|_\infty\leqslant\max(\lambda_j+\varepsilon)=\rho(A)+\varepsilon.$$

下面证明，任取一个矩阵A，$\|A\|=\|D^{-1}P^{-1}APD\|_\infty$是矩阵范数. 这里$P$可逆.

(1) $A\neq O$，$\|D^{-1}P^{-1}APP\|_\infty$.

(2) $k\in\mathbf{C}$，$\|kA\|=k\|D^{-1}P^{-1}APD\|_\infty=|k|\,\|A\|$.

(3) $\|A+B\|=\|D^{-1}P^{-1}(A+B)PD\|_\infty\leqslant\|D^{-1}P^{-1}APD\|_\infty+\|D^{-1}P^{-1}BPD\|_\infty$
$=\|A\|+\|B\|$.

(4) $\|AB\|=\|D^{-1}P^{-1}ABPD\|_\infty=\|D^{-1}P^{-1}APD\cdot D^{-1}P^{-1}BPD\|_\infty$
$\leqslant\|D^{-1}P^{-1}APD\|_\infty\cdot\|D^{-1}P^{-1}BPD\|_\infty$
$=\|A\|\cdot\|B\|$.

对于 $\boldsymbol{A}$，可取一个恰当的 $\boldsymbol{P}$，使

$$\boldsymbol{P}^{-1}\boldsymbol{A}\boldsymbol{P}=\boldsymbol{J},$$

代入即可.

习题 4.3

1. 已知

$$\boldsymbol{A}=\begin{pmatrix}0 & 2 & 1\\ 0 & 2 & 2\\ 2 & 1 & 2\end{pmatrix},$$

求 $\mathrm{cond}_1\boldsymbol{A}$ 和 $\mathrm{cond}_\infty\boldsymbol{A}$.（提示：$\mathrm{cond}\boldsymbol{A}=\|\boldsymbol{A}\|\cdot\|\boldsymbol{A}^{-1}\|$.）

2. 设 $\|\cdot\|$ 为 $\mathbf{C}^{n\times n}$ 上的矩阵范数，λ 为 $\boldsymbol{A}\in\mathbf{C}^{n\times n}$ 的特征值，证明 $|\lambda|\leqslant\sqrt[m]{\|\boldsymbol{A}^m\|}$.

第五章　矩阵的分解

把矩阵分解成形式比较简单或具有某种特性的一些矩阵的乘积就是矩阵的分解. 这种分解在矩阵的理论与应用中十分重要，因为通过分解，矩阵的一些特性可以清晰地展现出来. 本章将要介绍一些常用的矩阵的分解形式.

5.1　矩阵的对角分解

我们曾经学习过一些矩阵的分解，如为了求一个矩阵的秩，用初等变换把矩阵化成阶梯形，即存在一系列初等矩阵，使得 $\boldsymbol{P}_1\boldsymbol{P}_2\cdots\boldsymbol{P}_s\boldsymbol{A}=\boldsymbol{B}$，或者简单写成 $\boldsymbol{PA}=\boldsymbol{B}$，$\boldsymbol{B}$ 为阶梯形，这相当于矩阵 $\boldsymbol{B}$ 可以分解为 $\boldsymbol{P}$，$\boldsymbol{A}$ 的乘积，或者 $\boldsymbol{A}$ 可以分解成 $\boldsymbol{P}^{-1}\boldsymbol{B}$. 另外，任何一个矩阵一定和约当矩阵相似，即存在可逆矩阵 $\boldsymbol{P}$ 使得 $\boldsymbol{P}^{-1}\boldsymbol{AP}=\boldsymbol{J}$，对于一个实对称矩阵，一定存在可逆矩阵 $\boldsymbol{P}$ 使得 $\boldsymbol{P}^{-1}\boldsymbol{AP}=\boldsymbol{\Lambda}$，这个结论可以推广为：

定理 5.1　$\boldsymbol{A}$ 为正规矩阵的充要条件是:存在酉矩阵 $\boldsymbol{Q}$，使得

$$\boldsymbol{Q}^{\mathrm{H}}\boldsymbol{AQ}=\boldsymbol{\Lambda},\ \boldsymbol{\Lambda}=\mathrm{diag}(\lambda_1,\ \lambda_2,\ \cdots,\ \lambda_n).$$

下面来证明这个定理，首先证明：

引理　设 $\boldsymbol{\varepsilon}_1=(a_1,\ a_2,\ \cdots,\ a_n)^{\mathrm{T}}$ 是酉空间 $\mathbf{C}^n$ 的一个单位向量，则存在一个以 $\boldsymbol{\varepsilon}_1$ 为第一个列向量的酉矩阵 $\boldsymbol{Q}$.

证明　因为 $\boldsymbol{\varepsilon}_1\neq\boldsymbol{0}$，故 a_i 不全为零，设

$$\boldsymbol{X}=(x_1,\ x_2,\ \cdots,\ x_n)^{\mathrm{T}}\in\mathbf{C}^n,$$

且

$$\boldsymbol{\varepsilon}_1^{\mathrm{H}}\boldsymbol{X}=0,$$

由 $\mathbf{C}^n$ 的内积的定义，得

$$\bar{a}_1x_1+\bar{a}_2x_2+\cdots+\bar{a}_nx_n=0.$$

这是一个线性方程组，秩是 1，未知数是 n，所以方程组的解空间是 $n-1$ 维的. 设 $\boldsymbol{\beta}_2$，$\cdots$，$\boldsymbol{\beta}_n$ 是它的解向量，然后对这一组向量施行正交化、单位化，得到标准正交的向量组

$$\boldsymbol{\varepsilon}_2,\ \boldsymbol{\varepsilon}_3,\ \cdots,\ \boldsymbol{\varepsilon}_n,$$

所以

$$\boldsymbol{\varepsilon}_1,\ \boldsymbol{\varepsilon}_2,\ \cdots,\ \boldsymbol{\varepsilon}_n$$

是标准正交基，因此

$$\boldsymbol{Q}=(\boldsymbol{\varepsilon}_1,\ \boldsymbol{\varepsilon}_2,\ \cdots,\ \boldsymbol{\varepsilon}_n)$$

是酉矩阵.

假设一个矩阵把矩阵 $\boldsymbol{A}$ 化为对角形，即

$$\boldsymbol{Q}^{-1}\boldsymbol{AQ}=\boldsymbol{\Lambda},$$

把 $\boldsymbol{Q}$ 写成列向量的形式，则由

$$\boldsymbol{Q}=(q_1, q_2, \cdots, q_n),$$

$$\boldsymbol{AQ}=\boldsymbol{Q\Lambda}, (\boldsymbol{A}q_1, \cdots, \boldsymbol{A}q_n)=(\lambda_1 q_1, \cdots, \lambda_n q_n)$$

可以看出，列向量是 $\boldsymbol{A}$ 的特征向量. 所以可以从特征向量来考虑.

下面证明必要性，即 $\boldsymbol{A}$ 是正规矩阵，则存在酉矩阵 $\boldsymbol{U}$，使得 $\boldsymbol{Q}^{\mathrm{H}}\boldsymbol{AQ}=\boldsymbol{\Lambda}$ 成立.

设 λ_1 是 $\boldsymbol{A}$ 的一个特征值，$\boldsymbol{\varepsilon}_1$ 是 $\boldsymbol{A}$ 的属于 λ_1 的单位特征向量，由上述引理，存在以 $\boldsymbol{\varepsilon}_1$ 为第一个列向量的酉矩阵 $\boldsymbol{Q}_1$，设

$$\boldsymbol{Q}_1=(\boldsymbol{\varepsilon}_1, \boldsymbol{\varepsilon}_2, \cdots, \boldsymbol{\varepsilon}_n),$$

$$\boldsymbol{E}=\boldsymbol{Q}_1^{-1}\boldsymbol{Q}_1=(\boldsymbol{Q}_1^{-1}\boldsymbol{\varepsilon}_1, \boldsymbol{Q}_1^{-1}\boldsymbol{\varepsilon}_2, \cdots, \boldsymbol{Q}_1^{-1}\boldsymbol{\varepsilon}_n),$$

$$\boldsymbol{Q}^{-1}\boldsymbol{\varepsilon}_1=(1, 0, \cdots, 0)^{\mathrm{T}},$$

而

$$\boldsymbol{A\varepsilon}_1=\lambda_1\boldsymbol{\varepsilon}_1,$$

$$\boldsymbol{Q}_1^{-1}\boldsymbol{AQ}_1=\boldsymbol{Q}_1^{-1}(\boldsymbol{A\varepsilon}_1, \cdots, \boldsymbol{A\varepsilon}_n)=\boldsymbol{Q}_1^{-1}(\lambda_1\boldsymbol{\varepsilon}_1, \cdots, \boldsymbol{A\varepsilon}_n)$$

$$=\begin{pmatrix} \lambda_1 & b_2 & \cdots & b_n \\ 0 & & & \\ \vdots & & \boldsymbol{B} & \\ 0 & & & \end{pmatrix}=\begin{pmatrix} \lambda_1 & \boldsymbol{\beta} \\ 0 & \boldsymbol{B} \end{pmatrix},$$

$$\boldsymbol{\beta}=(b_2, b_3, \cdots, b_n),$$

其中 $\boldsymbol{B}$ 是 $n-1$ 阶方阵. 下面证明 $\boldsymbol{B}$ 也是正规矩阵：

设

$$\boldsymbol{A}_1=\boldsymbol{Q}_1^{-1}\boldsymbol{AQ}_1,$$

则

$$\boldsymbol{A}_1^{\mathrm{H}}\boldsymbol{A}_1=\boldsymbol{A}_1\boldsymbol{A}_1^{\mathrm{H}},$$

即 $\boldsymbol{A}_1$ 是正规矩阵.

利用这个结论证明，

$$\boldsymbol{\beta}=\boldsymbol{0}, \boldsymbol{B}^{\mathrm{H}}\boldsymbol{B}=\boldsymbol{BB}^{\mathrm{H}},$$

$$\boldsymbol{A}_1^{\mathrm{H}}\boldsymbol{A}_1=\begin{pmatrix} \lambda_1 & \boldsymbol{\beta} \\ 0 & \boldsymbol{B} \end{pmatrix}^{\mathrm{H}}\begin{pmatrix} \lambda_1 & \boldsymbol{\beta} \\ 0 & \boldsymbol{B} \end{pmatrix}=\begin{pmatrix} \overline{\lambda}_1 & 0 \\ \boldsymbol{\beta}^{\mathrm{H}} & \boldsymbol{B}^{\mathrm{H}} \end{pmatrix}\begin{pmatrix} \lambda_1 & \boldsymbol{\beta} \\ 0 & \boldsymbol{B} \end{pmatrix}$$

$$=\begin{pmatrix} \lambda_1\overline{\lambda}_1 & \overline{\lambda}_1\boldsymbol{\beta} \\ \lambda_1\boldsymbol{\beta}^{\mathrm{H}} & \boldsymbol{\beta}^{\mathrm{H}}\boldsymbol{\beta}+\boldsymbol{B}^{\mathrm{H}}\boldsymbol{B} \end{pmatrix}.$$

同理

$$\boldsymbol{A}_1\boldsymbol{A}_1^{\mathrm{H}}=\begin{pmatrix} \lambda_1\overline{\lambda}_1+\boldsymbol{\beta\beta}^{\mathrm{H}} & \boldsymbol{\beta\beta}^{\mathrm{H}} \\ \boldsymbol{\beta\beta}^{\mathrm{H}} & \boldsymbol{BB}^{\mathrm{H}} \end{pmatrix},$$

因此，$\boldsymbol{\beta\beta}^{\mathrm{H}}=0$，并且 $\boldsymbol{B}^{\mathrm{H}}\boldsymbol{B}=\boldsymbol{BB}^{\mathrm{H}}$，所以 $\boldsymbol{B}$ 也是正规矩阵.

按照同样的做法，存在一个酉矩阵 $\boldsymbol{Q}_2'$，使得

$$(\boldsymbol{Q}_2')^{\mathrm{H}}\boldsymbol{BQ}_2'=\begin{pmatrix} \lambda_1 & 0 \\ 0 & \boldsymbol{B}_1 \end{pmatrix},$$

即存在一个酉矩阵

$$Q_2=\begin{pmatrix}1 & 0\\0 & Q_2'\end{pmatrix},$$

使得

$$Q_2^{H}A_1Q_2=\begin{pmatrix}\lambda_1 & & \\ & \lambda_2 & \\ & & B_1\end{pmatrix},\ Q_2^{H}A_1Q_2=Q_2^{H}Q_1^{H}AQ_1Q_2.$$

重复这个过程就可以得到

$$Q^{H}AQ=\begin{pmatrix}\lambda_1 & & & \\ & \lambda_2 & & \\ & & \ddots & \\ & & & \lambda_n\end{pmatrix},\ Q=Q_1Q_2\cdots Q_n,$$

且 $Q^{H}AQ$ 的特征值也是 A 的特征值.

下面证明充分性，即 $Q^{H}AQ=\Lambda$ 成立，则 A 是正规矩阵.

由

$$Q^{H}AQ=\Lambda,\ A=Q\begin{pmatrix}\lambda_1 & & & \\ & \lambda_2 & & \\ & & \ddots & \\ & & & \lambda_n\end{pmatrix}Q^{H},\ A^{H}=Q\begin{pmatrix}\overline{\lambda}_1 & & \\ & \ddots & \\ & & \overline{\lambda}_n\end{pmatrix}Q^{H},$$

于是

$$AA^{H}=A^{H}A=Q\begin{pmatrix}\lambda_1\overline{\lambda}_1 & & \\ & \ddots & \\ & & \lambda_n\overline{\lambda}_n\end{pmatrix}Q^{H}.$$

这个定理很重要，可以利用这个定理得出重要结论.

例 5.1　设 A 是 n 阶正规矩阵，其特征值为 $\lambda_1,\lambda_2,\cdots,\lambda_n$，则

(1) A 是厄米特矩阵的充要条件是：A 的特征值全是实数；

(2) A 是反厄米特矩阵的充要条件是：A 的特征值为零或纯虚数；

(3) A 是酉矩阵的充要条件是：A 的每个特征值 λ_i 的模 $|\lambda_i|=1$.

证明　(1) 因为 A 是正规矩阵，故存在酉矩阵 Q，使得

$$Q^{H}AQ=\begin{pmatrix}\lambda_1 & & & \\ & \lambda_2 & & \\ & & \ddots & \\ & & & \lambda_n\end{pmatrix}, \tag{5-1}$$

两边取共轭得

$$Q^{H}A^{H}Q=\begin{pmatrix}\bar{\lambda}_1 & & & \\ & \bar{\lambda}_2 & & \\ & & \ddots & \\ & & & \bar{\lambda}_n\end{pmatrix}. \tag{5-2}$$

若 A 为厄米特矩阵，则 $A^{H}=A$.

比较式(5-1)和式(5-2)即得 $\lambda_i=\bar{\lambda}_i$，因此 A 的特征值全是实数.

反之，若 A 的特征值全是实数，即 $\lambda_i=\bar{\lambda}_i$，由于

$$Q^{H}AQ=Q^{H}A^{H}Q,\ A=A^{H},$$

A 为厄米特矩阵.

(2)仿照(1)的证明可以得到.

(3)因为 A 是正规矩阵，所以

$$Q^{H}AQ\cdot Q^{H}A^{H}Q=Q^{H}AA^{H}Q=\begin{pmatrix}\lambda_1\bar{\lambda}_1 & & \\ & \ddots & \\ & & \lambda_n\bar{\lambda}_n\end{pmatrix}.$$

如果 A 是酉矩阵，则 $AA^{H}=E$，故

$$\begin{pmatrix}\lambda_1\bar{\lambda}_1 & & \\ & \ddots & \\ & & \lambda_n\bar{\lambda}_n\end{pmatrix}=E,\ |\lambda_i|=1.$$

反过来，若 A 的每个特征值的模 $|\lambda_i|=1$，则

$$Q^{H}AA^{H}Q=E,$$

所以 A 是酉矩阵.

例 5.2 厄米特矩阵 $A\in\mathbf{C}^{n\times n}$ 的任意两个不同的特征值 λ,μ 所对应的特征向量 x，y 一定是正交的.

证明 因为

$$Ax=\lambda x,\ Ay=\mu y,$$

故

$$y^{H}A^{H}=\mu y^{H}.$$

两边右乘 x，

$$y^{H}A^{H}x=\mu y^{H}x.$$

由于

$$y^{H}A^{H}x=y^{H}Ax=y^{H}\lambda x=\lambda y^{H}x,$$

所以

$$(\lambda-\mu)y^{H}x=0,\ \lambda\neq\mu,\ y^{H}x=0.$$

5.2 矩阵的三角分解

当一个矩阵呈三角形时，求逆、求行列式、求解线性方程组等都很方便，因此需要研究

是否可以将一个矩阵分解为一些三角形矩阵的乘积.

称下面的分解式为矩阵的三角分解：

定义 5.1　设 $\boldsymbol{A}\in \mathbf{C}^{n\times n}$，如果存在下三角矩阵 $\boldsymbol{L}\in \mathbf{C}^{n\times n}$ 和上三角矩阵 $\boldsymbol{R}\in \mathbf{C}^{n\times n}$，使得 $\boldsymbol{A}=\boldsymbol{LR}$,则称 $\boldsymbol{A}$ 可以作三角分解.

那么什么样的矩阵可以作三角分解呢?

假设可逆矩阵 $\boldsymbol{A}$ 可以作三角分解，即 $\boldsymbol{A}=\boldsymbol{LR}$，其中

$$\boldsymbol{L}=(l_{ij})_{n\times n}(l_{ij}=0,\ i<j),\ \boldsymbol{R}=(r_{ij})_{n\times n}(r_{ij}=0,\ i>j),$$

将 $\boldsymbol{A}$，$\boldsymbol{L}$ 和 $\boldsymbol{R}$ 进行分块，得

$$\begin{pmatrix}\boldsymbol{A}_k & \boldsymbol{A}_{12}\\ \boldsymbol{A}_{21} & \boldsymbol{A}_{22}\end{pmatrix}=\begin{pmatrix}\boldsymbol{L}_k & \boldsymbol{O}\\ \boldsymbol{L}_{21} & \boldsymbol{L}_{22}\end{pmatrix}\begin{pmatrix}\boldsymbol{R}_k & \boldsymbol{R}_{12}\\ \boldsymbol{O} & \boldsymbol{R}_{22}\end{pmatrix}.$$

这里 $\boldsymbol{A}_k$，$\boldsymbol{L}_k$，$\boldsymbol{R}_k$ 分别是 $\boldsymbol{A}$，$\boldsymbol{L}$，$\boldsymbol{R}$ 的 k 阶顺序主子阵，则 $\boldsymbol{L}_k$，$\boldsymbol{R}_k$ 分别是下三角矩阵和上三角矩阵. 由矩阵的分块乘法，得

$$\boldsymbol{A}_k=\boldsymbol{L}_k\cdot\boldsymbol{R}_k\quad(k=1,\ 2,\ \cdots,\ n).$$

由于

$$|\boldsymbol{A}|=|\boldsymbol{L}|\cdot|\boldsymbol{R}|=l_{11}\cdots l_{nn}\cdot r_{11}\cdots r_{nn}\neq 0,$$

所以

$$|\boldsymbol{A}_k|=|\boldsymbol{L}_k|\cdot|\boldsymbol{R}_k|\neq 0,\ |\boldsymbol{A}_k|\neq 0,$$

即 $\boldsymbol{A}$ 的顺序主子式不为零.

反过来，若 $\boldsymbol{A}$ 的所有顺序主子式不为零，可以用归纳法证明，$\boldsymbol{A}$ 可以作三角分解. $n=1$ 时，$\boldsymbol{A}=(1)(a_{11})$，设 $n=k$ 时，$\boldsymbol{A}_k=\boldsymbol{L}_k\cdot\boldsymbol{R}_k$，$\boldsymbol{L}_k$，$\boldsymbol{R}_k$ 分别是下三角矩阵和上三角矩阵，且

$$|\boldsymbol{A}_k|=|\boldsymbol{L}_k|\cdot|\boldsymbol{R}_k|\neq 0.$$

$\boldsymbol{A}_k$，$\boldsymbol{L}_k$，$\boldsymbol{R}_k$ 均可逆，则当 $n=k+1$ 时，

$$\boldsymbol{A}_{k+1}=\begin{pmatrix}\boldsymbol{A}_k & \boldsymbol{C}_k\\ \boldsymbol{r}_k^{\mathrm{T}} & a_{k+1,\ k+1}\end{pmatrix}=\begin{pmatrix}\boldsymbol{L}_k & 0\\ \boldsymbol{r}_k^{\mathrm{T}}\boldsymbol{R}_k^{-1} & 1\end{pmatrix}\begin{pmatrix}\boldsymbol{R}_k & \boldsymbol{L}_k^{-1}\boldsymbol{C}_k\\ 0 & a_{k+1,\ k+1}-\boldsymbol{r}_k^{\mathrm{T}}\boldsymbol{R}_k^{-1}\boldsymbol{L}_k^{-1}\boldsymbol{C}_k\end{pmatrix},$$

其中

$$\boldsymbol{C}_k=(a_{1,\ k+1},\ \cdots,\ a_{k,\ k+1})^{\mathrm{T}},\ \boldsymbol{r}_k^{\mathrm{T}}=(a_{k+1,\ 1},\ \cdots,\ a_{k+1,\ k}).$$

由归纳法，$\boldsymbol{A}$ 可以作三角分解. 由此得到：

定理 5.2　设可逆矩阵 $\boldsymbol{A}\in \mathbf{C}^{n\times n}$，则 $\boldsymbol{A}$ 可以作三角分解的充要条件是 $\boldsymbol{A}$ 的所有顺序主子式不为零.

利用这个定理马上可以得到，设 $\boldsymbol{A}\in \mathbf{C}^{n\times n}$ 且 $\boldsymbol{A}$ 的前 r 个顺序主子式不为零，$\boldsymbol{A}$ 的秩为 r，则 $\boldsymbol{A}$ 可以作三角分解.

事实上，由定理 5.2，$\boldsymbol{A}_r$ 可以作三角分解，设 $\boldsymbol{A}_r=\boldsymbol{L}_r\boldsymbol{C}_r$，将 $\boldsymbol{A}$ 分块为

$$\boldsymbol{A}=\begin{pmatrix}\boldsymbol{A}_r & \boldsymbol{A}_{12}\\ \boldsymbol{A}_{21} & \boldsymbol{A}_{22}\end{pmatrix}.$$

由于 $\boldsymbol{A}$ 的秩为 r，所以 $\boldsymbol{A}$ 的后 $n-r$ 行可以由前 r 行线性表达，即存在矩阵 $\boldsymbol{B}\in \mathbf{C}^{(n-r)\times r}$，使得

$$\boldsymbol{A}_{21}=\boldsymbol{B}\boldsymbol{A}_r,\ \boldsymbol{A}_{22}=\boldsymbol{B}\boldsymbol{A}_{12}.$$

因此

$$A=\begin{pmatrix} A_r & A_{12} \\ A_{21} & A_{22} \end{pmatrix}=\begin{pmatrix} L_r & O \\ BL_r & E_{n-r} \end{pmatrix}\begin{pmatrix} R_r & L_r^{-1}A_{12} \\ O & O \end{pmatrix}$$

是三角分解.

这个定理的条件仅是充分的，如 $A=\begin{pmatrix} 0 & 0 \\ 1 & 2 \end{pmatrix}$ 的秩为 1，不满足条件，但是

$$A=\begin{pmatrix} 0 & 0 \\ 1 & 1 \end{pmatrix}\begin{pmatrix} 1 & 1 \\ 0 & 1 \end{pmatrix}=\begin{pmatrix} 0 & 0 \\ 1 & 2 \end{pmatrix}\begin{pmatrix} 1 & 1 \\ 0 & \frac{1}{2} \end{pmatrix}$$

等都是 A 的三角分解.

上面虽然得到了一些方阵的三角分解，但是这种分解不是唯一的. 因为如果 $A=LR$ 是三角分解，令 D 为对角元素都不是零的对角矩阵，则 $A=(LD)(D^{-1}R)$ 也是三角分解，而 D 有无穷多个，所以有无穷多分解. 怎么样得到唯一的分解呢？

定义 5.2 设 $A\in \mathbf{C}^{n\times n}$，如果 A 可以分解为 $A=LR$，其中 L 是对角线元素为 1 的下三角矩阵(称为单位下三角矩阵)，R 为上三角矩阵，则称之为 A 的 Doolittle 分解. 如果 A 可以分解成 $A=LR$，R 是对角线元素为 1 的上三角矩阵(称为单位上三角矩阵)，则称之为 A 的 Crout 分解. 如果 A 可以分解成 $A=LDR$，其中 L，D，R 分别是单位下三角矩阵、对角矩阵、单位上三角矩阵，则称之为 A 的 LDR 分解.

如果 A 可逆，且能够作三角分解，则马上可以得到 A 的唯一的 LDR 分解.

证明 设 $A=LR$ 是三角分解，记

$$D=\mathrm{diag}(l_{11}, \cdots, l_{nn}),$$
$$C=\mathrm{diag}(r_{11}, \cdots, r_{nn}),$$

则

$$A=LR=(LD^{-1})(DC)(C^{-1}R)$$

就是 A 的 LDR 分解.

这种分解是唯一的，设 A 有两个 LDR 分解

$$A=LDR=L_1D_1R_1,$$

则

$$L_1^{-1}L=D_1R_1R^{-1}D^{-1},$$

上式的右边是单位上三角矩阵，左边是单位下三角矩阵，则它们都是单位矩阵，即

$$L_1^{-1}L=E,\ D_1R_1R^{-1}D^{-1}=E,$$

从而

$$L=L_1,\ R_1R^{-1}=D_1^{-1}D,$$

则

$$R_1R^{-1}=D_1^{-1}D=E,\ R=R_1,\ D=D_1.$$

分解式唯一.

例 5.3 求矩阵 $A=\begin{pmatrix} 1 & 2 & 1 \\ 2 & -1 & 0 \\ 1 & 2 & -1 \end{pmatrix}$ 的 Doolittle 分解和 Crout 分解.

解 设

$$A=LR,$$

$$L=\begin{pmatrix}1&0&0\\l_{21}&1&0\\l_{31}&l_{32}&1\end{pmatrix},\ R=\begin{pmatrix}r_{11}&r_{12}&r_{13}\\0&r_{22}&r_{23}\\0&0&r_{33}\end{pmatrix}.$$

乘开，对比左右两边的对应项，可以得到

$$L=\begin{pmatrix}1&0&0\\2&1&0\\1&0&1\end{pmatrix},\ R=\begin{pmatrix}1&2&1\\0&-5&-2\\0&0&-2\end{pmatrix}.$$

再设

$$A=LR,$$

$$L=\begin{pmatrix}l_{11}&0&0\\l_{21}&l_{22}&0\\l_{31}&l_{32}&l_{33}\end{pmatrix},\ R=\begin{pmatrix}1&r_{12}&r_{13}\\0&1&r_{23}\\0&0&1\end{pmatrix}.$$

乘开，得到

$$L=\begin{pmatrix}1&0&0\\2&-5&0\\1&0&-2\end{pmatrix},\ R=\begin{pmatrix}1&2&1\\0&1&\dfrac{2}{5}\\0&0&1\end{pmatrix}.$$

例 5.4 证明，如果 $A\in\mathbf{C}^{n\times n}$ 是正定的厄米特矩阵，则存在下三角矩阵 G 使得 $A=GG^{\mathrm{H}}$，称之为 A 的 Cholesky 分解.

证明 因为 A 正定，则 A 的顺序主子式都不为零，由定理 5.2 可得 $A=LDR$，又 $A^{\mathrm{H}}=A$，$R^{\mathrm{H}}DL^{\mathrm{H}}=LDR$.

由分解的唯一性，

$$L=R^{\mathrm{H}},\ A=R^{\mathrm{H}}DR,$$

而

$$D=\mathrm{diag}(d_1,\ d_2,\ \cdots,\ d_n).$$

$d_i>0$，$i=1,\ 2,\ \cdots,\ n$，设

$$C=\mathrm{diag}(\sqrt{d_1},\ \sqrt{d_2},\ \cdots,\ \sqrt{d_n}),$$

则

$$A=R^{\mathrm{H}}C\cdot CR=(CR)^{\mathrm{H}}\cdot CR=G\cdot G^{\mathrm{H}},\ G=(CR)^{\mathrm{H}}.$$

例 5.5 已知

$$A=\begin{pmatrix}5&-2&0\\-2&3&-1\\0&-1&1\end{pmatrix},$$

求 A 的 Cholesky 分解.

解 设

$$G=\begin{pmatrix}g_{11}&0&0\\g_{21}&g_{22}&0\\g_{31}&g_{32}&g_{33}\end{pmatrix},$$

则

$$G^{\mathrm{H}}=\begin{pmatrix}\overline{g}_{11} & \overline{g}_{21} & \overline{g}_{31}\\ 0 & \overline{g}_{22} & \overline{g}_{32}\\ 0 & 0 & \overline{g}_{33}\end{pmatrix}.$$

计算 $\boldsymbol{GG}^{\mathrm{H}}$，利用 $\boldsymbol{GG}^{\mathrm{H}}=\boldsymbol{A}$，比较两边得

$$\boldsymbol{G}=\begin{pmatrix}\sqrt{5} & 0 & 0\\ -\dfrac{2}{\sqrt{5}} & \sqrt{\dfrac{11}{5}} & 0\\ 0 & -\sqrt{\dfrac{5}{11}} & \sqrt{\dfrac{6}{11}}\end{pmatrix}.$$

习题 5.2

1. 求矩阵

$$\boldsymbol{A}=\begin{pmatrix}1 & 3 & 0\\ 2 & 3 & 0\\ 2 & 0 & -6\end{pmatrix}$$

的 Doolittle 分解和 Crout 分解.

2. 求矩阵

$$\boldsymbol{A}=\begin{pmatrix}5 & 2 & -4\\ 2 & 1 & -2\\ -4 & -2 & 5\end{pmatrix}$$

的 Cholesky 分解.

5.3 矩阵的满秩分解

这一节将要讨论矩阵的另一种分解，即将矩阵分解为列满秩矩阵与行满秩矩阵的乘积.

在讨论矩阵的秩和标准形时，曾经用初等行变换把矩阵 $\boldsymbol{A}$ 化成阶梯形，即用一系列的初等矩阵 $\boldsymbol{P}_1$，$\boldsymbol{P}_2$，…，$\boldsymbol{P}_s$，使得 $\boldsymbol{P}_1\boldsymbol{P}_2\cdots\boldsymbol{P}_s\boldsymbol{A}=\boldsymbol{B}$，$\boldsymbol{B}$ 是一个阶梯形的矩阵.

如果再对 $\boldsymbol{B}$ 作初等列变换，即有 $\boldsymbol{Q}_1$，$\boldsymbol{Q}_2$，…，$\boldsymbol{Q}_t$，使得

$$\boldsymbol{BQ}_1\boldsymbol{Q}_2\cdots\boldsymbol{Q}_t=\begin{pmatrix}\boldsymbol{E}_r & \boldsymbol{O}\\ \boldsymbol{O} & \boldsymbol{O}\end{pmatrix}.$$

$\boldsymbol{A}$ 的秩为 r，即

$$\boldsymbol{P}_1\boldsymbol{P}_2\cdots\boldsymbol{P}_s\boldsymbol{AQ}_1\boldsymbol{Q}_2\cdots\boldsymbol{Q}_t=\begin{pmatrix}\boldsymbol{E}_r & \boldsymbol{O}\\ \boldsymbol{O} & \boldsymbol{O}\end{pmatrix},$$

或者简单地写成

$$\boldsymbol{PAQ}=\begin{pmatrix}\boldsymbol{E}_r & \boldsymbol{O}\\ \boldsymbol{O} & \boldsymbol{O}\end{pmatrix},$$

其中 $\begin{pmatrix}\boldsymbol{E}_r & \boldsymbol{O}\\ \boldsymbol{O} & \boldsymbol{O}\end{pmatrix}$ 称为矩阵 $\boldsymbol{A}$ 的等价标准形，怎么样求 $\boldsymbol{P}$，$\boldsymbol{Q}$ 呢？可以用下面的方法：

对矩阵$(A\quad E)$作初等行变换：

$$(A\quad E)\to(B\quad P);$$

同样地，对$\begin{pmatrix}B\\E\end{pmatrix}$作初等列变换：

$$\begin{pmatrix}B\\E\end{pmatrix}\to\begin{pmatrix}\begin{pmatrix}E_r & O\\O & O\end{pmatrix}\\Q\end{pmatrix}.$$

例 5.6　设矩阵

$$A=\begin{pmatrix}1 & 2 & 1 & 1\\1 & -1 & 0 & 0\\1 & 0 & -1 & 1\end{pmatrix},$$

把A化为等价标准形，并求所用的矩阵P，Q.

解　作初等行变换

$$(A\quad E)=\begin{pmatrix}1 & 2 & 1 & 1 & 1 & 0 & 0\\1 & -1 & 0 & 0 & 0 & 1 & 0\\1 & 0 & -1 & 1 & 0 & 0 & 1\end{pmatrix}$$

$$\to\begin{pmatrix}1 & 0 & 0 & \frac{1}{2} & \frac{1}{4} & \frac{1}{2} & \frac{1}{4}\\0 & 1 & 0 & \frac{1}{2} & \frac{1}{4} & -\frac{1}{2} & \frac{1}{4}\\0 & 0 & 1 & -\frac{1}{2} & \frac{1}{4} & \frac{1}{2} & -\frac{3}{4}\end{pmatrix},$$

即A化为行标准形

$$B=\begin{pmatrix}1 & 0 & 0 & \frac{1}{2}\\0 & 1 & 0 & \frac{1}{2}\\0 & 0 & 1 & -\frac{1}{2}\end{pmatrix},$$

所用矩阵

$$P=\frac{1}{4}\begin{pmatrix}1 & 2 & 1\\1 & -2 & 1\\1 & 2 & -3\end{pmatrix}.$$

再对B作初等列变换，化为标准形

$$\begin{pmatrix} B \\ E \end{pmatrix} = \begin{pmatrix} 1 & 0 & 0 & \frac{1}{2} \\ 0 & 1 & 0 & \frac{1}{2} \\ 0 & 0 & 1 & -\frac{1}{2} \\ 1 & 0 & 0 & 0 \\ 0 & 1 & 0 & 0 \\ 0 & 0 & 1 & 0 \\ 0 & 0 & 0 & 1 \end{pmatrix} \to \begin{pmatrix} 1 & 0 & 0 & 0 \\ 0 & 1 & 0 & 0 \\ 0 & 0 & 1 & 0 \\ 1 & 0 & 0 & -\frac{1}{2} \\ 0 & 1 & 0 & -\frac{1}{2} \\ 0 & 0 & 1 & \frac{1}{2} \\ 0 & 0 & 0 & 1 \end{pmatrix},$$

所用矩阵

$$Q = \begin{pmatrix} 1 & 0 & 0 & -\frac{1}{2} \\ 0 & 1 & 0 & -\frac{1}{2} \\ 0 & 0 & 1 & \frac{1}{2} \\ 0 & 0 & 0 & 1 \end{pmatrix},$$

由此得到

$$PAQ = (E_3 \quad O).$$

下面讨论矩阵的满秩分解.

定义 5.3 设 $A \in \mathbf{C}_r^{m\times n}$，如果存在 $F \in \mathbf{C}_r^{m\times r}$，$G \in \mathbf{C}_r^{r\times n}$，使得 $A = FG$，则称为矩阵 A 的满秩分解.

定理 5.3 设 $A \in \mathbf{C}_r^{m\times n}$，则 A 的满秩分解总是存在的.

证明 当 $r = m$ 时，$A = EA$，当 $r = n$ 时，$A = AE_n$ 是 A 的满秩分解.

当 $r<m$，$r<n$ 时，

$$PAQ = \begin{pmatrix} E_r & O \\ O & O \end{pmatrix},$$

$$\begin{aligned} A &= P^{-1}\begin{pmatrix} E_r & O \\ O & O \end{pmatrix} Q^{-1} = P^{-1}\begin{pmatrix} E_r \\ O \end{pmatrix}(E_r \quad O)Q^{-1} \\ &= F \cdot G, \end{aligned}$$

其中

$$F = P^{-1}\begin{pmatrix} E_r \\ O \end{pmatrix} \in \mathbf{C}_r^{m\times r},\ G = (E_r \quad O)Q^{-1} \in \mathbf{C}_r^{r\times n}.$$

这个证明过程也是求解方法.

例 5.7 求矩阵

$$A = \begin{pmatrix} 2 & 4 & 1 & 1 \\ 1 & 2 & -1 & 2 \\ -1 & -2 & -2 & 1 \end{pmatrix}$$

的满秩分解.

解　由初等行变换

$$(\boldsymbol{A}\quad \boldsymbol{E})\to(\boldsymbol{B}\quad \boldsymbol{P})$$

得

$$\boldsymbol{B}=\begin{pmatrix}1&2&0&1\\0&0&1&-1\\0&0&0&0\end{pmatrix},\ \boldsymbol{P}=\frac{1}{3}\begin{pmatrix}1&1&0\\1&-2&0\\3&-3&3\end{pmatrix}.$$

再由初等列变换

$$\begin{pmatrix}\boldsymbol{B}\\\boldsymbol{E}\end{pmatrix}\to\begin{pmatrix}\begin{pmatrix}\boldsymbol{E}_r&\boldsymbol{O}\\\boldsymbol{O}&\boldsymbol{O}\end{pmatrix}\\\boldsymbol{Q}\end{pmatrix}$$

得

$$\boldsymbol{Q}=\begin{pmatrix}1&0&-2&-1\\0&0&1&0\\0&1&0&1\\0&0&0&1\end{pmatrix}.$$

再计算

$$\boldsymbol{P}^{-1}=\begin{pmatrix}2&1&0\\1&-1&0\\-1&-2&1\end{pmatrix},\ \boldsymbol{Q}^{-1}=\begin{pmatrix}1&2&0&1\\0&0&1&-1\\0&1&0&0\\0&0&0&1\end{pmatrix}.$$

取 $\boldsymbol{P}^{-1}$ 的前面两列、$\boldsymbol{Q}^{-1}$ 的前面两行即得 $\boldsymbol{F}$, $\boldsymbol{G}$, $\boldsymbol{A}$ 的满秩分解为

$$\boldsymbol{A}=\begin{pmatrix}2&1\\1&-1\\-1&-2\end{pmatrix}\begin{pmatrix}1&2&0&1\\0&0&1&-1\end{pmatrix}.$$

习题 5.3

求下列矩阵的标准形和所用的变换矩阵 $\boldsymbol{P}$, 并求满秩分解：

(1) $\boldsymbol{A}=\begin{pmatrix}1&2&3&0\\0&2&1&-1\\-2&4&-2&-4\end{pmatrix}$;　(2) $\boldsymbol{A}=\begin{pmatrix}1&-1&1&1\\-1&1&-1&-1\\-1&-1&1&1\\1&1&-1&-1\end{pmatrix}$;

(3) $\boldsymbol{A}=\begin{pmatrix}1&2&3&6\\2&4&6&12\\1&2&3&6\\2&4&6&12\end{pmatrix}$.

5.4　舒尔定理与矩阵的 *QR* 分解

舒尔(Schur)定理在理论上很重要，它是很多重要定理的出发点. 而矩阵的 ***QR*** 分解在数值化代数中起着重要的作用，是计算矩阵特征值以及求解线性方程组的重要工具.

定理 5.4 （舒尔定理）若 $\boldsymbol{A}\in\mathbf{C}^{n\times n}$，则存在酉矩阵 $\boldsymbol{U}$，使得

$$\boldsymbol{U}^{\mathrm{H}}\boldsymbol{A}\boldsymbol{U}=\boldsymbol{T}.$$

这里 $\boldsymbol{T}$ 是上三角形矩阵，$\boldsymbol{T}$ 的对角线上的元素都是 $\boldsymbol{A}$ 的特征值.

证明 设 $\boldsymbol{A}$ 的一个特征值是 λ_1，$\boldsymbol{\varepsilon}_1$ 是 $\boldsymbol{A}$ 的属于 λ_1 的单位特征向量，把 $\boldsymbol{\varepsilon}_1$ 扩充成 $\mathbf{C}^n$ 的一个标准正交基

$$\boldsymbol{\varepsilon}_1,\ \boldsymbol{\varepsilon}_2,\ \cdots,\ \boldsymbol{\varepsilon}_n,$$

以这个基底向量做成一个矩阵

$$\boldsymbol{U}_1=(\boldsymbol{\varepsilon}_1,\ \boldsymbol{\varepsilon}_2,\ \cdots,\ \boldsymbol{\varepsilon}_n),$$

则 $\boldsymbol{U}_1$ 是酉矩阵，

$$\boldsymbol{A}\boldsymbol{U}_1=(\boldsymbol{A}\boldsymbol{\varepsilon}_1,\ \boldsymbol{A}\boldsymbol{\varepsilon}_2,\ \cdots,\ \boldsymbol{A}\boldsymbol{\varepsilon}_n)=(\lambda_1\boldsymbol{\varepsilon}_1,\ \boldsymbol{A}\boldsymbol{\varepsilon}_2,\ \cdots,\ \boldsymbol{A}\boldsymbol{\varepsilon}_n),$$

$$\boldsymbol{U}_1^{\mathrm{H}}\boldsymbol{A}\boldsymbol{U}_1=\begin{pmatrix}\bar{\boldsymbol{\varepsilon}}_1^{\mathrm{T}}\\ \vdots\\ \bar{\boldsymbol{\varepsilon}}_n^{\mathrm{T}}\end{pmatrix}(\lambda_1\boldsymbol{\varepsilon}_1,\ \cdots,\ \boldsymbol{A}\boldsymbol{\varepsilon}_n)=\begin{pmatrix}\lambda_1 & *\\ 0 & \boldsymbol{A}_1\end{pmatrix}.$$

经过酉变换不改变 $\boldsymbol{A}$ 的特征值，则 $\boldsymbol{A}_1$ 的特征值也是 $\boldsymbol{A}$ 的特征值. 设 $\boldsymbol{A}_1$ 的一个特征值为 λ_2，用同样的方法，存在酉矩阵 $\boldsymbol{V}_2$，使得

$$\boldsymbol{V}_2^{\mathrm{H}}\boldsymbol{A}_1\boldsymbol{V}_2=\begin{pmatrix}\lambda_2 & *\\ 0 & \boldsymbol{A}_2\end{pmatrix}.$$

令

$$\boldsymbol{U}_2=\begin{pmatrix}1 & 0\\ 0 & \boldsymbol{V}_2\end{pmatrix},$$

则

$$\boldsymbol{U}_2^{\mathrm{H}}\boldsymbol{U}_1^{\mathrm{H}}\boldsymbol{A}\boldsymbol{U}_1\boldsymbol{U}_2=\begin{pmatrix}\lambda_1 & * & *\\ 0 & \lambda_2 & *\\ 0 & 0 & \boldsymbol{A}_2\end{pmatrix}.$$

继续这种做法，得到一系列的 n 阶酉矩阵

$$\boldsymbol{U}_3,\ \boldsymbol{U}_4,\ \cdots,\ \boldsymbol{U}_{n-1}.$$

最后，令

$$\boldsymbol{U}=\boldsymbol{U}_1\boldsymbol{U}_2\cdots\boldsymbol{U}_{n-1},$$

则

$$\boldsymbol{U}^{\mathrm{H}}\boldsymbol{A}\boldsymbol{U}=\boldsymbol{T}.$$

$\boldsymbol{T}$ 为上三角形矩阵.

下面用舒尔定理证明一个重要的结论.

例 5.8 设 $\boldsymbol{A}\in\mathbf{C}^{n\times n}$，则有可逆矩阵 $\boldsymbol{P}$，使得

$$\boldsymbol{P}^{-1}\boldsymbol{A}\boldsymbol{P}=\begin{pmatrix}\lambda_1 & b_{12} & \cdots & b_{1n}\\ 0 & \lambda_2 & \cdots & b_{2n}\\ \vdots & & \ddots & \\ 0 & & & \lambda_n\end{pmatrix},$$

而且 $\sum|b_{ij}|<\varepsilon$，其中 ε 是任意的正数. 即 $\boldsymbol{A}$ 可以化为一个上三角形矩阵，对角线元素为 $\boldsymbol{A}$

的特征值，其他的元素的模加起来可以任意小.

证明　由舒尔定理，存在酉矩阵 $\boldsymbol{U}$，使得

$$\boldsymbol{U}^{-1}\boldsymbol{A}\boldsymbol{U}=\begin{pmatrix}\lambda_1 & a_{12} & \cdots & a_{1n}\\ & \lambda_2 & \cdots & a_{2n}\\ & & \ddots & \\ & & & \lambda_n\end{pmatrix}.$$

令

$$\boldsymbol{F}=\mathrm{diag}(r,\ r^2,\ \cdots,\ r^n),\ r\neq 0,$$

则

$$\boldsymbol{F}^{-1}\boldsymbol{U}^{-1}\boldsymbol{A}\boldsymbol{U}\boldsymbol{F}=\begin{pmatrix}\lambda_1 & ra_{12} & r^2a_{13} & \cdots & r^{n-1}a_{1n}\\ & \lambda_2 & ra_{22} & \cdots & r^{n-2}a_{2n}\\ & & \ddots & & \vdots\\ & & & & \lambda_n\end{pmatrix}$$

$$=\begin{pmatrix}\lambda_1 & b_{12} & \cdots & b_{1n}\\ & \lambda_2 & \cdots & b_{2n}\\ & & \ddots & \\ & & & \lambda_n\end{pmatrix}.$$

$\sum |b_{ij}|$ 前面有一个因子 r，对任意一个取定的 ε，可以选择足够小的 r，使得 $\sum |b_{ij}|<\varepsilon$.

下面讨论矩阵的 $\boldsymbol{QR}$ 分解.

定理 5.5　（$\boldsymbol{QR}$ 分解定理）设 $\boldsymbol{A}$ 为 n 阶复矩阵，则存在酉矩阵 $\boldsymbol{Q}$ 及上三角矩阵 $\boldsymbol{R}$，使得

$$\boldsymbol{A}=\boldsymbol{QR}.$$

证明　把矩阵 $\boldsymbol{A}$ 写成列向量的形式

$$\boldsymbol{A}=(\boldsymbol{\alpha}_1,\ \boldsymbol{\alpha}_2,\ \cdots,\ \boldsymbol{\alpha}_n).$$

先假设 $\boldsymbol{A}$ 是可逆的，则 $\boldsymbol{\alpha}_1,\boldsymbol{\alpha}_2,\cdots,\boldsymbol{\alpha}_n$ 是线性无关的，用施密特正交化的方法，把 $\boldsymbol{\alpha}_1$，$\boldsymbol{\alpha}_2$，$\cdots$，$\boldsymbol{\alpha}_n$ 正交化：

$$\begin{cases}\boldsymbol{\beta}_1=\boldsymbol{\alpha}_1,\\ \boldsymbol{\beta}_2=\boldsymbol{\alpha}_2-k_{21}\boldsymbol{\beta}_1,\\ \boldsymbol{\beta}_3=\boldsymbol{\alpha}_3-k_{31}\boldsymbol{\beta}_1-k_{32}\boldsymbol{\beta}_2,\\ \quad\vdots\\ \boldsymbol{\beta}_n=\boldsymbol{\alpha}_n-k_{n1}\boldsymbol{\beta}_1-\cdots-k_{n,\ n-1}\boldsymbol{\beta}_{n-1}.\end{cases}$$

把上面的式子换个写法：

$$\begin{cases}\boldsymbol{\alpha}_1=\boldsymbol{\beta}_1,\\ \boldsymbol{\alpha}_2=k_{21}\boldsymbol{\beta}_1+\boldsymbol{\beta}_2,\\ \quad\vdots\\ \boldsymbol{\alpha}_n=k_{n1}\boldsymbol{\beta}_1+k_{n2}\boldsymbol{\beta}_2+\cdots+\boldsymbol{\beta}_n.\end{cases}$$

把这个式子写成矩阵的形式：

$$(\boldsymbol{\alpha}_1, \boldsymbol{\alpha}_2, \cdots, \boldsymbol{\alpha}_n) = (\boldsymbol{\beta}_1, \boldsymbol{\beta}_2, \cdots, \boldsymbol{\beta}_n)\begin{pmatrix} 1 & k_{21} & k_{31} & \cdots & k_{n1} \\ 0 & 1 & k_{32} & \cdots & k_{n2} \\ 0 & 0 & 1 & \cdots & k_{n3} \\ \vdots & \vdots & \vdots & & \vdots \\ 0 & 0 & 0 & \cdots & 1 \end{pmatrix}.$$

这就是一个分解，只是$(\boldsymbol{\beta}_1, \cdots, \boldsymbol{\beta}_n)$不是酉矩阵，而右边第二个矩阵是上三角矩阵. 为了让第一个矩阵是酉矩阵，需要把$\boldsymbol{\beta}_1, \cdots, \boldsymbol{\beta}_n$ 单位化，得

$$\boldsymbol{\gamma}_1 = \frac{\boldsymbol{\beta}_1}{|\boldsymbol{\beta}_1|}, \ \boldsymbol{\gamma}_2 = \frac{\boldsymbol{\beta}_2}{|\boldsymbol{\beta}_2|}, \ \cdots, \ \boldsymbol{\gamma}_n = \frac{\boldsymbol{\beta}_n}{|\boldsymbol{\beta}_n|},$$

即把

$$\boldsymbol{\beta}_1 = |\boldsymbol{\beta}_1|\boldsymbol{\gamma}_1, \ \cdots, \ \boldsymbol{\beta}_n = |\boldsymbol{\beta}_n|\boldsymbol{\gamma}_n,$$

代入，则

$$\begin{cases} \boldsymbol{\alpha}_1 = |\boldsymbol{\beta}_1|\boldsymbol{\gamma}_1, \\ \boldsymbol{\alpha}_2 = k_{21}|\boldsymbol{\beta}_1|\boldsymbol{\gamma}_1 + |\boldsymbol{\beta}_2|\boldsymbol{\gamma}_2, \\ \vdots \\ \boldsymbol{\alpha}_n = k_{n1}|\boldsymbol{\beta}_1|\boldsymbol{\gamma}_1 + \cdots + |\boldsymbol{\beta}_n|\boldsymbol{\gamma}_n. \end{cases}$$

再写成矩阵的形式

$$(\boldsymbol{\alpha}_1, \boldsymbol{\alpha}_2, \cdots, \boldsymbol{\alpha}_n) = (\boldsymbol{\gamma}_1, \boldsymbol{\gamma}_2, \cdots, \boldsymbol{\gamma}_n)\begin{pmatrix} |\boldsymbol{\beta}_1| & k_{21}|\boldsymbol{\beta}_1| & \cdots & k_{n1}|\boldsymbol{\beta}_1| \\ 0 & |\boldsymbol{\beta}_2| & \cdots & k_{n_2}|\boldsymbol{\beta}_2| \\ 0 & 0 & \cdots & k_{n3}|\boldsymbol{\beta}_3| \\ \vdots & \vdots & & \vdots \\ 0 & 0 & \cdots & |\boldsymbol{\beta}_n| \end{pmatrix}.$$

这时右边第一个矩阵是酉矩阵，记为$\boldsymbol{Q}$，第二个矩阵是上三角矩阵，记为$\boldsymbol{R}$，即

$$\boldsymbol{A} = \boldsymbol{QR}.$$

上面的讨论中假设了$\boldsymbol{A}$可逆，如果$\boldsymbol{A}$不可逆，则$\boldsymbol{\alpha}_1, \cdots, \boldsymbol{\alpha}_n$ 线性相关，用施密特正交化的时候，可能某些$\boldsymbol{\beta}_i$会变成零，这时需要修改表达式，把零的地方填上单位向量，使得整个向量组是标准正交基. 这时影响的只是右边第二个矩阵的元素，不影响这个矩阵的上三角形形状，矩阵还可以作$\boldsymbol{QR}$分解.

例 5.9 求矩阵

$$\boldsymbol{A} = \begin{pmatrix} 0 & 3 & 1 \\ 0 & 4 & -2 \\ 2 & 1 & 2 \end{pmatrix}$$

的$\boldsymbol{QR}$分解.

解

$$\boldsymbol{\alpha}_1 = \begin{pmatrix} 0 \\ 0 \\ 2 \end{pmatrix}, \ \boldsymbol{\alpha}_2 = \begin{pmatrix} 3 \\ 4 \\ 1 \end{pmatrix}, \ \boldsymbol{\alpha}_3 = \begin{pmatrix} 1 \\ -2 \\ 2 \end{pmatrix},$$

由施密特正交化方法：

$$\boldsymbol{\beta}_1 = \boldsymbol{\alpha}_1, \ \boldsymbol{\beta}_2 = \boldsymbol{\alpha}_2 - \frac{1}{2}\boldsymbol{\beta}_1, \ \boldsymbol{\beta}_3 = \boldsymbol{\alpha}_3 - \boldsymbol{\beta}_1 + \frac{1}{5}\boldsymbol{\beta}_2,$$

$$\boldsymbol{\gamma}_1=\frac{1}{2}\boldsymbol{\beta}_1=\begin{pmatrix}0\\0\\1\end{pmatrix},\ \boldsymbol{\gamma}_2=\frac{1}{5}\boldsymbol{\beta}_2=\frac{1}{5}\begin{pmatrix}3\\4\\0\end{pmatrix},\ \boldsymbol{\gamma}_3=\frac{1}{2}\boldsymbol{\beta}_3=\frac{1}{5}\begin{pmatrix}4\\-3\\0\end{pmatrix},$$

$$\begin{cases}\boldsymbol{\alpha}_1=2\boldsymbol{\gamma}_1,\\ \boldsymbol{\alpha}_2=\boldsymbol{\gamma}_1+5\boldsymbol{\gamma}_2,\\ \boldsymbol{\alpha}_3=2\boldsymbol{\gamma}_1-\boldsymbol{\gamma}_2+2\boldsymbol{\gamma}_3,\end{cases}$$

故

$$\boldsymbol{A}=\boldsymbol{QR}=\frac{1}{5}\begin{pmatrix}0&3&4\\0&4&-3\\5&0&0\end{pmatrix}\begin{pmatrix}2&1&2\\0&5&-1\\0&0&2\end{pmatrix}.$$

$\boldsymbol{QR}$ 分解有许多应用，如线性方程组 $\boldsymbol{Ax}=\boldsymbol{b}$，$\boldsymbol{A}\in\mathbf{C}_r^{n\times n}$，则 $\boldsymbol{QRx}=\boldsymbol{b}$，$\boldsymbol{Rx}=\boldsymbol{Q}^{\mathrm{H}}\boldsymbol{b}$.

通过回代即可求出 $\boldsymbol{x}$，由于 $\boldsymbol{Q}^{\mathrm{H}}$ 是酉矩阵，它不改变向量 $\boldsymbol{b}$ 的 2 范数，故可抑制计算过程的误差积累，所以 $\boldsymbol{QR}$ 分解是数值计算中常用的工具之一.

习题 5.4

1. 求矩阵

$$\boldsymbol{A}=\begin{pmatrix}2&2&1\\0&2&2\\2&1&2\end{pmatrix}$$

的 $\boldsymbol{QR}$ 分解.

2. 求矩阵

$$\boldsymbol{A}=\begin{pmatrix}-1&\mathrm{i}&0\\-\mathrm{i}&0&-\mathrm{i}\\0&\mathrm{i}&-1\end{pmatrix}$$

的 $\boldsymbol{QR}$ 分解.

3. 求矩阵

$$\boldsymbol{A}=\begin{pmatrix}1&0&2\\2&0&4\\1&1&0\end{pmatrix},$$

的 $\boldsymbol{QR}$ 分解.

5.5　矩阵的奇异值分解

矩阵的奇异值分解在讨论最小二乘问题和广义逆矩阵计算及很多应用领域有着关键作用.

如果矩阵 $\boldsymbol{A}$，$\boldsymbol{B}\in\mathbf{C}^{m\times n}$，存在 m 阶酉矩阵 $\boldsymbol{P}$ 和 n 阶酉矩阵 $\boldsymbol{Q}$，使得 $\boldsymbol{PAQ}=\boldsymbol{B}$，则称 $\boldsymbol{A}$，$\boldsymbol{B}$ 是酉等价的. 奇异值分解就是矩阵在酉等价下的一种标准形.

定义 5.4　设

$$\boldsymbol{A}\in\mathbf{C}_r^{m\times n}\quad(r>0),$$

$\boldsymbol{A}^{\mathrm{H}}\boldsymbol{A}$ 的特征值为

$$\lambda_1 \geqslant \lambda_2 \geqslant \cdots > \lambda_{r+1} = \cdots = \lambda_n = 0,$$

则称 $d_i = \sqrt{\lambda_i}\,(i=1, 2, \cdots, n)$ 为 $\boldsymbol{A}$ 的奇异值.

可以证明，酉等价的矩阵有相同的奇异值.

事实上，设 $\boldsymbol{A}, \boldsymbol{B} \in \mathbf{C}^{n\times n}$ 具有酉矩阵 $\boldsymbol{P}, \boldsymbol{Q}$，使得

$$\boldsymbol{PAQ} = \boldsymbol{B},$$

则

$$\boldsymbol{B}^{\mathrm{H}}\boldsymbol{B} = (\boldsymbol{PAQ})^{\mathrm{H}}\boldsymbol{PAQ} = \boldsymbol{Q}^{\mathrm{H}}\boldsymbol{A}^{\mathrm{H}}\boldsymbol{AQ},$$

即 $\boldsymbol{B}^{\mathrm{H}}\boldsymbol{B}$ 与 $\boldsymbol{A}^{\mathrm{H}}\boldsymbol{A}$ 相似，从而有相同的特征值，$\boldsymbol{A}, \boldsymbol{B}$ 有相同的奇异值.

下面给出本节的主要定理：

定理 5.6 设 $\boldsymbol{A} \in \mathbf{C}_r^{m\times n}$，则存在酉矩阵 $\boldsymbol{P}, \boldsymbol{Q}$，使得

$$\boldsymbol{P}^{\mathrm{H}}\boldsymbol{AQ} = \begin{pmatrix} \boldsymbol{D} & \boldsymbol{O} \\ \boldsymbol{O} & \boldsymbol{O} \end{pmatrix}.$$

这里

$$\boldsymbol{D} = \operatorname{diag}(d_1, d_2, \cdots, d_r),$$

且

$$d_1 \geqslant d_2 \geqslant \cdots \geqslant d_r > 0$$

为 $\boldsymbol{A}$ 的奇异值，而

$$\boldsymbol{A} = \boldsymbol{P}\begin{pmatrix} \boldsymbol{D} & \boldsymbol{O} \\ \boldsymbol{O} & \boldsymbol{O} \end{pmatrix}\boldsymbol{Q}^{\mathrm{H}}$$

称为 $\boldsymbol{A}$ 的奇异值分解.

证明 因为 $\boldsymbol{A}^{\mathrm{H}}\boldsymbol{A}$ 是厄米特矩阵，也是正规矩阵，故存在矩阵 $\boldsymbol{Q}$，使得

$$\boldsymbol{Q}^{\mathrm{H}}\boldsymbol{A}^{\mathrm{H}}\boldsymbol{AQ} = \begin{pmatrix} \boldsymbol{D}^2 & \boldsymbol{O} \\ \boldsymbol{O} & \boldsymbol{O} \end{pmatrix} = \begin{pmatrix} d_1^2 & & & & & \\ & d_2^2 & & & & \\ & & \ddots & & & \\ & & & d_r^2 & & \\ & & & & \ddots & \\ & & & & & 0 \end{pmatrix}.$$

将 $\boldsymbol{Q}$ 分块为

$$\boldsymbol{Q} = (\boldsymbol{Q}_1, \boldsymbol{Q}_2),\ \boldsymbol{Q}_1 \in \mathbf{C}^{n\times r},$$

而

$$\begin{aligned} \boldsymbol{Q}^{\mathrm{H}}\boldsymbol{A}^{\mathrm{H}}\boldsymbol{AQ} &= \begin{pmatrix} \boldsymbol{Q}_1^{\mathrm{H}} \\ \boldsymbol{Q}_2^{\mathrm{H}} \end{pmatrix}\boldsymbol{A}^{\mathrm{H}}\boldsymbol{A}(\boldsymbol{Q}_1, \boldsymbol{Q}_2) \\ &= \begin{pmatrix} \boldsymbol{Q}_1\boldsymbol{A}^{\mathrm{H}}\boldsymbol{AQ}_1 & \boldsymbol{Q}_1^{\mathrm{H}}\boldsymbol{A}^{\mathrm{H}}\boldsymbol{AQ}_2 \\ \boldsymbol{Q}_2^{\mathrm{H}}\boldsymbol{A}^{\mathrm{H}}\boldsymbol{AQ}_1 & \boldsymbol{Q}_2^{\mathrm{H}}\boldsymbol{A}^{\mathrm{H}}\boldsymbol{AQ}_2 \end{pmatrix} = \begin{pmatrix} \boldsymbol{D}^2 & \boldsymbol{O} \\ \boldsymbol{O} & \boldsymbol{O} \end{pmatrix}, \end{aligned}$$

得

$$\boldsymbol{Q}_1^{\mathrm{H}}\boldsymbol{A}^{\mathrm{H}}\boldsymbol{AQ}_1 = \boldsymbol{D}^2,$$

$$\boldsymbol{Q}_1^{\mathrm{H}}\boldsymbol{A}^{\mathrm{H}}\boldsymbol{AQ}_2 = \boldsymbol{Q}_2^{\mathrm{H}}\boldsymbol{A}^{\mathrm{H}}\boldsymbol{AQ}_1 = 0,$$

$$\boldsymbol{Q}_2^{\mathrm{H}}\boldsymbol{A}^{\mathrm{H}}\boldsymbol{AQ}_2 = 0.$$

由

$$Q_2^{\mathrm{H}}A^{\mathrm{H}}AQ_2=(AQ_2)^{\mathrm{H}}AQ_2=0,$$

得

$$AQ_2=0.$$

记

$$P_1=AQ_1D^{-1},$$

则

$$D^{-1}Q_1^{\mathrm{H}}A^{\mathrm{H}}AQ_1D^{-1}=E_r,\ P_1^{\mathrm{H}}P_1=E_r,$$

即 P_1 的 r 个列是两两正交的单位向量，取 $P_2\in\mathbf{C}^{m\times(m-r)}$，使得 $P=(P_1\quad P_2)$ 为 m 阶的酉矩阵，即

$$P_2^{\mathrm{H}}P_1=0,\ P_2^{\mathrm{H}}P_2=E_{m-r},$$

则

$$\begin{aligned}P^{\mathrm{H}}AQ&=\begin{pmatrix}P_1^{\mathrm{H}}\\P_2^{\mathrm{H}}\end{pmatrix}A(Q_1\quad Q_2)\\&=\begin{pmatrix}P_1^{\mathrm{H}}AQ_1&P_1^{\mathrm{H}}AQ_2\\P_2^{\mathrm{H}}AQ_1&P_2^{\mathrm{H}}AQ_2\end{pmatrix}=\begin{pmatrix}P_1^{\mathrm{H}}AQ_1&O\\P_2^{\mathrm{H}}AQ_1&O\end{pmatrix}(AQ_2=0)\\&=\begin{pmatrix}P_1^{\mathrm{H}}P_1D&O\\P_2^{\mathrm{H}}P_1D&O\end{pmatrix}(AQ_1=P_1D)=\begin{pmatrix}D&O\\O&O\end{pmatrix}.\end{aligned}$$

例 5.10　求矩阵

$$A=\begin{pmatrix}1&0&1\\0&1&1\\0&0&0\end{pmatrix}$$

的奇异值分解.

解　可求得

$$A^{\mathrm{T}}A=\begin{pmatrix}1&0&1\\0&1&1\\1&1&2\end{pmatrix},$$

特征值为

$$d_1=3,\ d_2=1,\ d_3=0.$$

特征向量

$$P_1=\begin{pmatrix}1\\1\\2\end{pmatrix},\ P_2=\begin{pmatrix}-1\\1\\0\end{pmatrix},\ P_3=\begin{pmatrix}-1\\-1\\1\end{pmatrix},$$

故正交矩阵

$$Q=\frac{1}{\sqrt{6}}\begin{pmatrix}1&-\sqrt{3}&-\sqrt{2}\\1&\sqrt{3}&-\sqrt{2}\\2&0&\sqrt{2}\end{pmatrix},$$

使得

$$Q^{T}A^{T}AQ=\begin{pmatrix}3 & & \\ & 1 & \\ & & 0\end{pmatrix}.$$

计算

$$P_1=AQ_1D^{-1}=\begin{pmatrix}1 & 0 & 1\\ 0 & 1 & 1\\ 0 & 0 & 0\end{pmatrix}\frac{1}{\sqrt{6}}\begin{pmatrix}1 & -\sqrt{3}\\ 1 & \sqrt{3}\\ 2 & 0\end{pmatrix}\begin{pmatrix}\frac{1}{\sqrt{3}} & 0\\ 0 & 1\end{pmatrix}$$

$$=\frac{1}{\sqrt{2}}\begin{pmatrix}1 & -1\\ 1 & 1\\ 0 & 0\end{pmatrix}.$$

取

$$P_2=(0,\ 0,\ 1)^{T},$$

则

$$P=(P_1,\ P_2)$$

是酉矩阵，故 A 的奇异值分解为

$$A=\frac{1}{\sqrt{2}}\begin{pmatrix}1 & -1 & 0\\ 1 & 1 & 0\\ 0 & 0 & \sqrt{2}\end{pmatrix}\begin{pmatrix}\sqrt{3} & & \\ & 1 & \\ & & 0\end{pmatrix}\frac{1}{\sqrt{6}}\begin{pmatrix}1 & 1 & 2\\ -\sqrt{3} & \sqrt{3} & 0\\ -\sqrt{2} & -\sqrt{2} & \sqrt{2}\end{pmatrix}.$$

矩阵奇异值分解的进一步讨论：

设 A 是一个方阵，并且可以对角化，可以找到一个正交矩阵对角化，即有矩阵 P，使得

$$P^{T}AP=\Lambda \text{ 或者 } A=P\Lambda P^{T}.$$

再设

$$P=(P_1\ P_2\cdots P_n),\ \Lambda=\mathrm{diag}(\lambda_1,\ \cdots,\ \lambda_n)$$

则

$$\begin{aligned}A&=P\Lambda P^{T}\\ &=P_1\lambda_1P_1^{T}+P_2\lambda_2P_2^{T}+\cdots+P_n\lambda_nP_n^{T}.\end{aligned}$$

这样就可以把矩阵 A 分解成几个矩阵的和.

如果特征值的大小相差比较大，设

$$\lambda_1>\lambda_2>\cdots>\lambda_m\gg\lambda_{m+1}\cdots,$$

那么可以舍弃后面比较小的项，得

$$A=P_1\lambda_1P_1^{T}+P_2\lambda_2P_2{}^{T}\cdots+P_m\lambda_mP_m^{T}.$$

通过分解可以实现矩阵的简化，压缩、节省存储空间. 如果 A 是一个图像构成的矩阵，就可以减少存储空间.

但是，这里要求 A 是一个方阵，并且可以对角化. 这个要求太高了，很多图形都不是方形的，而是矩形的，所以奇异值分解矩阵就很重要了，因为，奇异性分解不要求矩阵是方阵.

设 $A\in \mathbf{C}_r^{m\times n}$，且有 $P^{H}AQ=\begin{pmatrix}D & 0\\ 0 & 0\end{pmatrix}$，则

$$A=P\begin{pmatrix}D&0\\0&0\end{pmatrix}Q^{\mathrm{H}},\ P=(p_1,\ p_2,\ \cdots,\ p_m),$$

$$Q=(q_1,\ q_2,\ \cdots,\ q_n),\ D=\mathrm{diag}(d_1,\ d_2,\ \cdots,\ d_r),$$

$$A=p_1d_1q_1^{\mathrm{H}}+p_2d_2q_2^{\mathrm{H}}+\cdots+p_rd_rq_r^{\mathrm{H}}.$$

如果奇异值 d_1，d_2，…，d_r 相差比较多，可以把数值相对比较小的次去掉，这样就可以实现矩阵的简化. 若 A 是图像对应的矩阵，则可以实现图像的压缩.

下面讨论奇异值的几何意义. 设 $A\in\mathbf{C}^{m\times n}$，不是方阵，$A^{\mathrm{H}}A$ 是方阵，而且是厄米特矩阵，所以 $A^{\mathrm{H}}A$ 的不同特征值对应的特征向量是互相正交的，$A^{\mathrm{H}}A$ 的特征值都是正实数.

设 $A^{\mathrm{H}}Ax_i=\lambda_ix_i$，这里 λ_i 是特征值，x_i 是对应的特征向量，两边乘以 x_i^{H}，则

$$x_i^{\mathrm{H}}A^{\mathrm{H}}Ax_i=\lambda_ix_i^{\mathrm{H}}x_i,$$

$$(Ax_i)^{\mathrm{H}}Ax_i=\lambda_ix_i^{\mathrm{H}}x_i,$$

$$|Ax_i|^2=\lambda_i|x_i|^2,$$

$$\sqrt{\lambda_i}=\frac{|Ax_i|}{|x_i|}.$$

Ax_i 是一个变换，把向量 x_i 变换成了 Ax_i. 可以看到，矩阵的奇异值是变换后向量的长度除以变换前向量的长度，是这个变换的伸缩系数. 当然，这里的向量不是任意的向量，而是 $A^{\mathrm{H}}A$ 的特征向量.

下面二维为例，讨论奇异值分解.

设 λ_1，λ_2 是 $A^{\mathrm{H}}A$ 的特征值，$\sigma_1=\sqrt{\lambda_1}$，$\sigma_2=\sqrt{\lambda_2}$ 是奇异值，v_1，v_2 是对应的单位特征向量. 因为 $A^{\mathrm{H}}A$ 是厄米特矩阵，所以 v_1，v_2 是正交的，即$(v_1,\ v_2)$是正交矩阵或者酉矩阵. 这里，

$$A^{\mathrm{H}}Av_1=\lambda_1v_1,\ A^{\mathrm{H}}Av_2=\lambda_2v_2,$$

$A^{\mathrm{H}}Av_1$ 与 v_1 平行，$A^{\mathrm{H}}Av_2$ 与 v_2 平行.

但是 Av_1，Av_2 一般不与 v_1，v_2 平行.

设

$$Av_1=\sigma_1u_1,\ Av_2=\sigma_2u_2.$$

这里 u_1，u_2 是单位向量.

$$|Av_1|=\sigma_1|v_1|=\sigma_1,\ |Av_2|=\sigma_2|v_2|=\sigma_2.$$

下面证明，Av_1，Av_2 也是正交的，即 u_1 与 u_2 也是正交的.

由 $Av_1=\sigma_1u_1$，$Av_2=\sigma_2u_2$，第二个式子取其共轭转置，然后与第一个式子相乘，得

$$v_2^{\mathrm{H}}A^{\mathrm{H}}Av_1=\sigma_1\sigma_2u_2^{\mathrm{H}}u_1,$$

而

$$v_2^{\mathrm{H}}A^{\mathrm{H}}Av_1=v_2^{\mathrm{H}}\lambda_1v_1=0,$$

所以

$$u_2^{\mathrm{H}}u_1=0.$$

即 u_1，u_2 是单位正交的，$U=(U_1\ U_2)$是正交矩阵或者酉矩阵.

任取一个向量 x，由于 v_1，v_2 可以当作基底，得

$$x=a_1v_1+a_2v_2.$$

两边乘 $\boldsymbol{v}_1^{\mathrm{H}}$，得

$$\boldsymbol{v}_1^{\mathrm{H}}\boldsymbol{x}=\boldsymbol{a}_1\boldsymbol{v}_1^{\mathrm{H}}\boldsymbol{v}_1+\boldsymbol{a}_2\boldsymbol{v}_1^{\mathrm{H}}\boldsymbol{v}_2,$$

$$\boldsymbol{v}_1^{\mathrm{H}}\boldsymbol{x}=\boldsymbol{a}_1.$$

类似地

$$\boldsymbol{a}_2=\boldsymbol{v}_2^{\mathrm{H}}\boldsymbol{x},$$

$$\boldsymbol{x}=(\boldsymbol{v}_1^{\mathrm{H}}\boldsymbol{x})\boldsymbol{v}_1+(\boldsymbol{v}_2^{\mathrm{H}}\boldsymbol{x})\boldsymbol{v}_2,$$

$$\begin{aligned}\boldsymbol{A}\boldsymbol{x}&=(\boldsymbol{v}_1^{\mathrm{H}}\boldsymbol{x})\boldsymbol{A}\boldsymbol{v}_1+(\boldsymbol{v}_2^{\mathrm{H}}\boldsymbol{x})\boldsymbol{A}\boldsymbol{v}_2\\&=(\boldsymbol{v}_1^{\mathrm{H}}\boldsymbol{x})\sigma_1\boldsymbol{u}_1+(\boldsymbol{v}_2^{\mathrm{H}}\boldsymbol{x})\sigma_2\boldsymbol{u}_2\\&=\boldsymbol{u}_1\sigma_1\boldsymbol{v}_1^{\mathrm{H}}\boldsymbol{x}+\boldsymbol{u}_2\sigma_2\boldsymbol{v}_2^{\mathrm{H}}\boldsymbol{x}\\&=(\boldsymbol{u}_1\sigma_1\boldsymbol{v}_1^{\mathrm{H}}+\boldsymbol{u}_2\sigma_2\boldsymbol{v}_2^{\mathrm{H}})\boldsymbol{x}.\end{aligned}$$

由此，得到矩阵 $\boldsymbol{A}$ 的奇异值分解

$$\boldsymbol{A}=\boldsymbol{u}_1\sigma_1\boldsymbol{v}_1^{\mathrm{H}}+\boldsymbol{u}_2\sigma_2\boldsymbol{v}_2^{\mathrm{H}}.$$

若设

$$\boldsymbol{U}=(\boldsymbol{u}_1\ \boldsymbol{u}_2),\ \boldsymbol{\Sigma}=\begin{pmatrix}\sigma_1&\\&\sigma_2\end{pmatrix},\ \boldsymbol{V}=(\boldsymbol{v}_1\ \boldsymbol{v}_2),$$

则 $\boldsymbol{A}=\boldsymbol{U}\boldsymbol{\Sigma}\boldsymbol{V}^{\mathrm{H}}$，并且 $\boldsymbol{U}$，$\boldsymbol{V}$ 是正交阵，这就是 $\boldsymbol{A}$ 的奇异值分解.

一般地，若 $\boldsymbol{A}\in\mathbf{C}^{m\times n}$，则 $\boldsymbol{A}^{\mathrm{H}}\boldsymbol{A}\in\mathbf{C}^{n\times n}$.

取 $\boldsymbol{A}^{\mathrm{H}}\boldsymbol{A}$ 的单位特征向量 $\boldsymbol{v}_1$，$\boldsymbol{v}_2$，…，$\boldsymbol{v}_n$，且

$$\boldsymbol{A}\boldsymbol{v}=\sigma_i\boldsymbol{u}_i,$$

$$\begin{aligned}\boldsymbol{A}&=\sum_i^n\boldsymbol{u}_i\sigma_i\boldsymbol{v}_i^{\mathrm{H}}=\boldsymbol{u}_1\sigma_1\boldsymbol{v}_1^{\mathrm{H}}+\cdots+\boldsymbol{u}_n\sigma_n\boldsymbol{v}_n^{\mathrm{H}}\\&=\boldsymbol{U}\sum\boldsymbol{V}^{\mathrm{H}}.\end{aligned}$$

下面看一个例子. 设 $\boldsymbol{A}$ 的奇异值分解为

$$\boldsymbol{A}=(\boldsymbol{u}_1\ \boldsymbol{u}_2)\begin{pmatrix}3&0\\0&1\end{pmatrix}\begin{pmatrix}\boldsymbol{v}_1^{\mathrm{H}}\\\boldsymbol{v}_2^{\mathrm{H}}\end{pmatrix}.$$

取一个向量

$$\boldsymbol{x}=x_1\boldsymbol{v}_1+x_2\boldsymbol{v}_2=(\boldsymbol{v}_1\ \boldsymbol{v}_2)\begin{pmatrix}x_1\\x_2\end{pmatrix},$$

并且设 $\boldsymbol{x}$ 在单位圆上，即

$$x_1^2+x_2^2=1.$$

变换

$$\begin{aligned}\boldsymbol{A}\boldsymbol{x}&=(\boldsymbol{u}_1\ \boldsymbol{u}_2)\begin{pmatrix}3&0\\0&1\end{pmatrix}\begin{pmatrix}\boldsymbol{v}_1^{\mathrm{H}}\\\boldsymbol{v}_2^{\mathrm{H}}\end{pmatrix}(\boldsymbol{v}_1\ \boldsymbol{v}_2)\begin{pmatrix}x_1\\x_2\end{pmatrix}\\&=3x_1\boldsymbol{u}_1+x_2\boldsymbol{u}_2\end{aligned}$$

设 $y_1=3x_1$，$y_2=x_2$，则

$$\frac{y_1^2}{9}+y_2^2=1.$$

即 $\boldsymbol{A}\boldsymbol{x}$ 在一个椭圆上.

习题 5.5

1. 求下列矩阵的奇异值分解：

(1) $A=\begin{pmatrix}1&0&0\\2&0&0\end{pmatrix}$；　(2) $A=\begin{pmatrix}1&0\\0&1\\1&1\end{pmatrix}$.

2. 设 $A\in \mathbf{C}_r^{m\times n}(r>0)$，$\sigma_i(i=1, 2, \cdots, r)$ 是 A 的非零奇异值，证明 $\|A\|_F^2=\sum_{i=1}^{r}\sigma_i^2$.

第六章　矩阵的函数

在线性代数里研究了矩阵的代数运算，但是在数学的许多分支和工程中，特别是涉及多元分析时，还要用到矩阵的分析运算. 本章将要讨论矩阵的导数和积分、矩阵的极限、矩阵的序列、矩阵的级数，然后介绍矩阵函数，最后讨论矩阵函数在解微分方程组中的应用.

6.1　矩阵的微分和积分

6.1.1　对一个变量的导数

在研究微分方程组时，为了简化对问题的表述及求解，需要考虑以函数为元素的矩阵的微分和积分.

定义 6.1　以变量 t 的函数为元素的矩阵 $\boldsymbol{A}(t)=(a_{ij}(t))_{m\times n}$ 称为函数矩阵，这里 $a_{ij}(t)$ 是 t 的函数. 当 $a_{ij}(t)$ 都可微时，规定 $\boldsymbol{A}(t)$ 的导数为

$$\boldsymbol{A}'(t)=(a_{ij}{}'(t))_{m\times n}\text{或}\frac{\mathrm{d}\boldsymbol{A}(t)}{\mathrm{d}t}=\left(\frac{\mathrm{d}}{\mathrm{d}t}a_{ij}(t)\right)_{m\times n},$$

而当 a_{ij} 在 $(a,\ b)$ 上可积时，规定 $\boldsymbol{A}$ 的积分为

$$\int_a^b \boldsymbol{A}(t)\,\mathrm{d}t=\left(\int_a^b a_{ij}(t)\,\mathrm{d}t\right)_{m\times n}.$$

例 6.1　求矩阵

$$\boldsymbol{A}=\begin{pmatrix}\sin t & t & 2t\\ \mathrm{e}^t & t^2 & t\\ 1 & 1 & t^3\end{pmatrix}$$

的导数.

解

$$\boldsymbol{A}'(t)=\begin{pmatrix}\cos t & 1 & 2\\ \mathrm{e}^t & 2t & 1\\ 0 & 0 & 3t^2\end{pmatrix}.$$

不难证明矩阵的如下求导法则：

设 $\boldsymbol{A}(t)$ 与 $\boldsymbol{B}(t)$ 是适当阶数的可微矩阵，$\lambda(t)$ 是可微函数.

(1) $(\boldsymbol{A}+\boldsymbol{B})'=\boldsymbol{A}'+\boldsymbol{B}'$；

(2) $(\lambda\boldsymbol{A})'=\lambda'\boldsymbol{A}+\lambda\boldsymbol{A}'$；

(3) $(\boldsymbol{A}\cdot\boldsymbol{B})'=\boldsymbol{A}'\boldsymbol{B}+\boldsymbol{A}\boldsymbol{B}'$；

(4) 当 $u=f(t)$ 关于 t 可微时,

$$\frac{\mathrm{d}\boldsymbol{A}(u)}{\mathrm{d}t}=\frac{\mathrm{d}\boldsymbol{A}(u)}{\mathrm{d}u}\cdot\frac{\mathrm{d}u}{\mathrm{d}t};$$

(5) 当 $\boldsymbol{A}^{-1}(t)$ 可微时,

$$(\boldsymbol{A}^{-1}(t))'=-\boldsymbol{A}^{-1}(t)\boldsymbol{A}'(t)\boldsymbol{A}^{-1}(t).$$

例 6.2 设

$$\boldsymbol{A}=\begin{pmatrix}2t & 1\\ t & t^2\end{pmatrix},$$

求 $\int_0^1\boldsymbol{A}(t)\,\mathrm{d}t$.

解
$$\int_0^1\boldsymbol{A}(t)\,\mathrm{d}t=\begin{pmatrix}1 & 1\\ \frac{1}{2} & \frac{1}{3}\end{pmatrix}.$$

6.1.2 对向量及矩阵的导数

定义 6.2 设 $f(\boldsymbol{X})$ 是以矩阵 $\boldsymbol{X}=(x_{ij})_{m\times n}$ 的元素为变量的 mn 元函数, 且函数的偏导数都存在, 规定 f 对矩阵 $\boldsymbol{X}$ 的导数

$$\frac{\mathrm{d}f}{\mathrm{d}\boldsymbol{X}}=\left(\frac{\partial f}{\partial x_{ij}}\right)_{m\times n}=\begin{pmatrix}\frac{\partial f}{\partial x_{11}} & \cdots & \frac{\partial f}{\partial x_{1n}}\\ \vdots & & \vdots\\ \frac{\partial f}{\partial x_{m1}} & \cdots & \frac{\partial f}{\partial x_{mn}}\end{pmatrix}.$$

因为向量是一种特殊的矩阵, 所以当 $\boldsymbol{x}=(x_1, x_2, \cdots, x_n)$ 时,

$$\frac{\mathrm{d}f}{\mathrm{d}\boldsymbol{x}}=\left(\frac{\partial f}{\partial x_1}, \cdots, \frac{\partial f}{\partial x_n}\right)$$

称为数量函数对向量变量的导数, 即为函数 f 的梯度, 记为 ∇f.

例 6.3 设

$$f=x_1^2x_2+x_2^2x_3+x_3^2+1, \ \boldsymbol{x}=(x_1, x_2, x_3),$$

则

$$\frac{\mathrm{d}f}{\mathrm{d}\boldsymbol{x}}=(2x_1x_2, \ x_1^2+2x_2x_3, \ x_2^2+2x_3).$$

例 6.4 设

$$f=x^2yz+xu+yu+1, \ \boldsymbol{X}=\begin{pmatrix}x & y\\ z & u\end{pmatrix},$$

$$\frac{\mathrm{d}f}{\mathrm{d}\boldsymbol{X}}=\begin{pmatrix}2xyz+u & x^2z+u\\ x^2y & x+y\end{pmatrix}.$$

例 6.5 设

$$\boldsymbol{a}=(a_1, a_2, \cdots, a_n)^{\mathrm{T}}, \ \boldsymbol{x}=(x_1, x_2, \cdots, x_n)^{\mathrm{T}},$$
$$f(\boldsymbol{x})=\boldsymbol{a}^{\mathrm{T}}\boldsymbol{x}=\boldsymbol{x}^{\mathrm{T}}\boldsymbol{a},$$

求 $\frac{\mathrm{d}f}{\mathrm{d}\boldsymbol{x}}$.

解 $$\frac{\mathrm{d}f}{\mathrm{d}\boldsymbol{x}}=\boldsymbol{a}.$$

6.1.3 矩阵函数对矩阵变量的导数

定义 6.3 设矩阵函数 $\boldsymbol{F}(\boldsymbol{X})=(f_{ij}(\boldsymbol{X}))_{s\times t}$ 的元素 f_{ij} 都是矩阵变量 $\boldsymbol{X}=(x_{ij})_{m\times n}$ 的函数，则称 $\boldsymbol{F}(\boldsymbol{X})$ 为矩阵值函数，规定 $\boldsymbol{F}(\boldsymbol{X})$ 对 $\boldsymbol{X}$ 的导数

$$\frac{\mathrm{d}\boldsymbol{F}}{\mathrm{d}\boldsymbol{X}}=\begin{pmatrix}\frac{\partial \boldsymbol{F}}{\partial x_{11}} & \cdots & \frac{\partial \boldsymbol{F}}{\partial x_{1n}}\\ \vdots & & \vdots\\ \frac{\partial \boldsymbol{F}}{\partial x_{m1}} & \cdots & \frac{\partial \boldsymbol{F}}{\partial x_{mn}}\end{pmatrix},$$

其中

$$\frac{\partial \boldsymbol{F}}{\partial x_{ij}}=\begin{pmatrix}\frac{\partial f_{11}}{\partial x_{ij}} & \cdots & \frac{\partial f_{1t}}{\partial x_{ij}}\\ \vdots & & \vdots\\ \frac{\partial f_{s1}}{\partial x_{ij}} & \cdots & \frac{\partial f_{st}}{\partial x_{ij}}\end{pmatrix}.$$

例 6.6 设

$$\boldsymbol{F}=\begin{pmatrix}x_1x_2 & x_2x_3\\ x_3x_4 & x_4x_1\end{pmatrix},\ \boldsymbol{X}=\begin{pmatrix}x_1 & x_2\\ x_3 & x_4\end{pmatrix},$$

则

$$\frac{\mathrm{d}\boldsymbol{F}}{\mathrm{d}\boldsymbol{X}}=\begin{pmatrix}x_2 & 0 & x_1 & x_3\\ 0 & x_4 & 0 & 0\\ 0 & x_2 & 0 & 0\\ x_4 & 0 & x_3 & x_1\end{pmatrix}.$$

例 6.7 设

$$\boldsymbol{x}=(x_1,\ x_2,\ \cdots,\ x_n)^{\mathrm{T}},$$

求

$$\frac{\mathrm{d}\boldsymbol{x}^{\mathrm{T}}}{\mathrm{d}\boldsymbol{x}},\ \frac{\mathrm{d}\boldsymbol{x}}{\mathrm{d}\boldsymbol{x}^{\mathrm{T}}}.$$

解 $$\frac{\mathrm{d}\boldsymbol{x}^{\mathrm{T}}}{\mathrm{d}\boldsymbol{x}}=\begin{pmatrix}\frac{\partial \boldsymbol{x}^{\mathrm{T}}}{\partial x_1}\\ \vdots\\ \frac{\partial \boldsymbol{x}^{\mathrm{T}}}{\partial x_n}\end{pmatrix}=\boldsymbol{E},\ \frac{\mathrm{d}\boldsymbol{x}}{\mathrm{d}\boldsymbol{x}^{\mathrm{T}}}=\boldsymbol{E}.$$

例 6.8 设

$$\boldsymbol{F}=\boldsymbol{A}\boldsymbol{X},\ \boldsymbol{A}=(a_{ij})_{m\times n},\ \boldsymbol{X}=(x_1,\ x_2,\ \cdots,\ x_n)^{\mathrm{T}},$$

求 $\frac{\mathrm{d}\boldsymbol{F}}{\mathrm{d}\boldsymbol{X}^{\mathrm{T}}}$.

解
$$\frac{\mathrm{d}\boldsymbol{F}}{\mathrm{d}\boldsymbol{X}^{\mathrm{T}}}=\begin{pmatrix}\frac{\partial \boldsymbol{F}}{\partial x_1}\\ \vdots \\ \frac{\partial \boldsymbol{F}}{\partial x_n}\end{pmatrix}=\boldsymbol{A},$$

其中

$$\frac{\partial \boldsymbol{F}}{\partial x_1}=\frac{\partial(\boldsymbol{AX})}{\partial x_1}=\frac{\partial}{\partial x_1}\begin{pmatrix}a_{11}x_1+\cdots+a_{1n}x_n\\ \vdots \\ a_{m1}x_1+\cdots+a_{mn}x_n\end{pmatrix}=\begin{pmatrix}a_{11}\\ \vdots \\ a_{m1}\end{pmatrix}.$$

例 6.9　设
$$f=\boldsymbol{X}^{\mathrm{T}}\boldsymbol{Y},\ \boldsymbol{X}=(x_1,\ x_2,\ \cdots,\ x_n)^{\mathrm{T}},\ \boldsymbol{Y}=(y_1,\ y_2,\ \cdots,\ y_n)^{\mathrm{T}},$$
求$\frac{\mathrm{d}f}{\mathrm{d}\boldsymbol{X}}$.（$y_i$ 是 $\boldsymbol{X}$ 的函数）

解
$$\begin{aligned}\frac{\mathrm{d}f}{\mathrm{d}\boldsymbol{X}}&=\begin{pmatrix}\frac{\partial f}{\partial x_1}\\ \vdots \\ \frac{\partial f}{\partial x_n}\end{pmatrix}=\begin{pmatrix}y_1\\ \vdots \\ y_n\end{pmatrix}+\begin{pmatrix}\frac{\partial y_1}{\partial x_1} & \cdots & \frac{\partial y_n}{\partial x_1}\\ \vdots & & \vdots \\ \frac{\partial y_1}{\partial x_n} & \cdots & \frac{\partial y_n}{\partial x_n}\end{pmatrix}\begin{pmatrix}x_1\\ \vdots \\ x_n\end{pmatrix}\\ &=\boldsymbol{Y}+\frac{\mathrm{d}\boldsymbol{Y}^{\mathrm{T}}}{\mathrm{d}\boldsymbol{X}}\cdot\boldsymbol{X}\\ &=\frac{\mathrm{d}\boldsymbol{X}^{\mathrm{T}}}{\mathrm{d}\boldsymbol{X}}\boldsymbol{Y}+\frac{\mathrm{d}\boldsymbol{Y}^{\mathrm{T}}}{\mathrm{d}\boldsymbol{X}}\cdot\boldsymbol{X}.\end{aligned}$$

例 6.10　设$f(\boldsymbol{x})=\boldsymbol{x}^{\mathrm{T}}\boldsymbol{Ax}$，求$\frac{\mathrm{d}f}{\mathrm{d}\boldsymbol{x}}$.

解　由例 6.9
$$\begin{aligned}\frac{\mathrm{d}f}{\mathrm{d}\boldsymbol{x}}&=\frac{\mathrm{d}\boldsymbol{x}^{\mathrm{T}}}{\mathrm{d}\boldsymbol{x}}\cdot\boldsymbol{Ax}+\frac{\mathrm{d}(\boldsymbol{Ax})^{\mathrm{T}}}{\mathrm{d}\boldsymbol{x}}\boldsymbol{x}\\ &=\boldsymbol{Ax}+\boldsymbol{A}^{\mathrm{T}}\boldsymbol{x}.\end{aligned}$$

当 $\boldsymbol{A}=\boldsymbol{A}^{\mathrm{T}}$ 时，
$$\frac{\mathrm{d}f}{\mathrm{d}\boldsymbol{x}}=2\boldsymbol{Ax}.$$

例 6.11　设 $\boldsymbol{A}\in\mathbf{R}^{m\times n}$，$\boldsymbol{b}\in\mathbf{R}^{m}$，若 $\boldsymbol{x}_0$ 是 $\boldsymbol{Ax}=\boldsymbol{b}$ 的最小二乘解，则 $\boldsymbol{x}_0$ 是方程组 $\boldsymbol{A}^{\mathrm{T}}\boldsymbol{Ax}=\boldsymbol{A}^{\mathrm{T}}\boldsymbol{b}$ 的解.

解　由于
$$\begin{aligned}f(\boldsymbol{x})&=\|\boldsymbol{Ax}-\boldsymbol{b}\|_2^2=(\boldsymbol{Ax}-\boldsymbol{b})^{\mathrm{T}}(\boldsymbol{Ax}-\boldsymbol{b})\\ &=\boldsymbol{x}^{\mathrm{T}}\boldsymbol{A}^{\mathrm{T}}\boldsymbol{Ax}-\boldsymbol{x}^{\mathrm{T}}\boldsymbol{A}^{\mathrm{T}}\boldsymbol{b}-\boldsymbol{b}^{\mathrm{T}}\boldsymbol{Ax}+\boldsymbol{b}^{\mathrm{T}}\boldsymbol{b},\end{aligned}$$
若 $\boldsymbol{x}_0$ 是 $\boldsymbol{Ax}=\boldsymbol{b}$ 的最小二乘解，则它是$f(\boldsymbol{x})$的极小值点，满足
$$\left.\frac{\mathrm{d}f}{\mathrm{d}\boldsymbol{x}}\right|_{x_0}=0,$$
而

$$\frac{\mathrm{d}f}{\mathrm{d}\boldsymbol{x}}=2\boldsymbol{A}^{\mathrm{T}}\boldsymbol{A}\boldsymbol{x}-2\boldsymbol{A}^{\mathrm{T}}\boldsymbol{b},$$

故

$$\boldsymbol{A}^{\mathrm{T}}\boldsymbol{A}\boldsymbol{x}_0=\boldsymbol{A}^{\mathrm{T}}\boldsymbol{b}.$$

习题 6.1

1. 设

$$\boldsymbol{A}=\begin{pmatrix}\cos t & -\sin t\\ \sin t & \cos t\end{pmatrix},$$

试求

$$\boldsymbol{A}'(t),\ (|\boldsymbol{A}(t)|)',\ |\boldsymbol{A}'(t)|,\ (\boldsymbol{A}^{-1}(t))'.$$

2. 设

$$\boldsymbol{A}(t)=\begin{pmatrix}\mathrm{e}^{2t} & t\mathrm{e}^{t} & t^2\\ \mathrm{e}^{-t} & 2\mathrm{e}^{2t} & 0\\ 3t & 0 & 0\end{pmatrix},$$

计算 $\int_0^t \boldsymbol{A}(\tau)\mathrm{d}\tau$.

3. 设 $\boldsymbol{A}(t)=(a_{ij}(t))_{m\times n}$，说明关系式

$$\frac{\mathrm{d}}{\mathrm{d}t}\boldsymbol{A}(t)^m=m(\boldsymbol{A}(t))^{m-1}\frac{\mathrm{d}\boldsymbol{A}}{\mathrm{d}t}$$

一般不成立，问该式在什么条件下成立？

4. 已知

$$\boldsymbol{A}=\begin{pmatrix}2\mathrm{e}^{2t} & \mathrm{e}^{t} & \mathrm{e}^{t}\\ \mathrm{e}^{2t} & \mathrm{e}^{t} & -\mathrm{e}^{2t}\\ 3\mathrm{e}^{2t} & \mathrm{e}^{t} & -\mathrm{e}^{t}\end{pmatrix},$$

求 $\boldsymbol{A}'(t)$.

6.2 矩阵序列及矩阵级数

6.2.1 矩阵的极限及序列

这一节来讨论矩阵的极限、矩阵的序列、矩阵的级数.

定义 6.4 设有 $\mathbf{C}^{n\times n}$ 的矩阵序列 $\{\boldsymbol{A}^{(k)}\}$，其中

$$\boldsymbol{A}^{(k)}=(a_{ij}^{(k)})_{n\times n}.$$

若有

$$\lim_{k\to\infty}a_{ij}^{(k)}=a_{ij},$$

则称矩阵序列 $\boldsymbol{A}^{(k)}$ 收敛于 $\boldsymbol{A}$，$\boldsymbol{A}=(a_{ij})_{n\times n}$ 为 $\{\boldsymbol{A}(k)\}$ 的极限，记为

$$\lim_{k\to\infty}\boldsymbol{A}^{(k)}=\boldsymbol{A}\ \text{或}\ \boldsymbol{A}^{(k)}\to\boldsymbol{A}.$$

不收敛的序列称之为发散序列.

例 6.12

$$A^{(k)}=\begin{pmatrix} \frac{1}{k} & \frac{1}{k}+1 \\ \cos\frac{1}{k}, & 0 \end{pmatrix},$$

则

$$A^{(k)}\to\begin{pmatrix} 0 & 1 \\ 1 & 0 \end{pmatrix}.$$

可见 $\mathbf{C}^{n\times n}$ 中任一矩阵收敛相当于 n^2 个数列同时收敛，因此可以用数学分析的方法来研究它. 但是同时研究 n^2 个序列比较烦琐，可以用矩阵的范数来研究.

定理 6.1　设 $A^{(k)}$，$A\in\mathbf{C}^{n\times n}$，则 $\lim\limits_{k\to\infty}A^{(k)}=A$ 的充要条件是

$$\lim_{k\to\infty}\|A^{(k)}-A\|=0,$$

其中 $\|\cdot\|$ 是 $\mathbf{C}^{n\times n}$ 上的任何一个范数.

证明　可以取 $\|A\|_{m1}$，由于

$$|a_{ij}^{(k)}-a_{ij}|\leqslant\sum_{i,j}|a_{ij}^{(k)}-a_{ij}|\leqslant n^2\max_{i,j}|a_{ij}^{(k)}-a_{ij}|,$$

所以当每个 $a_{ij}^{(k)}$ 收敛时，$\max\limits_{i,j}(a_{ij}^{(k)}-a_{ij})$ 也收敛，则

$$\lim_{k\to\infty}\|A^{(k)}-A\|_{m1}=0.$$

反之，若

$$\lim_{k\to\infty}\|A^{(k)}-A\|_{m1}=0,$$

则

$$\lim_{k\to\infty}|a_{ij}^{(k)}-a_{ij}|=0.$$

又由于范数等价，故

$$\lim_{k\to\infty}\|A^{(k)}-A\|_{m1}=0$$

等价于

$$\lim_{k\to\infty}\|A^{(k)}-A\|=0.$$

利用这一定理容易证明：

定理 6.2　设

$$A^{(k)}\to A,\ B^{(k)}\to B,$$

其中

$$A^{(k)},\ B^{(k)},\ A,\ B$$

是适当阶数的矩阵，a，$b\in\mathbf{C}$ 是常数，则

(1) $aA^{(k)}+bB^{(k)}\to aA+bB$；

(2) $A^{(k)}\cdot B^{(k)}\to AB$.

证明　(1) $\|aA^{(k)}+bB^{(k)}-aA-bB\|\leqslant|a|\,\|A^{(k)}-A\|+|b|\,\|B^{(k)}-B\|$，

故当

$$\|A^{(k)}-A\|\to 0,\ \|B^{(k)}-B\|\to 0$$

时，

$$\|aA^{(k)}+bB^{(k)}-aA-bB\|\to 0,$$

即

$$aA^{(k)}+bB^{(k)}\to aA+bB.$$

(2) $$\|A^{(k)}B^{(k)}-AB\|=\|A^{(k)}B^{(k)}-A^{(k)}B+A^{(k)}B-AB\|$$
$$\leqslant\|A^{(k)}\|\cdot\|B^{(k)}-B\|+\|B\|\ \|A^{(k)}-A\|,$$

而$\|A^{(k)}\|$，$\|B\|$有界，故当

$$\|A^{(k)}-A\|\to 0,\ \|B^{(k)}-B\|\to 0$$

时，

$$\|A^{k}B^{(k)}-AB\|\to 0,$$

即

$$A^{(k)}B^{(k)}\to AB.$$

对于方阵，有如下的概念和结论.

定义 6.5 设$A\in \mathbf{C}^{n\times n}$，若$\lim\limits_{k\to\infty}A^{k}=0$，则称$A$为收敛矩阵，这里$A^{k}$是$A$的$k$次方.

判别一个矩阵是否收敛有下面的方法：

定理 6.3 设$A\in \mathbf{C}^{n\times n}$，则$A$为收敛矩阵的充要条件是$\rho(A)<1$.

证明 $$\lim_{k\to\infty}A^{k}=0$$

等价于

$$\lim_{k\to\infty}\|A^{k}-0\|=\lim_{k\to\infty}\|A^{k}\|=0,$$

故当A为收敛矩阵时，

$$\|A^{k}\|\to 0.$$

而

$$(\rho(A))^{k}=\rho(A^{k})\leqslant\|A^{k}\|\to 0,\ \rho(A)<1.$$

当$\rho(A)<1$时，则存在正数ε，使得$\rho(A)+\varepsilon<1$.

由定理 4.7，对任何$\rho(A)+\varepsilon$，一定存在一个范数，使得

$$\|A\|<\rho(A)+\varepsilon,$$

从而

$$\|A^{k}\|\leqslant\|A\|^{k}<(\rho(A)+\varepsilon)^{k}\to 0.$$

例 6.13 判别下列矩阵是否收敛：

$$(1)A=\frac{1}{3}\begin{pmatrix}1&2\\-1&0\end{pmatrix};\quad (2)A=\frac{1}{10}\begin{pmatrix}1&2&2\\3&2&1\\1&3&2\end{pmatrix}.$$

解 (1)A的特征值是$-\frac{2}{3}$，$\frac{1}{3}$，$\rho<1$，收敛.

(2) $\|A\|_{1}=0.7<1$，$\rho<1$，收敛.

6.2.2 矩阵的级数

定义 6.6 由$\mathbf{C}^{n\times n}$的矩阵序列$\{A^{(k)}\}$构成的无穷级数

$$A^{(0)}+A^{(1)}+\cdots+A^{(k)}+\cdots$$

称为矩阵级数，记为$\sum\limits_{k=0}^{+\infty}A^{(k)}$. 对任一正整数$N$，称$S^{(N)}=\sum\limits_{k=0}^{N}A^{(k)}$为矩阵级数的部分和，如果由部分和构成的矩阵序列$\{S^{(N)}\}$收敛，且有极限$S$，即

$$\lim_{N\to\infty} \boldsymbol{S}^{(N)} = \boldsymbol{S},$$

则称矩阵级数 $\sum\limits_{k=0}^{+\infty} \boldsymbol{A}^{(k)}$ 收敛，而且有和 $\boldsymbol{S}$，记为

$$\boldsymbol{S} = \sum_{k=0}^{+\infty} \boldsymbol{A}^{(k)}.$$

不收敛的矩阵级数称之为发散的.

如果记

$$\boldsymbol{A}^{(k)} = (a_{ij}^{(k)})_{n\times n},\ \boldsymbol{S} = (\boldsymbol{S}_{ij})_{n\times n},$$

显然

$$\boldsymbol{S} = \sum_{k=0}^{+\infty} \boldsymbol{A}^{(k)}.$$

相当于

$$S_{ij} = \sum_{k=0}^{+\infty} a_{ij}^{(k)},$$

即 n^2 个数列级数收敛.

例 6.14　已知

$$\boldsymbol{A}^{(k)} = \begin{pmatrix} \dfrac{1}{2^k} & \dfrac{1}{3^k} \\ \dfrac{1}{3^k} - \dfrac{1}{4^k} & 0 \end{pmatrix},$$

研究 $\sum\limits_{k=0}^{+\infty} \boldsymbol{A}^{(k)}$ 的敛散性.

解　因为

$$\sum \frac{1}{2^k},\ \sum \frac{1}{3^k},\ \sum \left(\frac{1}{3^k} - \frac{1}{4^k}\right)$$

都是收敛的级数，所以原来的级数收敛.

定义 6.7　设 $\boldsymbol{A}^{(k)} = (a_{ij}^{(k)})_{n\times n}$，如果 n^2 个数量级数

$$\sum_{k=0}^{+\infty} a_{ij}^{(k)}$$

都绝对收敛，即

$$\sum_{k=0}^{+\infty} |a_{ij}^{k}|$$

收敛，则称级数 $\sum\limits_{k=0}^{+\infty} \boldsymbol{A}^{(k)}$ 绝对收敛.

如

$$\boldsymbol{A}^{(k)} = \begin{pmatrix} (-1)^k \dfrac{1}{2^k} & (-1)^k \dfrac{1}{k^2} \\ 0 & \dfrac{1}{k^2+1} \end{pmatrix}$$

就是绝对收敛的级数.

同样地，可以用范数研究级数的绝对收敛.

定理 6.4 设$A^{(k)}=(a_{ij}^{(k)})_{n\times n}$，则矩阵级数$\sum_{k=0}^{+\infty} A^{(k)}$绝对收敛的充要条件是$\sum_{k=0}^{+\infty}\|A^{(k)}\|$收敛，其中$\|\cdot\|$是$\mathbf{C}^{n\times n}$上的任一矩阵范数.

证明 由于范数等价，只需要证明一种范数即可. 如取m_1范数，

$$\|A^{(k)}\|_{m1}=\sum_{i,j}|a_{ij}^{(k)}|.$$

由于

$$|a_{ij}^{(k)}|\leqslant\sum_{i,j}|a_{ij}^{(k)}|\leqslant n^2\max_{i,j}|a_{ij}^{(k)}|,$$

由正项级数的比较判别法，若$\|A^{(k)}\|_{m1}$收敛，则$\sum_{k=0}^{+\infty}|a_{ij}^{(k)}|$收敛.

反之，若$\sum|a_{ij}^{(k)}|$收敛，则$\sum_{i,j}\sum_{k}|a_{ij}^{(k)}|$收敛.

利用范数的判别法，容易证明，若

$$\sum_{k=0}^{+\infty}A^{(k)}=A,\ \sum_{k=0}^{+\infty}B^{(k)}=B,$$

则

(1) $\sum_{k=0}^{+\infty}(A^{(k)}+B^{(k)})=A+B$;

(2) $\sum_{k=0}^{+\infty}\lambda A^{(k)}=\lambda A$;

(3)若$\sum_{k=0}^{+\infty}A^{(k)}$收敛(绝对收敛)，则$\sum_{k=0}^{+\infty}PA^{(k)}Q$也收敛(绝对收敛)，并且

$$\sum_{k=0}^{+\infty}PA^{(k)}Q=PAQ.$$

6.2.3 矩阵的幂级数

定义 6.8 设$A\in\mathbf{C}^{n\times n}$，$a_k\in\mathbf{C}(k=0,1,2,\cdots)$，称矩阵级数

$$\sum_{k=0}^{+\infty}a_kA^k$$

为矩阵A的幂级数.

利用定义来判断矩阵幂级数的敛散性，需要判别n^2个数项级数的敛散性，当矩阵的阶数较大时，这很不方便，且在许多情况下也不必要. 矩阵幂级数是复变量z的幂级数的推广，如果$\sum_{k=0}^{+\infty}a_kz^k$的收敛半径为$R$，则对于收敛圆$|z|<R$内的所有$z$，都是绝对收敛的，因此，讨论级数的收敛性问题，自然联系到$\sum_{k=0}^{+\infty}a_kz^k$的收敛半径，关于矩阵幂级数收敛有下面的结论：

定理 6.5 设$\sum_{k=0}^{+\infty}a_kz^k$的收敛半径为$R$，$A\in\mathbf{C}^{n\times n}$，则

(1)当$\rho(A)<R$时，$\sum_{k=0}^{+\infty}a_kA^k$绝对收敛；

(2) 当 $\rho(\boldsymbol{A})>R$ 时，$\sum\limits_{k=0}^{+\infty} a_k\boldsymbol{A}^k$ 发散.

证明　(1) 因为 $\rho(\boldsymbol{A})<R$，所以存在正数 ε，使得 $\rho(\boldsymbol{A})+\varepsilon<R$.

由定理 4.7 知一定存在矩阵范数 $\|\cdot\|$，使得

$$\|\boldsymbol{A}\|<\rho(\boldsymbol{A})+\varepsilon<R,$$

从而

$$\|a_k\boldsymbol{A}^k\|\leqslant|a_k|\,\|\boldsymbol{A}\|^k<|a_k|\cdot(\rho(\boldsymbol{A})+\varepsilon)^k.$$

由于

$$\sum_{k=0}^{+\infty}|a_k|(\rho(\boldsymbol{A})+\varepsilon)^k$$

收敛，故 $\sum\limits_{k=0}^{+\infty} a_k\boldsymbol{A}^k$ 绝对收敛.

(2) 当 $\rho(\boldsymbol{A})>R$ 时，$\boldsymbol{A}$ 的特征值为 $\lambda_1,\cdots,\lambda_n$，则有某个特征值 λ_i，使 $|\lambda_i|>R$，由约当定理，存在可逆矩阵 $\boldsymbol{P}$，使得

$$\boldsymbol{P}^{-1}\boldsymbol{A}\boldsymbol{P}=\boldsymbol{J}=\begin{pmatrix}\lambda_1 & & & \\ d_1 & \lambda_2 & & \\ & \ddots & \ddots & \\ & & d_{n-1} & \lambda_n\end{pmatrix}\quad(d_i\text{ 为 0 或 1}),$$

而

$$\sum_{k=0}^{+\infty}a_k\boldsymbol{A}^k=\sum_{k=0}^{+\infty}a_k\boldsymbol{P}^{-1}\boldsymbol{J}^k\boldsymbol{P}=\boldsymbol{P}^{-1}\Big(\sum_{k=0}^{+\infty}a_k\boldsymbol{J}^k\Big)\boldsymbol{P},$$

$\sum a_k\boldsymbol{J}^k$ 的对角元素为 $\sum a_k\lambda_i^k$.

由于 $\sum a_k\lambda_i^k$ 发散，从而 $\sum\limits_{k=0}^{+\infty}a_k\lambda^k$ 发散.

例 6.15　判断矩阵

$$\sum_{k=0}^{+\infty}\frac{k}{3^k}\begin{pmatrix}1 & 2\\ -1 & 0\end{pmatrix}^k$$

的敛散性.

解　令

$$\boldsymbol{A}=\frac{1}{3}\begin{pmatrix}1 & 2\\ -1 & 0\end{pmatrix},\ \rho(\boldsymbol{A})=\frac{2}{3},$$

而 $\sum\limits_{k=0}^{+\infty}kz^k$ 的收敛半径为 $R=1$，矩阵级数绝对收敛.

习题 6.2

1. 设

$$\boldsymbol{A}=\begin{pmatrix}0 & a & a\\ a & 0 & a\\ a & a & 0\end{pmatrix},$$

讨论 a 取何值时 $\boldsymbol{A}$ 为收敛矩阵.

2. 判断矩阵幂级数

$$\sum_{k=0}^{+\infty}\begin{pmatrix}0.1 & 0.7\\0.3 & 0.6\end{pmatrix}^k$$

的敛散性，若收敛，试求其和.

6.3 矩阵函数

上一节讨论了矩阵的幂级数、矩阵幂级数的收敛性，这一节仿照复变函数，利用方阵的幂级数来定义矩阵函数.

在复变函数中，一些函数可以表达成无穷级数的和，即函数可以展开：

$$e^z=\sum_{n=0}^{+\infty}\frac{z^n}{n!};$$

$$\sin z=\sum_{n=0}^{+\infty}(-1)^n\frac{z^{2n+1}}{(2n+1)!};$$

$$\cos z=\sum_{n=0}^{+\infty}(-1)^n\frac{z^{2n}}{(2n)!}.$$

利用这种展开式，可以定义矩阵函数

$$e^{\boldsymbol{A}}=\sum_{n=0}^{+\infty}\frac{\boldsymbol{A}^n}{n!};$$

$$\sin\boldsymbol{A}=\sum_{n=0}^{+\infty}(-1)^n\frac{\boldsymbol{A}^{2n+1}}{(2n+1)!};$$

$$\cos\boldsymbol{A}=\sum_{n=0}^{+\infty}(-1)^n\frac{\boldsymbol{A}^{2n}}{(2n)!}.$$

称之为矩阵 $\boldsymbol{A}$ 的指数函数、正弦函数、余弦函数，而相应的幂级数的收敛半径为无穷大，所以上面的矩阵函数对任何矩阵都收敛. 同样地，由

$$\ln(1+z)=\sum_{n=1}^{+\infty}\frac{(-1)^{n-1}}{n}z^n\quad(|z|<1);$$

$$(1+z)^k=1+\sum_{n=1}^{+\infty}\frac{k(k-1)\cdots(k-n+1)}{n!}z^n\quad(|z|<1),$$

可以定义矩阵函数

$$\ln(\boldsymbol{E}+\boldsymbol{A})=\sum_{n=1}^{+\infty}\frac{(-1)^{n-1}}{n}\boldsymbol{A}^n\quad(\rho(\boldsymbol{A})<1);$$

$$(\boldsymbol{E}+\boldsymbol{A})^k=\boldsymbol{E}+\sum_{n=1}^{+\infty}\frac{k(k-1)\cdots(k-n+1)}{n!}\boldsymbol{A}^n\quad(\rho(\boldsymbol{A})<1);$$

$$(\boldsymbol{E}-\boldsymbol{A})^{-1}=\sum_{n=0}^{+\infty}\boldsymbol{A}^n\quad(\rho(\boldsymbol{A})<1).$$

给出了矩阵函数的定义以后，现在的问题是如何求出矩阵函数. 当矩阵比较简单时，比方说对角阵时，

$$\boldsymbol{A}=\boldsymbol{\Lambda}=\begin{pmatrix}\lambda_1 & & & \\ & \lambda_2 & & \\ & & \ddots & \\ & & & \lambda_n\end{pmatrix},$$

这时矩阵的计算比较简单. 因为

$$\boldsymbol{A}^m=\boldsymbol{\Lambda}^m=\begin{pmatrix}\lambda_1^m & & & \\ & \lambda_2^m & & \\ & & \ddots & \\ & & & \lambda_n^m\end{pmatrix},$$

则

$$\begin{aligned}\mathrm{e}^{\boldsymbol{A}} &= \sum_{m=0}^{+\infty}\frac{\boldsymbol{A}^m}{m!}=\sum_{m=0}^{+\infty}\frac{\boldsymbol{\Lambda}^m}{m!}\\ &=\begin{pmatrix}\sum\limits_{m=0}^{+\infty}\frac{\lambda_1^m}{m!} & & \\ & \ddots & \\ & & \sum\limits_{m=0}^{+\infty}\frac{\lambda_n^m}{m!}\end{pmatrix}=\begin{pmatrix}\mathrm{e}^{\lambda_1} & & & \\ & \mathrm{e}^{\lambda_2} & & \\ & & \ddots & \\ & & & \mathrm{e}^{\lambda_n}\end{pmatrix}.\end{aligned}$$

类似地

$$\sin\boldsymbol{A}=\begin{pmatrix}\sin\lambda_1 & & & \\ & \sin\lambda_2 & & \\ & & \ddots & \\ & & & \sin\lambda_n\end{pmatrix},\ \cos\boldsymbol{A}=\begin{pmatrix}\cos\lambda_1 & & & \\ & \cos\lambda_2 & & \\ & & \ddots & \\ & & & \cos\lambda_n\end{pmatrix}.$$

如果 $\boldsymbol{A}$ 不是对角形，但是可以化为对角形，即存在 $\boldsymbol{P}$ 使得 $\boldsymbol{P}^{-1}\boldsymbol{A}\boldsymbol{P}=\boldsymbol{\Lambda}$，则 $\boldsymbol{A}=\boldsymbol{P}\boldsymbol{\Lambda}\boldsymbol{P}^{-1}$. 这时仍然可以得到

$$\mathrm{e}^{\boldsymbol{A}}=\boldsymbol{P}\mathrm{e}^{\boldsymbol{\Lambda}}\boldsymbol{P}^{-1}=\boldsymbol{P}\begin{pmatrix}\mathrm{e}^{\lambda_1} & & \\ & \ddots & \\ & & \mathrm{e}^{\lambda_n}\end{pmatrix}\boldsymbol{P}^{-1}.$$

计算矩阵函数有几种方法，这里介绍其中的一种方法：最小多项式的方法.

若 $f(\lambda)$ 是多项式，$m(\lambda)$ 是 $\boldsymbol{A}$ 的最小多项式，它的次数为 m，以 $m(\lambda)$ 去除 $f(\lambda)$ 得

$$f(\lambda)=m(\lambda)q(\lambda)+r(\lambda).$$

这里 $r(\lambda)=0$ 或者比 $m(\lambda)$ 的次数更低，因此

$$f(\boldsymbol{A})=m(\boldsymbol{A})q(\boldsymbol{A})+r(\boldsymbol{A})=r(\boldsymbol{A}).$$

由此可见，次数高于 m 次的任一多项式 $f(\boldsymbol{A})$ 都可以化为次数 $\leqslant m-1$ 的 $\boldsymbol{A}$ 的多项式 $r(\boldsymbol{A})$ 来计算，这一思想可以推广到由矩阵幂级数确定的矩阵函数 $f(\boldsymbol{A})$ 上，有如下的定理：

定理 6.6　设 n 阶矩阵 $\boldsymbol{A}$ 的最小多项式为 m 次多项式：

$$m(\lambda)=(\lambda-\lambda_1)^{n_1}(\lambda-\lambda_2)^{n_2}\cdots(\lambda-\lambda_s)^{n_s},$$

其中，$\lambda_1,\lambda_2,\cdots,\lambda_s$ 是 $\boldsymbol{A}$ 的所有不同的特征值，与 $f(z)=\sum\limits_{k=0}^{+\infty}C_kz^k$ 相应的 $f(\boldsymbol{A})=\sum\limits_{k=0}^{+\infty}C_k\boldsymbol{A}^k$

是 $\boldsymbol{A}$ 的幂级数，则

$$f(\boldsymbol{A})=a_0\boldsymbol{E}+a_1\boldsymbol{A}+\cdots+a_{m-1}\boldsymbol{A}^{m-1}.$$

系数 a_0，a_1，…，a_{m-1}满足下列方程组：

$$a_0+a_1\lambda_i+\cdots+a_{m-1}\lambda_i^{m-1}=f(\lambda_i),$$

$$a_1+2a_2\lambda_i+\cdots+(m-1)a_{m-1}\lambda_i^{m-2}=f'(\lambda_i),$$

$$\cdots\cdots\cdots\cdots$$

$$(n_i-1)a_{n_{i-1}}+\cdots+(m-1)\cdots(m-n_i+1)a_{m-1}\lambda_i^{m-n_i+1}=f^{(n_i-1)}(\lambda_i),$$

即

$$f(\lambda)=a_0+a_1\lambda+\cdots+a_{m-1}\lambda^{m-1}.$$

求 n_i-1 次导数，得到 n_i 个式子，在这些式子中把 λ_i 代入. 事实上，设

$$f(\lambda)=m(\lambda)q(\lambda)+r(\lambda),$$

两边求导

$$f'(\lambda)=m'(\lambda)q(\lambda)+m(\lambda)q'(\lambda)+r'(\lambda).$$

而 $m(\lambda)$，$m'(\lambda)$当 $\lambda=\lambda_i$ 时为零，因为 $m(\lambda)$中有$(\lambda-\lambda_i)^{n_i}$，所以可以求 n_i-1 次导数，代入时只有 $r^{n_i-1}(\lambda_i)$不是零.

对于含变数 t 的方阵，$f(\boldsymbol{A}t)$有类似的方法，设

$$f(\boldsymbol{A}t)=a_0(t)\boldsymbol{E}+a_1(t)\boldsymbol{A}+\cdots+a_{m-1}(t)\boldsymbol{A}^{m-1},$$

计算系数的方法类似.

例 6.16 设

$$\boldsymbol{A}=\begin{pmatrix}2&1&4\\0&2&0\\0&3&1\end{pmatrix},$$

求 $e^{\boldsymbol{A}t}$，$\sin\boldsymbol{A}t$.

解 $$f(\lambda)=|\lambda\boldsymbol{E}-\boldsymbol{A}|=\begin{vmatrix}\lambda-2&-1&-4\\0&\lambda-2&0\\0&-3&\lambda-1\end{vmatrix}=(\lambda-1)(\lambda-2)^2,$$

而$(\lambda-1)(\lambda-2)$不是零化多项式，所以最小多项式是

$$m(\lambda)=f(\lambda).$$

设

$$e^{\boldsymbol{A}t}=a_0\boldsymbol{E}+a_1\boldsymbol{A}+a_2\boldsymbol{A}^2,$$

由

$$e^{\lambda t}=a_0+a_1\lambda+a_2\lambda^2,$$

两边求导

$$te^{\lambda t}=a_1+2a_2\lambda,$$

再代入特征值得

$$\begin{cases}e^t=a_0+a_1+a_2,\\e^{2t}=a_0+2a_1+4a_2,\\te^{2t}=a_1+4a_2,\end{cases}$$

解出

$$\begin{cases}a_0=4e^t-3e^{2t}+2te^{2t},\\a_1=-4e^4+4e^{2t}-3te^{2t},\\a_2=e^t-e^{2t}+te^{2t}.\end{cases}$$

代入得

$$e^{At}=e^{2t}\begin{pmatrix}1 & 12e^{-t}-12+13t & -4e^{-t}+4\\0 & 1 & 0\\0 & -3e^{-t}+3 & e^{-t}\end{pmatrix}.$$

类似地，设

$$\sin\boldsymbol{A}t=a_0\boldsymbol{E}+a_1\boldsymbol{A}+a_2\boldsymbol{A}^2,$$

得

$$\begin{cases}a_0+2a_1+4a_2=\sin 2t,\\a_1+4a_2=t\cos 2t,\\a_0+a_1+a_2=\sin t,\end{cases}$$

解出

$$\begin{cases}a_0=4\sin t-3\sin 2t+2t\cos 2t,\\a_1=-4\sin t+4\sin 2t-3t\cos 2t,\\a_2=\sin t-\sin 2t+t\cos 2t,\end{cases}$$

最后求得

$$\sin\boldsymbol{A}t=\begin{pmatrix}\sin 2t & 12\sin t-12\sin 2t+13t\cos t & -4\sin t+4\sin 2t\\0 & \sin 2t & 0\\0 & -3\sin t+3\sin 2t & \sin t\end{pmatrix}.$$

例 6.17 设

$$\boldsymbol{A}=\begin{pmatrix}-1 & 0 & 1\\1 & 2 & 0\\-4 & 0 & 3\end{pmatrix},$$

求 $e^{\boldsymbol{A}t}$，$\cos\boldsymbol{A}$.

解 $$f(\lambda)=|\lambda\boldsymbol{E}-\boldsymbol{A}|=(\lambda-1)^2(\lambda-2),$$

$(\lambda-1)(\lambda-2)$不是 $\boldsymbol{A}$ 的零化多项式，$m(\lambda)=f(\lambda)$.

设

$$e^{\boldsymbol{A}t}=a_0\boldsymbol{E}+a_1\boldsymbol{A}+a_2\boldsymbol{A}^2,$$

由

$$\begin{cases}a_0+a_1+a_2=e^t,\\a_1+2a_2=te^t,\\a_0+2a_1+4a_2=e^{2t},\end{cases}$$

解出

$$\begin{cases}a_0=e^{2t}-2te^t,\\a_1=-2e^{2t}+2e^t+3te^t,\\a_2=e^{2t}-e^t-te^t,\end{cases}$$

代入

$$e^{At}=e^{t}\begin{pmatrix}1-2t & 0 & t\\ -e^{t}+1+2t & e^{t} & e^{t}-1-t\\ -4t & 0 & 1+2t\end{pmatrix}.$$

类似地，设

$$\cos\boldsymbol{A}=a_0\boldsymbol{E}+a_0\boldsymbol{A}+a_2\boldsymbol{A}^2,$$

$$\begin{cases}a_0+a_1+a_2=\cos1,\\ a_1+2a_2=-\sin1,\\ a_0+2a_1+4a_2=\cos2,\end{cases}$$

解得

$$\begin{cases}a_0=2\sin1+\cos2,\\ a_1=-3\sin1+2\cos1-2\cos2,\\ a_2=\sin1-\cos1+\cos2,\end{cases}$$

于是

$$\cos\boldsymbol{A}=\begin{pmatrix}2\sin1+\cos2 & 0 & -\sin1\\ -2\sin1+\cos1-\cos2 & \cos2 & \sin1-\cos1+\cos2\\ 4\sin1 & 0 & -2\sin1+\cos1\end{pmatrix}.$$

习题 6.3

对下列矩阵 $\boldsymbol{A}$，求矩阵函数 $e^{\boldsymbol{A}t}$：

(1) $\boldsymbol{A}=\begin{pmatrix}0 & 1\\ -2 & -3\end{pmatrix}$；(2) $\boldsymbol{A}=\begin{pmatrix}2 & -2 & 3\\ 1 & 1 & 1\\ 1 & 3 & -1\end{pmatrix}$；

(3) $\boldsymbol{A}=\begin{pmatrix}0 & 1 & 0\\ 0 & 0 & 1\\ -8 & -12 & -6\end{pmatrix}$；(4) $\boldsymbol{A}=\begin{pmatrix}-2 & 1 & 3\\ 0 & -3 & 0\\ 0 & 2 & -2\end{pmatrix}$.

6.4 矩阵函数的性质

这一节讨论矩阵函数的一些性质. 矩阵函数有许多重要的性质，这里只列举其中一些. 由矩阵函数的定义容易看出：

(1) $\sin(-\boldsymbol{A})=-\sin\boldsymbol{A}$，$\cos(-\boldsymbol{A})=\cos\boldsymbol{A}$.

(2) 设 $\boldsymbol{A}$，$\boldsymbol{B}\in\mathbf{C}^{n\times n}$，当 $\boldsymbol{AB}=\boldsymbol{BA}$ 时，$e^{\boldsymbol{A}+\boldsymbol{B}}=e^{\boldsymbol{A}}\cdot e^{\boldsymbol{B}}=e^{\boldsymbol{B}}\cdot e^{\boldsymbol{A}}$.

证明

$$\begin{aligned}e^{\boldsymbol{A}}\cdot e^{\boldsymbol{B}}&=\left(\sum_{k=0}^{+\infty}\frac{1}{k!}\boldsymbol{A}^k\right)\left(\sum_{k=0}^{+\infty}\frac{1}{k!}\boldsymbol{B}^k\right)\\&=\boldsymbol{E}+(\boldsymbol{A}+\boldsymbol{B})+\frac{1}{2!}(\boldsymbol{A}^2+2\boldsymbol{AB}+\boldsymbol{B}^2)+\cdots\\&=\boldsymbol{E}+(\boldsymbol{A}+\boldsymbol{B})+\frac{1}{2!}(\boldsymbol{A}+\boldsymbol{B})^2+\cdots\\&=e^{\boldsymbol{A}+\boldsymbol{B}}.\end{aligned}$$

(3)由欧拉公式容易得到

$$e^{iA}=\cos\boldsymbol{A}+i\sin\boldsymbol{A},$$

$$\cos\boldsymbol{A}=\frac{1}{2}(e^{iA}+e^{-iA}),$$

$$\sin\boldsymbol{A}=\frac{1}{2i}(e^{iA}-e^{-iA}).$$

(4)利用上面的公式容易得到，当 $\boldsymbol{AB}=\boldsymbol{BA}$ 时，

$$\sin(\boldsymbol{A}+\boldsymbol{B})=\sin\boldsymbol{A}\cos\boldsymbol{B}+\cos\boldsymbol{A}\sin\boldsymbol{B},$$

$$\cos(\boldsymbol{A}+\boldsymbol{B})=\cos\boldsymbol{A}\cos\boldsymbol{B}-\sin\boldsymbol{A}\sin\boldsymbol{B}.$$

证明　右边

$$=\frac{1}{2i}(e^{iA}-e^{-iA})\frac{1}{2}(e^{iB}+e^{-iB})+\frac{1}{2}(e^{iA}+e^{-iA})\frac{1}{2i}(e^{iB}-e^{-iB})$$

$$=\sin(\boldsymbol{A}+\boldsymbol{B}).$$

同理可证另一公式.

(5)

$$\frac{de^{At}}{dt}=\boldsymbol{A}e^{At}=e^{At}\boldsymbol{A}.$$

证明

$$e^{At}=\sum_{m=0}^{+\infty}\frac{\boldsymbol{A}^m}{m!}t^m,$$

$$\frac{de^{At}}{dt}=\sum_{m=1}^{+\infty}\frac{\boldsymbol{A}^m}{(m-1)!}t^{m-1}=\boldsymbol{A}\sum_{m=1}^{+\infty}\frac{\boldsymbol{A}^{m-1}}{(m-1)!}t^{m-1}$$

$$=\boldsymbol{A}e^{At}.$$

习题 6.4

1. 证明：对任意的 $\boldsymbol{A}\in\mathbf{C}^{n\times n}$，有

(1) $\sin^2\boldsymbol{A}+\cos^2\boldsymbol{A}=\boldsymbol{E}$；(2) $\sin(\boldsymbol{A}+2\pi\boldsymbol{E})=\sin\boldsymbol{A}$；

(3) $\cos(\boldsymbol{A}+2\pi\boldsymbol{E})=\cos\boldsymbol{A}$；(4) $e^{A+2\pi iE}=e^{A}$.

2. 证明：(1)若 $\boldsymbol{A}$ 为实反对称矩阵，则 e^{A} 为正交矩阵；

(2)若 $\boldsymbol{A}$ 为厄米特矩阵，则 e^{iA} 为酉矩阵.

3. 已知

$$e^{At}=\begin{pmatrix}2e^{2t}-e^{t} & e^{2t}-e^{t} & e^{t}-e^{2t}\\ e^{2t}-e^{t} & 2e^{2t}-e^{t} & e^{t}-e^{2t}\\ 3e^{2t}-3e^{t} & 3e^{2t}-3e^{t} & 3e^{t}-2e^{2t}\end{pmatrix},$$

求 $\boldsymbol{A}$.

6.5　矩阵函数在微分方程组中的应用

在线性控制系统中常常涉及求解线性微分方程组的问题，矩阵函数在其中起着重要的作用.

首先讨论一阶线性常系数齐次微分方程组

$$\begin{cases}\dfrac{\mathrm{d}\boldsymbol{X}}{\mathrm{d}t}=\boldsymbol{AX},\\ \boldsymbol{X}(0)=\boldsymbol{X}_0.\end{cases}$$

这里，

$$\boldsymbol{A}=(a_{ij})_{n\times n},$$
$$\boldsymbol{X}(t)=(x_1(t),\ x_2(t),\ \cdots,\ x_n(t))^{\mathrm{T}},$$
$$\boldsymbol{X}_0=(x_1(0),\ x_2(0),\ \cdots,\ x_n(0))^{\mathrm{T}}.$$

考虑一元函数微分方程

$$\begin{cases}\dfrac{\mathrm{d}x}{\mathrm{d}t}=ax,\\ x(0)=x_0.\end{cases}$$

由分离变量法，

$$\frac{\mathrm{d}x}{x}=a\mathrm{d}t,$$

两边积分

$$\ln x=at+\ln C,\ x=C\mathrm{e}^{at},$$

代入初始条件

$$x=x_0\mathrm{e}^{at}=\mathrm{e}^{at}x_0.$$

对于微分方程组，同样可以猜测它的解为

$$\boldsymbol{X}=\mathrm{e}^{\boldsymbol{A}t}\boldsymbol{X}_0.$$

由

$$\frac{\mathrm{d}\boldsymbol{X}}{\mathrm{d}t}=\boldsymbol{A}\mathrm{e}^{\boldsymbol{A}t}\cdot\boldsymbol{X}_0=\boldsymbol{AX}$$

可知它确实是方程组的解，同理可证

$$\begin{cases}\dfrac{\mathrm{d}\boldsymbol{X}}{\mathrm{d}t}=\boldsymbol{AX},\\ \boldsymbol{X}(t_0)=\boldsymbol{X}_{t_0}\end{cases}$$

的解是

$$\boldsymbol{X}=\mathrm{e}^{\boldsymbol{A}(t-t_0)}\boldsymbol{X}(t_0).$$

例 6.18 求

$$\begin{cases}\dfrac{\mathrm{d}\boldsymbol{X}}{\mathrm{d}t}=\boldsymbol{AX},\\ \boldsymbol{X}(0)=(1,\ 1,\ 1)^{\mathrm{T}},\end{cases}\quad \boldsymbol{A}=\begin{pmatrix}3&-1&1\\2&0&-1\\1&-1&2\end{pmatrix}$$

的解.

解 $$|\lambda\boldsymbol{E}-\boldsymbol{A}|=\lambda(\lambda-2)(\lambda-3).$$

设

$$\mathrm{e}^{\boldsymbol{A}t}=a_0\boldsymbol{E}+a_1\boldsymbol{A}+a_2\boldsymbol{A}^2,$$

可求得 $\mathrm{e}^{\boldsymbol{A}t}$，再由 $\boldsymbol{X}=\mathrm{e}^{\boldsymbol{A}t}\boldsymbol{X}_0$，得

$$\boldsymbol{X}=-\frac{1}{6}\begin{pmatrix}-1+3\mathrm{e}^{2t}-8\mathrm{e}^{3t}\\-5+3\mathrm{e}^{2t}-4\mathrm{e}^{3t}\\-2-4\mathrm{e}^{3t}\end{pmatrix}.$$

再考虑一阶常系数非齐次线性方程组

$$\begin{cases}\dfrac{\mathrm{d}\boldsymbol{X}}{\mathrm{d}t}=\boldsymbol{AX}+\boldsymbol{F}(t),\\ \boldsymbol{X}\Big|_{t=t_0}=\boldsymbol{X}(t_0).\end{cases}$$

先考虑一阶函数微分方程

$$\frac{\mathrm{d}x}{\mathrm{d}t}=ax+f(t),$$

用积分因子法，两边乘以 e^{-at}，得

$$\mathrm{e}^{-at}x'-\mathrm{e}^{-at}ax=\mathrm{e}^{-at}f(t),$$

即

$$(\mathrm{e}^{-at}x)'=\mathrm{e}^{-at}f(t),$$

$$\mathrm{e}^{-at}x-\mathrm{e}^{-at_0}x(t_0)=\int_{t_0}^{t}(\mathrm{e}^{-at}x)'\mathrm{d}t=\int_{t_0}^{t}\mathrm{e}^{-a\tau}f(\tau)\mathrm{d}\tau,$$

$$x=\mathrm{e}^{a(t-t_0)}x(t_0)+\int_{t_0}^{t}\mathrm{e}^{a(t-\tau)}f(\tau)\mathrm{d}\tau.$$

对微分方程组，用同样的方法，两边乘以 $\mathrm{e}^{-\boldsymbol{A}t}$，得

$$\boldsymbol{X}(t)=\mathrm{e}^{\boldsymbol{A}(t-t_0)}\boldsymbol{X}(t_0)+\int_{t_0}^{t}\mathrm{e}^{\boldsymbol{A}(t-\tau)}\boldsymbol{F}(\tau)\mathrm{d}\tau.$$

这就是方程组的解.

例 6.19 求

$$\begin{cases}\dfrac{\mathrm{d}\boldsymbol{X}}{\mathrm{d}t}=\boldsymbol{AX}+\boldsymbol{F}(t),\\ \boldsymbol{X}(0)=(1,1,1)^{\mathrm{T}},\end{cases}\qquad \boldsymbol{F}(t)=(0,0,\mathrm{e}^{2t})^{\mathrm{T}}$$

的解，$\boldsymbol{A}$ 与前面例子的相同.

解 由于 $\mathrm{e}^{\boldsymbol{A}t}\boldsymbol{X}(0)$ 已经求出，只需要计算

$$\boldsymbol{I}=\int_{0}^{t}\mathrm{e}^{\boldsymbol{A}(t-\tau)}\boldsymbol{F}(\tau)\mathrm{d}\tau.$$

积分得

$$\boldsymbol{I}=-\frac{1}{6}\begin{pmatrix}\dfrac{1}{2}+\left(9t+\dfrac{15}{2}\right)\mathrm{e}^{2t}-8\mathrm{e}^{3t}\\ \dfrac{5}{2}+\left(9t+\dfrac{3}{2}\right)\mathrm{e}^{2t}-4\mathrm{e}^{3t}\\ 1+3\mathrm{e}^{2t}-4\mathrm{e}^{3t}\end{pmatrix}.$$

最后

$$\boldsymbol{X}(t)=\frac{1}{6}\begin{pmatrix}\dfrac{1}{2}-\left(9t+\dfrac{3}{2}\right)\mathrm{e}^{2t}+16\mathrm{e}^{3t}\\ \dfrac{5}{2}-\left(9t+\dfrac{9}{2}\right)\mathrm{e}^{2t}+8\mathrm{e}^{3t}\\ 1-3\mathrm{e}^{2t}+8\mathrm{e}^{3t}\end{pmatrix}.$$

习题 6.5

1. 求微分方程

$$\begin{cases}\dfrac{\mathrm{d}\boldsymbol{X}}{\mathrm{d}t}=\boldsymbol{A}\boldsymbol{X},\\ \boldsymbol{X}(0)=(0,\ 1)^{\mathrm{T}},\end{cases}\quad \boldsymbol{A}=\begin{pmatrix}-1&2\\-2&1\end{pmatrix}$$

的解.

2. 求微分方程

$$\begin{cases}\dfrac{\mathrm{d}\boldsymbol{X}}{\mathrm{d}t}=\boldsymbol{A}\boldsymbol{X}+\boldsymbol{F}(t),\\ \boldsymbol{X}(0)=(0,\ 1)^{\mathrm{T}},\end{cases}\quad \boldsymbol{A}=\begin{pmatrix}3&5\\-5&3\end{pmatrix},\ \boldsymbol{F}(t)=\begin{pmatrix}\mathrm{e}^{-t}\\0\end{pmatrix}$$

的解.

3. 求解微分方程的初值问题：

$$\begin{cases}\dfrac{\mathrm{d}\boldsymbol{X}}{\mathrm{d}t}=\boldsymbol{A}\boldsymbol{X},\\ \boldsymbol{X}(0)=(1,\ 1,\ 1)^{\mathrm{T}},\end{cases}\quad \boldsymbol{A}=\begin{pmatrix}3&0&8\\3&-1&6\\-2&0&-5\end{pmatrix}.$$

4. 求解微分方程的初值问题：

$$\begin{cases}\dfrac{\mathrm{d}\boldsymbol{X}}{\mathrm{d}t}=\boldsymbol{A}\boldsymbol{X}+\boldsymbol{F}(t),\\ \boldsymbol{X}(0)=(1,\ 1,\ -1)^{\mathrm{T}},\end{cases}\quad \boldsymbol{A}=\begin{pmatrix}-2&1&0\\-4&2&0\\1&0&1\end{pmatrix},\ \boldsymbol{F}(t)=\begin{pmatrix}1\\2\\\mathrm{e}^{t}-1\end{pmatrix}.$$

6.6 线性系统的能控性与能观性

上一节讲述了求解一阶微分方程组的方法，并且给出了解的计算公式. 下面介绍一下这个公式的应用，用它来讨论系统的能控性和能观性. 设系统为

$$\begin{cases}\dfrac{\mathrm{d}\boldsymbol{X}}{\mathrm{d}t}=\boldsymbol{A}\boldsymbol{X}+\boldsymbol{B}\boldsymbol{u},\\ \boldsymbol{Y}(t)=\boldsymbol{C}\boldsymbol{X}+\boldsymbol{D}\boldsymbol{u}.\end{cases}$$

其中 $\boldsymbol{A}$, $\boldsymbol{B}$, $\boldsymbol{C}$, $\boldsymbol{D}$ 均为常数矩阵，系统矩阵 $\boldsymbol{A}$ 是 $n\times n$ 矩阵，输入矩阵 $\boldsymbol{B}$ 是 $n\times m$ 的，输出矩阵 $\boldsymbol{C}$ 是 $p\times n$ 的，又矩阵 $\boldsymbol{D}$ 是 $p\times m$ 的. 状态向量 $\boldsymbol{X}(t)$ 是 n 维列向量，输入向量 $\boldsymbol{u}(t)$ 和输出向量 $\boldsymbol{Y}(t)$ 分别是 m 维、p 维列向量. 这个系统简称为系统($\boldsymbol{A}$, $\boldsymbol{B}$, $\boldsymbol{C}$).

下面先定义能控性：

定义 6.9 对于一个线性定常系统，若在某个有限时间$[0,\ t_1]$内存在输入 $\boldsymbol{u}(t)$ $(0\leqslant t\leqslant t_1)$ 能够使系统从任意初始状态 $\boldsymbol{X}(0)=\boldsymbol{X}_0$ 转移到 $\boldsymbol{X}(t_1)=\boldsymbol{0}$，则称此状态是能控的；若系统的所有状态是能控的，则称此系统是完全能控的.

由前面知道系统的解为

$$\boldsymbol{X}(t_1)=\mathrm{e}^{\boldsymbol{A}t_1}\boldsymbol{X}(0)+\int_0^{t_1}\mathrm{e}^{\boldsymbol{A}(t_1-\tau)}\boldsymbol{B}\boldsymbol{u}(\tau)\,\mathrm{d}\tau.$$

欲使

$$\boldsymbol{X}(t_1)=\boldsymbol{0},$$

得

$$\mathrm{e}^{At_1}\boldsymbol{X}(0)+\int_0^{t_1}\mathrm{e}^{At_1}\cdot\mathrm{e}^{-A\tau}\boldsymbol{B}(\tau)\,\mathrm{d}\tau=\boldsymbol{0},$$

约去 e^{At_1}，得

$$\boldsymbol{X}(\boldsymbol{0})+\int_0^{t_1}\mathrm{e}^{-A\tau}\boldsymbol{Bu}\,\mathrm{d}\tau=\boldsymbol{0},\tag{$*$}$$

可见，只要取恰当的 $\boldsymbol{u}$ 使得(*)= $\boldsymbol{0}$ 即可.

通过观察，可以取

$$\boldsymbol{u}(t)=-\boldsymbol{B}^{\mathrm{T}}\mathrm{e}^{-A^{\mathrm{T}}t}\left(\int_0^{t_1}\mathrm{e}^{-A\tau}\boldsymbol{BB}^{\mathrm{T}}\mathrm{e}^{-A^{\mathrm{T}}\tau}\mathrm{d}\tau\right)^{-1}\boldsymbol{X}(0).$$

当然这里假设了矩阵

$$\boldsymbol{W}_c=\int_0^{t_1}\mathrm{e}^{-A\tau}\boldsymbol{BB}^{\mathrm{T}}\mathrm{e}^{-A^{\mathrm{T}}\tau}\mathrm{d}\tau$$

可逆. 即这个矩阵可逆时，系统能控.

反过来，如果系统是能控的，则矩阵 $\boldsymbol{W}_c$ 一定是可逆的，否则会引出矛盾.

假设 $\boldsymbol{W}_c$ 不可逆，则一定存在非零向量

$$\boldsymbol{\alpha}=(a_1,\ a_2,\ \cdots,\ a_n)^{\mathrm{T}},$$

使得对任意时刻 $t=t_1\geqslant0$，下面的式子成立：

$$\boldsymbol{\alpha}^{\mathrm{T}}\boldsymbol{W}_c\boldsymbol{\alpha}=0,$$

即

$$\int_0^{t_1}\boldsymbol{\alpha}^{\mathrm{T}}\mathrm{e}^{-A\tau}\boldsymbol{BB}^{\mathrm{T}}\mathrm{e}^{-A^{\mathrm{T}}\tau}\boldsymbol{\alpha}\,\mathrm{d}\tau=0.$$

故对任意时刻 t 有

$$\boldsymbol{\alpha}^{\mathrm{T}}\mathrm{e}^{-At}\boldsymbol{B}=0.$$

现系统是完全能控的，则必然存在某个 $\boldsymbol{u}$，使其作用在系统上，使得

$$\boldsymbol{X}(t_1)=\boldsymbol{0},$$

故

$$\int_0^{t_1}\mathrm{e}^{-A\tau}\boldsymbol{Bu}\,\mathrm{d}\tau=-\boldsymbol{X}(0).$$

两边左乘以 $\boldsymbol{\alpha}^{\mathrm{T}}$ 有

$$\int_0^{t_1}\boldsymbol{\alpha}^{\mathrm{T}}\mathrm{e}^{-A\tau}\boldsymbol{Bu}\,\mathrm{d}\tau=-\boldsymbol{\alpha}^{\mathrm{T}}\boldsymbol{X}(0)=0.$$

由于 $\boldsymbol{X}(0)$ 是任意的，现在选择 $\boldsymbol{X}(0)=\boldsymbol{\alpha}$，则

$$\boldsymbol{\alpha}^{\mathrm{T}}\boldsymbol{\alpha}=0.$$

这与 $\boldsymbol{\alpha}$ 是非零向量矛盾. 故 $\boldsymbol{W}_c$ 是可逆的. 由此可以得到：

定理 6.7　系统$(\boldsymbol{A},\ \boldsymbol{B},\ \boldsymbol{C})$完全能控的充要条件是 n 阶对称矩阵 $\boldsymbol{W}_c$ 是可逆的.

上面的定理在理论上是重要的，但是其中涉及矩阵函数，所以计算不是很方便，下面给出一种较简便的判别方法：

定理 6.8　系统$(\boldsymbol{A},\ \boldsymbol{B},\ \boldsymbol{C})$完全能控的充要条件是 $n\times mn$ 矩阵

$$\boldsymbol{W}_c=(\boldsymbol{B}\quad \boldsymbol{AB}\quad \boldsymbol{A}^2\boldsymbol{B}\cdots\boldsymbol{A}^{n-1}\boldsymbol{B})$$

的秩为 n，$\boldsymbol{W}_c$ 称为能控性矩阵.

这个定理可以用反证法来证明. 这里只给出充分性的证明, 如果系统不是完全能控的, 则矩阵 $\boldsymbol{W}_c$ 是不可逆的, 故由 $\boldsymbol{\alpha}^{\mathrm{T}}\mathrm{e}^{-\boldsymbol{A}t}\boldsymbol{B}=0$ 两边求 k 次导数得

$$\boldsymbol{\alpha}^{\mathrm{T}}(-\boldsymbol{A})^k\mathrm{e}^{-\boldsymbol{A}t}\boldsymbol{B}=0 \quad (k=1, 2, \cdots, n-1).$$

令 $t=0$, 得

$$\boldsymbol{\alpha}^{\mathrm{T}}\boldsymbol{A}^k\boldsymbol{B}=0,$$

而在 $\boldsymbol{\alpha}^{\mathrm{T}}\mathrm{e}^{-\boldsymbol{A}t}\boldsymbol{B}=0$ 中, 令 $t=0$ 得 $\boldsymbol{\alpha}^{\mathrm{T}}\boldsymbol{B}=0$, 故对于 $k=1, 2, \cdots, n-1$, 均有

$$\boldsymbol{\alpha}^{\mathrm{T}}\boldsymbol{A}^k\boldsymbol{B}=0,$$

即

$$\boldsymbol{\alpha}^{\mathrm{T}}(\boldsymbol{B}, \boldsymbol{AB}, \cdots, \boldsymbol{A}^{n-1}\boldsymbol{B})=0.$$

这与矩阵 $\boldsymbol{W}_c$ 的秩为 n 相矛盾, 系统是能控的.

例 6.20 已知

$$\boldsymbol{A}=\begin{pmatrix}1&3&2\\0&2&0\\0&1&3\end{pmatrix}, \boldsymbol{B}=\begin{pmatrix}2&1\\1&1\\-1&-1\end{pmatrix},$$

试判别系统$(\boldsymbol{A}, \boldsymbol{B}, \boldsymbol{C})$是否完全能控.

解 利用上面的定理:

$$\boldsymbol{W}_c=(\boldsymbol{B} \quad \boldsymbol{AB} \quad \boldsymbol{A}^2\boldsymbol{B})=\begin{pmatrix}2&1&3&2&5&4\\1&1&2&2&4&4\\-1&-1&-2&-2&-4&4\end{pmatrix}$$

$$\to\begin{pmatrix}2&1&3&2&5&4\\1&1&2&2&4&4\\0&0&0&0&0&0\end{pmatrix},$$

故 $\boldsymbol{W}_c$ 的秩 $\neq 3$, 从而系统不是完全能控的.

下面考虑能观性的问题.

定义 6.10 对于一个线性定常系统, 若在有限的时间$[0, t_1]$内, 能够通过观察系统的输出 $\boldsymbol{Y}(t)$ 而唯一地确定任意初始状态 $\boldsymbol{X}(0)$, 则称此系统是完全能观测的, 或者说对每一个状态是能观测的.

与能控性的分析方法类似, 可以得到:

定理 6.9 系统$(\boldsymbol{A}, \boldsymbol{B}, \boldsymbol{C})$完全能观测的充要条件是 n 阶对称矩阵

$$\boldsymbol{M}=\int_0^{t_1}\mathrm{e}^{\boldsymbol{A}^{\mathrm{T}}\tau}\boldsymbol{C}^{\mathrm{T}}\boldsymbol{C}\mathrm{e}^{\boldsymbol{A}\tau}\mathrm{d}\tau$$

是可逆的.

证明 充分性:

由解

$$\boldsymbol{Y}(t)=\boldsymbol{CX}+\boldsymbol{Du}=\boldsymbol{C}\mathrm{e}^{\boldsymbol{A}t}\boldsymbol{X}(0)+\boldsymbol{C}\int_0^t\mathrm{e}^{\boldsymbol{A}(t-\tau)}\boldsymbol{Bu}\mathrm{d}\tau+\boldsymbol{Du},$$

设

$$\boldsymbol{C}\mathrm{e}^{\boldsymbol{A}t}\boldsymbol{X}(0)=\boldsymbol{Y}(t)-\boldsymbol{C}\int_0^t\mathrm{e}^{\boldsymbol{A}(t-\tau)}\boldsymbol{Bu}\mathrm{d}\tau-\boldsymbol{Du}=\boldsymbol{Z}(t),$$

能观测相当于对 $\boldsymbol{Y}(t)$ 能够解出 $\boldsymbol{X}(0)$.

以 $\mathrm{e}^{\boldsymbol{A}^{\mathrm{T}}t}\boldsymbol{C}^{\mathrm{T}}$ 左乘两边, 并且积分得

$$\int_0^{t_1} e^{A^{T}t}C^{T}Ce^{At}\mathrm{d}tX(0)=\int_0^{t_1} e^{A^{T}t}C^{T}Z(t)\mathrm{d}t.$$

若 M 是可逆的，则可以解出 $X(0)$，说明系统是完全能观测的.

必要性：

若系统是完全能观测的，可以用反证法证明矩阵 M 是可逆的. 事实上，如果 M 不可逆，则存在非零向量 α，使得

$$\alpha^{T}M\alpha=0,$$

即

$$\alpha^{T}\left(\int_0^{t_1} e^{A^{T}t}C^{T}Ce^{At}\mathrm{d}t\right)\alpha=0.$$

这表明

$$t\geqslant 0,\ Ce^{At}\alpha=0.$$

若取 $\alpha=X(0)\neq 0$，则对于任意的 $t\geqslant 0$ 有

$$Ce^{At}X(0)=0.$$

这时 $X(0)$ 不能唯一确定，系统不是完全能观测的.

与能控性类似，可以得到：

定理 6.10　系统 (A, B, C) 完全能观测的充要条件是矩阵

$$W_o=\begin{pmatrix} C \\ CA \\ CA^2 \\ \vdots \\ CA^{n-1} \end{pmatrix}$$

的秩等于 n，即 $pn\times n$ 矩阵 W_o 的秩等于 n. 矩阵 W_o 叫作能观测性矩阵.

例 6.21　判别系统

$$\begin{cases} \dfrac{\mathrm{d}X}{\mathrm{d}t}=AX+Bu,\ A=\begin{pmatrix} -4 & 1 \\ -6 & 1 \end{pmatrix},\ B=\begin{pmatrix} 3 \\ 7 \end{pmatrix}, \\ Y(t)=CX,\ C=\begin{pmatrix} 1 & 1 \\ 2 & 3 \end{pmatrix} \end{cases}$$

的能观测性.

解

$$W_o=\begin{pmatrix} C \\ CA \end{pmatrix}=\begin{pmatrix} 1 & 1 \\ 2 & 3 \\ -10 & 2 \\ -26 & 5 \end{pmatrix}.$$

它的秩为 2，系统完全能观测.

第七章　矩阵特征值的估计

矩阵特征值是矩阵的重要参数之一. 从前面的讨论可以看到, 把矩阵对角化或者求矩阵的约当标准形、判别矩阵的收敛, 以及矩阵函数的性质都与特征值有关. 当矩阵的阶数较高时, 寻找矩阵的特征值比较困难, 这个时候如果能够给出特征值的位置或者给出特征值的取值范围, 会对解决问题有一定的帮助. 不具体求特征值, 而是给出特征值的范围, 这就是特征值的估计问题. 例如讨论矩阵幂级数 $\sum\limits_{k=0}^{+\infty} C_k\boldsymbol{A}^k$ 是否收敛, 只要知道矩阵 $\boldsymbol{A}$ 的谱半径是否小于幂级数 $\sum\limits_{k=0}^{+\infty} C_k z^k$ 的收敛半径即可. 在自动控制理论中, 系统的稳定性与特征值的实数部分的符号有关, 如果实数部分为负, 则系统稳定. 因此通过矩阵本身的数值来给出特征值的范围就显得很重要.

7.1　特征值界的估计

求矩阵 $\boldsymbol{A}$ 的特征值就是解对应的特征方程 $|\lambda\boldsymbol{E}-\boldsymbol{A}|=0$, 当方程的阶数较高时, 求解十分困难. 而有时可以通过矩阵本身的数值给出特征值的一个估计. 如前面讲到范数时曾经有

$$\rho(\boldsymbol{A})\leqslant\|\boldsymbol{A}\|,$$

即矩阵的谱半径小于任何一个矩阵的范数, 而范数可以通过矩阵本身的数值来计算, 不需要解方程.

下面给出特征值的估计.

如果 λ 是 $\boldsymbol{A}$ 的特征值, $\boldsymbol{x}$ 为特征向量, 则 $\boldsymbol{Ax}=\lambda\boldsymbol{x}$, 进一步假设 $\boldsymbol{x}$ 是单位向量, 则 $\boldsymbol{x}^{\mathrm{H}}\boldsymbol{x}=1$, 两边乘以 $\boldsymbol{x}^{\mathrm{H}}$:

$$\boldsymbol{x}^{\mathrm{H}}\boldsymbol{Ax}=\lambda\boldsymbol{x}^{\mathrm{H}}\boldsymbol{x}=\lambda,$$

即 λ 可以由 $\boldsymbol{x}^{\mathrm{H}}\boldsymbol{Ax}$ 决定, 可以通过估计这个函数来估计特征值.

定理 7.1　设 $\boldsymbol{A}\in\mathbf{C}^{n\times n}$, $\boldsymbol{x}\in\mathbf{C}^n$, 且 $\|\boldsymbol{x}\|_2=1$, 则

$$|\boldsymbol{x}^{\mathrm{H}}\boldsymbol{Ax}|\leqslant\|\boldsymbol{A}\|_{m_\infty}.$$

证明　设

$$\boldsymbol{A}=(a_{ij})_{n\times n},\ \boldsymbol{x}=(x_1,x_2,\cdots,x_n)^{\mathrm{T}},$$

$$\begin{aligned}|\boldsymbol{x}^{\mathrm{H}}\boldsymbol{Ax}|&=\Big|\sum_{ij}a_{ij}\bar{x}_i x_j\Big|\leqslant\sum_{ij}|a_{ij}||\bar{x}_i||x_j|\\&\leqslant\max_{ij}|a_{ij}|\cdot\sum_{ij}|\bar{x}_i||x_j|\leqslant\max_{ij}|a_{ij}|\cdot\frac{1}{2}\sum_{ij}(|x_i|^2+|x_j|^2)\\&=\max_{ij}|a_{ij}|\frac{1}{2}(n+n)=\|\boldsymbol{A}\|_{m_\infty}.\end{aligned}$$

推论　由 $\lambda=\boldsymbol{x}^{\mathrm{H}}\boldsymbol{Ax}$, 得 $|\lambda|\leqslant\|\boldsymbol{A}\|_{m_\infty}$.

定理 7.2　设

$$\boldsymbol{A}\in\mathbf{C}^{n\times n},$$

$$B=\frac{1}{2}(A+A^{H}),\ C=\frac{1}{2}(A-A^{H}),$$

则 A 的特征值 λ 满足

$$|\mathrm{Re}\lambda|\leqslant\|B\|_{m_\infty},\ |\mathrm{Im}\lambda|\leqslant\|C\|_{m_\infty}.$$

证明　由 $\lambda=x^{H}Ax$，$\bar{\lambda}=x^{H}A^{H}x$，得

$$|\mathrm{Re}\lambda|=\frac{1}{2}|\lambda+\bar{\lambda}|=\frac{1}{2}|x^{H}(A+A^{H})x|\leqslant\|B\|_{m_\infty},$$

$$|\mathrm{Im}\lambda|=\frac{1}{2}|\lambda-\bar{\lambda}|=\frac{1}{2}|x^{H}(A-A^{H})x|\leqslant\|C\|_{m_\infty}.$$

推论　厄米特矩阵的特征值都是实数，反厄米特矩阵的特征值为零或者纯虚数.

例 7.1　设

$$A=\begin{pmatrix}0&2&1\\-2&0&2\\-1&-2&0\end{pmatrix},$$

估计 A 的特征值的界.

解　因为

$$B=\frac{1}{2}(A+A^{H})=O,\ C=\frac{1}{2}(A-A^{H})=A,$$

$$\|A\|_{m_\infty}=6,\ |\mathrm{Re}\lambda|=0,\ |\mathrm{Im}\lambda|\leqslant 6,$$

容易求得 A 的特征值：

$$\lambda_1=0,\ \lambda_2=3\mathrm{i},\ \lambda_3=-3\mathrm{i},$$

$$|\mathrm{Im}\lambda|\leqslant 3.$$

关于矩阵特征值模的平方和，有下面的上界估计：

定理 7.3　（舒尔定理）设 $A\in\mathbf{C}^{n\times n}$ 的特征值为 $\lambda_1,\lambda_2,\cdots,\lambda_n$，则

$$|\lambda_1|^2+|\lambda_2|^2+\cdots+|\lambda_n|^2\leqslant\|A\|_F^2,$$

且等式成立的充要条件是 A 为正规矩阵.

证明　根据矩阵分解定理，存在酉矩阵 U，使得

$$U^{H}AU=T.$$

T 为 上三角矩阵，所以

$$\sum_{i=1}^{n}|\lambda_i|^2=\sum_{i=1}^{n}|t_{ii}|^2\leqslant\|T\|_F^2=\|U^{H}AU\|_F^2=\|A\|_F^2.$$

习题 7.1

1. 证明下面矩阵 A 的谱半径 $\rho(A)\leqslant 1$：

$$A=\begin{pmatrix}\frac{1}{4}&\frac{1}{4}&\frac{1}{4}&\frac{1}{4}\\\frac{1}{5}&\frac{2}{5}&\frac{1}{5}&\frac{1}{5}\\\frac{1}{6}&\frac{1}{6}&\frac{3}{6}&\frac{1}{6}\\\frac{1}{7}&\frac{1}{7}&\frac{1}{7}&\frac{3}{7}\end{pmatrix}.$$

2. 估计下面矩阵 $\boldsymbol{A}$ 的特征值的界限：

$$\boldsymbol{A}=\begin{pmatrix}0.9 & 0.01 & 0.12\\ 0.01 & 0.8 & 0.13\\ 0.01 & 0.02 & 0.4\end{pmatrix}.$$

7.2 特征值的包含区域

上一节给出了特征值大小的估计，本节介绍一些判别矩阵特征值位置的方法.

7.2.1 Gerschgorin 盖尔圆定理

与上一节的内容类似，我们试图用矩阵的元素给出特征值的估计. 设 λ 为 $\boldsymbol{A}=(a_{ij})_{n\times n}$ 的特征值，$\boldsymbol{x}=(x_1, x_2, \cdots, x_n)^{\mathrm{T}}$ 为 $\boldsymbol{A}$ 的属于 λ 的特征向量，则由 $\boldsymbol{Ax}=\lambda\boldsymbol{x}$ 得

$$\sum_{j=1}^{n} a_{ij}x_j=\lambda x_i \quad (i=1, 2, \cdots, n),$$

$$x_i(\lambda-a_{ii})=\sum_{\substack{j=1\\ j\neq i}}^{n} a_{ij}x_j;$$

$$|\lambda-a_{ii}|=\left|\sum a_{ij}\frac{x_j}{x_i}\right|\leqslant \sum |a_{ij}|\left|\frac{x_j}{x_i}\right|.$$

如果 $|x_i\geqslant|x_j|$，则 $\left|\dfrac{x_j}{x_i}\right|\leqslant 1$，得

$$|\lambda-a_{ii}|=\sum_{\substack{j=1\\ j\neq i}}^{n}|a_{ij}|.$$

上述不等式在几何上是一个圆，即特征值落在一个圆中.

定义 7.1 设 $\boldsymbol{A}=(a_{ij})_{n\times n}$，记

$$R_i=\sum_{\substack{j=1\\ j\neq i}}^{n}|a_{ij}|.$$

称复平面的圆域

$$G_i=\{z\,|\,|z-a_{ii}|\leqslant R_i,\ z\in\mathbf{C}\}$$

为 $\boldsymbol{A}$ 的第 i 个盖尔圆，称 R_i 为盖尔圆的半径. 由于

$$\boldsymbol{x}=(x_1, x_2, \cdots, x_n)$$

的分量中必有一个 x_i 使得 $|x_i|=\max\limits_j|x_j|$，所以必有一个 i 使得

$$|\lambda-a_{ii}|\leqslant R_i$$

成立，由此得到：

定理 7.4 矩阵 $\boldsymbol{A}\in\mathbf{C}^{n\times n}$ 的全体特征值都在它的 n 个盖尔圆构成的并集之中.

注意到 $\boldsymbol{A}\in\mathbf{C}^{n\times n}$ 与 $\boldsymbol{A}^{\mathrm{T}}$ 的特征值相同，根据定理 7.4 可得，$\boldsymbol{A}$ 的特征值也在 $\boldsymbol{A}^{\mathrm{T}}$ 的 n 个盖尔圆构成的并集之中. 称 $\boldsymbol{A}^{\mathrm{T}}$ 的盖尔圆为 $\boldsymbol{A}$ 的列盖尔圆.

关于盖尔圆，还可以有进一步的结果，矩阵 $\boldsymbol{A}$ 的任一个由 m 个圆盘组成的连通区域中，有且只有 m 个特征值(当 $\boldsymbol{A}$ 的主对角线上有相同的元素时，则按重复次数计算，有相同特征值时也需按重复次数计算).

证明：记 $\boldsymbol{D}=\operatorname{diag}(a_{11}, a_{22}, \cdots, a_{nn})$，$\boldsymbol{B}=\boldsymbol{A}-\boldsymbol{D}$，

令 $\boldsymbol{A}(t)=\boldsymbol{D}+t\boldsymbol{B}$，$0\leqslant t\leqslant 1$.

不失一般性，假定 n 个盖尔圆中，前面 m 个盖尔圆 $G_1(\boldsymbol{A})$，…，$G_m(\boldsymbol{A})$ 构成一连通区域，

$$G'=\bigcup_{i=1}^{m}G_i(\boldsymbol{A}),$$

并与其余的 $n-m$ 个盖尔圆分离，即 G' 与 $G''=\bigcup_{i=m+1}^{n}G_i(\boldsymbol{A})$，不相交，证

$$G_i(\boldsymbol{A}(t))=\{|z-a_{ii}|\leqslant t\sum_{\substack{j=1\\ j\neq i}}^{n}|a_{ij}|\},\ i=1, 2, \cdots, n,$$

$$G'(t)=\bigcup_{i=1}^{m}G_i(\boldsymbol{A}(t)),\ G''(t)=\bigcup_{i=m+1}^{n}G_i(\boldsymbol{A}(t)),$$

则

$$G_i(\boldsymbol{A}(t))\subseteq G_i(\boldsymbol{A}),\ i=1, 2, \cdots, n,$$
$$G'(t)\subseteq G',\ G''(t)\subseteq G''.$$

且对所有的 $t\in[0,1]$，$G'(t)$ 与 $G''(t)$ 都不相交.

特别地，$G'(0)$ 恰好包含 $\boldsymbol{A}(0)$ 的 m 个特征值 a_{11}，a_{22}，…，a_{mm}，由盖尔圆定理，对所有的 t，$\boldsymbol{A}(t)$ 的特征值都包含在 $G'(t)\cup G''(t)$ 中.

因为多项式的根是其系数的连续函数，而矩阵特征多项式的系数是矩阵元素的连续函数，因此矩阵的特征值 $\lambda(\boldsymbol{A})$ 是矩阵元素的连续函数. 此时由于 $G'(t)$ 与 $G''(t)$ 不相交，则当 t 增加时，$\boldsymbol{A}(t)$ 的特征值，不能从 $G'(t)$ 跳跃到 $G''(t)$. 由以上讨论，$G'(0)$ 恰好包含 $\boldsymbol{A}(0)$ 的 m 个特征值，所以对所有的 $t\in[0, 1]$，$G'(t)$ 恰好包含 $\boldsymbol{A}(t)$ 的 m 个特征值，因此 $G'(1)$（即 G'）恰好包含 $\boldsymbol{A}(1)$（即 $\boldsymbol{A}$）的 m 个特征值.

例 7.2　估计矩阵

$$\boldsymbol{A}=\begin{pmatrix}-3 & 1 & 0 & 1\\ 1 & 3 & -2\mathrm{i} & 0\\ 0 & -\mathrm{i} & 8 & \mathrm{i}\\ 1 & 0 & 0 & 3\mathrm{i}\end{pmatrix}$$

的特征值的分布.

解　$\boldsymbol{A}$ 的 4 个盖尔圆是

$$G_1: |z+3|\leqslant 2,$$
$$G_2: |z-3|\leqslant 3,$$
$$G_3: |z-8|\leqslant 2,$$
$$G_4: |z-3\mathrm{i}|\leqslant 1,$$

故 $\boldsymbol{A}$ 的特征值在 $\cup G_i$ 之中，如图 7.1 所示.

$\boldsymbol{A}$ 的 4 个列盖尔圆是

$$G_1': |z+3|\leqslant 2,$$
$$G_2': |z-3|\leqslant 2,$$
$$G_3': |z-8|\leqslant 2,$$
$$G_4': |z-3\mathrm{i}|\leqslant 2,$$

故 $\boldsymbol{A}$ 的特征值在 $\cup G_i'$ 之中，如图 7.2 所示.

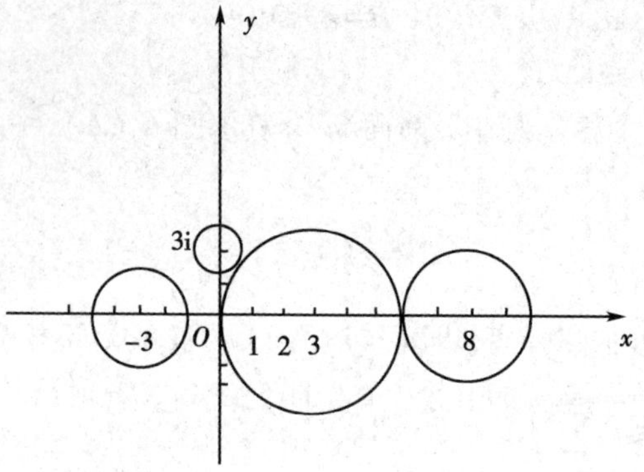

图 7.1

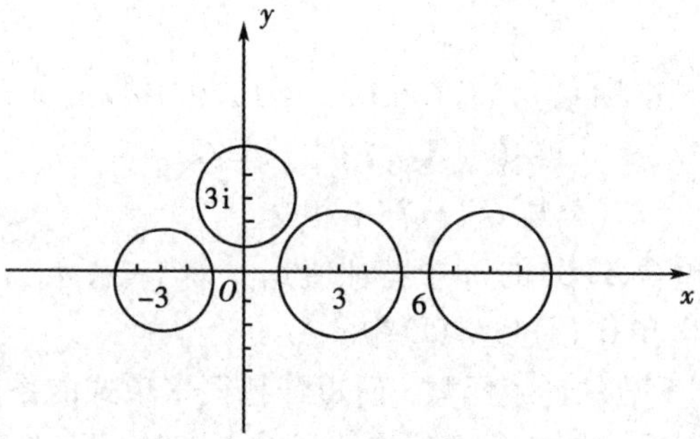

图 7.2

根据盖尔圆理论，对任何矩阵 $\boldsymbol{A}$，特征值一定满足 $|\lambda-a_{ii}|\leqslant R_i$. 若 $\lambda=0$，则 $|a_{ii}|\leqslant R_i$.

从这里可以看出，若矩阵 $\boldsymbol{A}$ 严格对角占优，即 $|a_{ii}|>R_i$，则

$$\lambda\neq 0,\ |\boldsymbol{A}|\neq 0.$$

推论 若 $\boldsymbol{A}$ 为实矩阵 $\boldsymbol{A}\in\mathbf{R}^{n\times n}$，且 $\boldsymbol{A}$ 的 n 个盖尔圆是孤立的，则 $\boldsymbol{A}$ 有 n 个互不相同的实特征值，

$\boldsymbol{A}$ 为实矩阵时，特征方程 $|\lambda\boldsymbol{E}-\boldsymbol{A}|=0$ 为实代数方程，它的复根一定成对出现，一定是共轭的，即 $a\pm\mathrm{i}b$ 的形式，且 $|\lambda-a_{ii}|\leqslant R_i$ 中，a_{ii} 是实数，特征值一定是实数.

7.2.2 特征值的隔离

前面讲述了用盖尔圆分析特征值的方法，当矩阵 $\boldsymbol{A}$ 与 $\boldsymbol{B}$ 相似，即 $\boldsymbol{B}=\boldsymbol{C}^{-1}\boldsymbol{A}\boldsymbol{C}$ 时，$\boldsymbol{A}$ 与 $\boldsymbol{B}$ 有相同的特征值. 利用这一个性质，可以通过改变盖尔圆的大小，分析某个特征值的位置. 在这里取比较简单的 $\boldsymbol{C}$，可以取成对角矩阵，且对角线元素为正.

$$\boldsymbol{C}=\mathrm{diag}(c_1,\ c_2,\ \cdots,\ c_n),$$

$$\boldsymbol{B}=\boldsymbol{C}\boldsymbol{A}\boldsymbol{C}^{-1}=\left(a_{ij}\frac{c_i}{c_j}\right)_{n\times n},$$

则 $\boldsymbol{A}$ 与 $\boldsymbol{B}$ 有相同的特征值，通过适当地选取正数 $c_1,\ c_2,\ \cdots,\ c_n$，有可能使每一个盖尔圆包含 $\boldsymbol{A}$ 的一个特征值. 选取 $c_1,\ c_2,\ \cdots,\ c_n$ 的一般原则是，欲使 $\boldsymbol{A}$ 的第 i 个盖尔圆缩小，可取 $c_i<1$，其余取为 1，此时 $\boldsymbol{B}$ 的其他盖尔圆适量放大；反之，欲使 $\boldsymbol{A}$ 的第 i 个盖尔圆放大，可取 $c_i>1$，其余取为 1，此时 $\boldsymbol{B}$ 的其余盖尔圆适量缩小.

例 7.3　应用盖尔圆定理隔离矩阵

$$\boldsymbol{A}=\begin{pmatrix}9&1&1\\1&\mathrm{i}&1\\1&1&3\end{pmatrix}$$

的特征值.

解　矩阵 $\boldsymbol{A}$ 的三个盖尔圆为

$$G_1: |z-9| \leqslant 2,$$
$$G_2: |z-\mathrm{i}| \leqslant 2,$$
$$G_3: |z-3| \leqslant 2.$$

易见 G_2 与 G_3 相交，而 G_1 孤立，如图 7.3 所示.

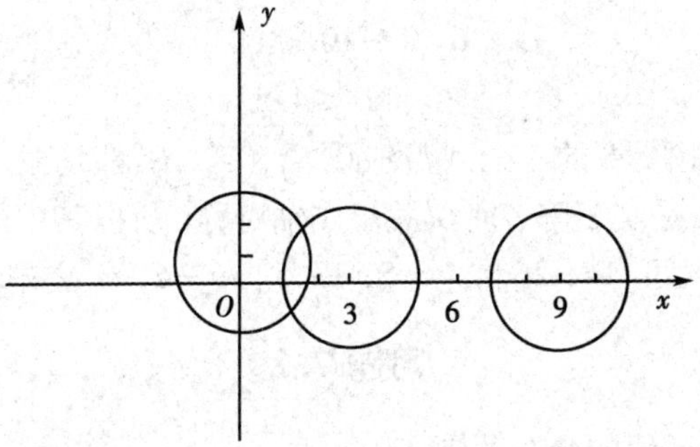

图 7.3

如选取

$$\boldsymbol{C}=\mathrm{diag}(2,\ 1,\ 1),$$

则

$$\boldsymbol{B}=\boldsymbol{CAC}^{-1}=\begin{pmatrix}9&2&2\\0.5&\mathrm{i}&1\\0.5&1&3\end{pmatrix}.$$

矩阵 $\boldsymbol{B}$ 的三个盖尔圆为

$$G_1'=|z-9| \leqslant 4,$$
$$G_2'=|z-\mathrm{i}| \leqslant 1.5,$$
$$G_3'=|z-3| \leqslant 1.5.$$

易见 G_2'与 G_3'的圆心距为 $\sqrt{10}$，而半径之和 $3<\sqrt{10}$.

G_1'与 G_3'的圆心距为 6，而半径之和 $5.5<6$，故 G_1'，G_2'，G_3'都是孤立的盖尔圆，如图 7.4 所示.

例 7.4　利用盖尔圆定理隔离矩阵

$$\boldsymbol{A}=\begin{pmatrix}20&3&2\\2&10&4\\4&0.5&0\end{pmatrix}$$

的特征值，并根据实矩阵特征值的性质改进所得结果.

解　矩阵 A 的三个盖尔圆是

$$G_1: |z-20| \leqslant 5,$$

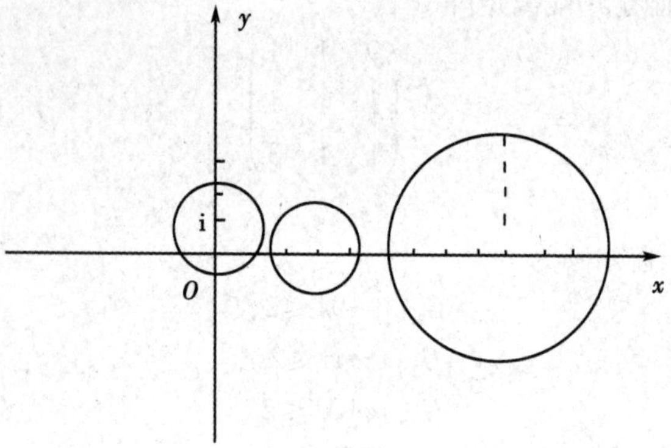

图 7.4

$$G_2: |z-10| \leqslant 6,$$

$$G_3: |z| \leqslant 4.5.$$

易见 G_1, G_2, G_3 相交，矩阵 $\boldsymbol{A}$ 的三个列盖尔圆 G_1', G_2', G_3'都是孤立的盖尔圆，其中各有一个矩阵的特征值. 因为 $\boldsymbol{A}$ 是实矩阵，且 G_i'关于实轴对称，所以其中的特征值必为实数，于是 $\boldsymbol{A}$ 的三个特征值分别在区间[14, 26], [6.5, 13.5], [−6, 6]之中.

习题 7.2

1. 估计下面矩阵 $\boldsymbol{A}$ 的特征值的分布范围：

$$\boldsymbol{A}=\begin{pmatrix} 1 & -0.5 & -0.5 & 0 \\ -0.5 & 1.5 & \mathrm{i} & 0 \\ 0 & -0.5\mathrm{i} & 5 & 0.5\mathrm{i} \\ -1 & 0 & 0 & 5\mathrm{i} \end{pmatrix}.$$

2. 应用盖尔圆定理证明

$$\boldsymbol{A}=\begin{pmatrix} 9 & 1 & 2 & 1 \\ 0 & 8 & 1 & 1 \\ 1 & 0 & 4 & 0 \\ 1 & 0 & 0 & 1 \end{pmatrix}$$

至少有两个实特征值.

3. 应用盖尔圆定理证明

$$\boldsymbol{A}=\frac{1}{27}\begin{pmatrix} 27 & 9 & 3 & 1 \\ -9 & 54 & 3 & 1 \\ -9 & -3 & 81 & 1 \\ -9 & -3 & -1 & 108 \end{pmatrix}$$

能够相似于对角矩阵，且 $\boldsymbol{A}$ 的特征值都是非零实数.

第八章　矩阵的直积

矩阵的直积(Kronecker 积)是一种重要的矩阵乘积，它在矩阵理论研究中起着重要的作用，是一种基本的数学工具. 本章介绍矩阵直积的基本性质，并利用矩阵的直积求解线性矩阵方程组和矩阵微分方程组.

8.1　直积的定义和性质

定义 8.1　设矩阵

$$\boldsymbol{A}=(a_{ij})_{m\times n},\ \boldsymbol{B}=(b_{ij})_{p\times q},$$

称如下的分块矩阵

$$\boldsymbol{A}\otimes\boldsymbol{B}=\begin{pmatrix} a_{11}\boldsymbol{B} & a_{12}\boldsymbol{B} & \cdots & a_{1n}\boldsymbol{B} \\ \vdots & \vdots & & \vdots \\ a_{m1}\boldsymbol{B} & a_{m2}\boldsymbol{B} & \cdots & a_{mn}\boldsymbol{B} \end{pmatrix}$$

为 $\boldsymbol{A}$ 与 $\boldsymbol{B}$ 的直积或者 Kronecker 积.

可见 $\boldsymbol{A}\otimes\boldsymbol{B}$ 是 $mp\times nq$ 矩阵.

例 8.1　设

$$\boldsymbol{A}=\begin{pmatrix} 1 & -1 \\ 2 & 5 \end{pmatrix},\ \boldsymbol{B}=\begin{pmatrix} -1 & 0 \\ 2 & 1 \end{pmatrix},$$

则

$$\boldsymbol{A}\otimes\boldsymbol{B}=\begin{pmatrix} \boldsymbol{B} & -\boldsymbol{B} \\ 2\boldsymbol{B} & 5\boldsymbol{B} \end{pmatrix}=\begin{pmatrix} -1 & 0 & 1 & 0 \\ 2 & 1 & -2 & -1 \\ -2 & 0 & -5 & 0 \\ 4 & 2 & 10 & 5 \end{pmatrix},$$

而

$$\boldsymbol{B}\otimes\boldsymbol{A}=\begin{pmatrix} -\boldsymbol{A} & \boldsymbol{O} \\ 2\boldsymbol{A} & \boldsymbol{A} \end{pmatrix}=\begin{pmatrix} -1 & 1 & 0 & 0 \\ -2 & -5 & 0 & 0 \\ 2 & -2 & 1 & -1 \\ 4 & 10 & 2 & 5 \end{pmatrix},$$

$$\boldsymbol{A}\otimes\boldsymbol{E}_2=\begin{pmatrix} \boldsymbol{E}_2 & -\boldsymbol{E}_2 \\ 2\boldsymbol{E}_2 & 5\boldsymbol{E}_2 \end{pmatrix},\ \boldsymbol{E}_2\otimes\boldsymbol{A}=\begin{pmatrix} \boldsymbol{A} & \boldsymbol{O} \\ \boldsymbol{O} & \boldsymbol{A} \end{pmatrix}.$$

可见

$$\boldsymbol{A}\otimes\boldsymbol{B}\neq\boldsymbol{B}\otimes\boldsymbol{A}.$$

矩阵的直积有下列性质：

(1)设 k 为常数，则

$$k(\boldsymbol{A}\otimes\boldsymbol{B})=(k\boldsymbol{A})\otimes\boldsymbol{B}=\boldsymbol{A}\otimes(k\boldsymbol{B}).$$

(2)设 $\boldsymbol{A}_1$, $\boldsymbol{A}_2$ 为同阶矩阵，则

$$(\boldsymbol{A}_1+\boldsymbol{A}_2)\otimes\boldsymbol{B}=\boldsymbol{A}_1\otimes\boldsymbol{B}+\boldsymbol{A}_2\otimes\boldsymbol{B},$$
$$\boldsymbol{B}\otimes(\boldsymbol{A}_1+\boldsymbol{A}_2)=\boldsymbol{B}\otimes\boldsymbol{A}_1+\boldsymbol{B}\otimes\boldsymbol{A}_2.$$

(3) $$(\boldsymbol{A}\otimes\boldsymbol{B})^{\mathrm{T}}=\boldsymbol{A}^{\mathrm{T}}\otimes\boldsymbol{B}^{\mathrm{T}}.$$

(4) $$(\boldsymbol{A}\otimes\boldsymbol{B})\otimes\boldsymbol{C}=\boldsymbol{A}\otimes(\boldsymbol{B}\otimes\boldsymbol{C}).$$

性质(1)、性质(2)、性质(3)比较容易验证，请读者证明. 下面证明性质(4)：

$$(\boldsymbol{A}\otimes\boldsymbol{B})\otimes\boldsymbol{C}=\begin{pmatrix} a_{11}\boldsymbol{B} & \cdots & a_{1n}\boldsymbol{B} \\ \vdots & & \vdots \\ a_{m1}\boldsymbol{B} & \cdots & a_{mn}\boldsymbol{B} \end{pmatrix}\otimes\boldsymbol{C}$$

$$=\begin{pmatrix} (a_{11}\boldsymbol{B})\otimes\boldsymbol{C} & \cdots & (a_{1n}\boldsymbol{B})\otimes\boldsymbol{C} \\ \vdots & & \vdots \\ (a_{m1}\boldsymbol{B})\otimes\boldsymbol{C} & \cdots & (a_{mn}\boldsymbol{B})\otimes\boldsymbol{C} \end{pmatrix}=\begin{pmatrix} a_{11}\boldsymbol{B}\otimes\boldsymbol{C} & \cdots & a_{1n}\boldsymbol{B}\otimes\boldsymbol{C} \\ \vdots & & \vdots \\ a_{m1}\boldsymbol{B}\otimes\boldsymbol{C} & \cdots & a_{mn}\boldsymbol{B}\otimes\boldsymbol{C} \end{pmatrix}=\boldsymbol{A}\otimes(\boldsymbol{B}\otimes\boldsymbol{C}).$$

(5)设

$$\boldsymbol{A}=(a_{ij})_{m\times n},\ \boldsymbol{B}=(b_{ij})_{p\times q},\ \boldsymbol{C}=(c_{ij})_{n\times s},\ \boldsymbol{D}=(d_{ij})_{q\times t},$$

则

$$(\boldsymbol{A}\otimes\boldsymbol{B})(\boldsymbol{C}\otimes\boldsymbol{D})=(\boldsymbol{AC})\otimes(\boldsymbol{BD}).$$

证明 用分块矩阵的乘法：

$$\boldsymbol{A}\otimes\boldsymbol{B})(\boldsymbol{C}\otimes\boldsymbol{D})=\begin{pmatrix} a_{11}\boldsymbol{B} & \cdots & a_{1n}\boldsymbol{B} \\ \vdots & & \vdots \\ a_{m1}\boldsymbol{B} & \cdots & a_{mn}\boldsymbol{B} \end{pmatrix}\begin{pmatrix} c_{11}\boldsymbol{D} & \cdots & c_{1s}\boldsymbol{D} \\ \vdots & & \vdots \\ c_{n1}\boldsymbol{D} & \cdots & c_{ns}\boldsymbol{D} \end{pmatrix}$$

$$=\begin{pmatrix} \sum_{k=1}^{n}(a_{1k}\boldsymbol{B})(c_{k1}\boldsymbol{D}) & \cdots & \sum_{k=1}^{n}(a_{1k}\boldsymbol{B})(c_{ks}\boldsymbol{D}) \\ \vdots & & \vdots \\ \sum_{k=1}^{n}(a_{mk}\boldsymbol{B})(c_{k1}\boldsymbol{D}) & \cdots & \sum_{k=1}^{n}(a_{mk}\boldsymbol{B})(c_{ks}\boldsymbol{D}) \end{pmatrix},$$

每一项都有 $\boldsymbol{BD}$，提出来得

$$\begin{pmatrix} \sum_{k=1}^{n}a_{1k}c_{k1} & \cdots & \sum_{k=1}^{n}a_{1k}c_{ks} \\ \vdots & & \vdots \\ \sum_{k=1}^{n}a_{mk}c_{k1} & \cdots & \sum_{k=1}^{n}a_{mk}c_{ks} \end{pmatrix}\otimes\boldsymbol{BD}=(\boldsymbol{AC})\otimes(\boldsymbol{BD}).$$

性质(5)很重要，利用性质(5)可以证明：

(6)设

$$\boldsymbol{A}\in\mathbf{C}^{m\times m},\ \boldsymbol{B}\in\mathbf{C}^{n\times n}$$

都可逆，则 $\boldsymbol{A}\otimes\boldsymbol{B}$ 也可逆，且

$$(\boldsymbol{A}\otimes\boldsymbol{B})^{-1}=\boldsymbol{A}^{-1}\otimes\boldsymbol{B}^{-1}.$$

证明 直接验证：

$$(A\otimes B)(A^{-1}\otimes B^{-1})=(AA^{-1})\otimes(BB^{-1})=E_m\otimes E_n=E_{mn},$$

故 $A\otimes B$ 可逆，且逆矩阵是 $A^{-1}\otimes B^{-1}$.

(7)设 $A\in\mathbf{C}^{m\times m}$，$B\in\mathbf{C}^{n\times n}$ 都是酉矩阵，则 $A\otimes B$ 也是酉矩阵.

证明 直接验证：

$$(A\otimes B)^{\mathrm{H}}(A\otimes B)=(A^{\mathrm{H}}\otimes B^{\mathrm{H}})(A\otimes B)=A^{\mathrm{H}}A\otimes B^{\mathrm{H}}B=E_{mn}.$$

(8)设 $A\in\mathbf{C}^{m\times m}$ 的全体特征值是 λ_1，λ_2，…，λ_m，$B\in\mathbf{C}^{n\times n}$ 的全体特征值是 μ_1，μ_2，…，μ_n，则 $A\otimes B$ 的全体特征值是

$$\lambda_i\mu_j\quad(i=1,2,\cdots,m;j=1,2,\cdots,n).$$

证明 因为任何方阵都可以化成约当标准形，且对角线的元素都是矩阵的特征值，所以用约当标准形来证明，因为存在 P，Q，使得

$$P^{-1}AP=J_A,\ Q^{-1}BQ=J_B,$$

$$J_A=\begin{pmatrix}\lambda_1 & & & \\ t_1 & \lambda_2 & & \\ & \ddots & \ddots & \\ & & t_{m-1} & \lambda_m\end{pmatrix},\ J_B=\begin{pmatrix}\mu_1 & & & \\ s_1 & \mu_2 & & \\ & \ddots & \ddots & \\ & & s_{n-1} & \mu_n\end{pmatrix}.$$

这里 t_i，s_i 代表 1 或者 0，于是

$$(P\otimes Q)^{-1}(A\otimes B)(P\otimes Q)=(P^{-1}AP)\otimes(Q^{-1}BQ)=J_A\otimes J_B,$$

故 $A\otimes B$ 的特征值即 $J_A\otimes J_B$ 的特征值是 $\lambda_i\mu_j$.

(9)设

$$A\in\mathbf{C}^{m\times m},\ B\in\mathbf{C}^{n\times n},$$

则

$$|A\otimes B|=|A|^n\cdot|B|^m.$$

证明 由性质(8)知 $A\otimes B$ 的特征值是 $\lambda_i\mu_j$，于是

$$|A\otimes B|=\prod\lambda_i\mu_j=(\prod\lambda_i)^n\cdot(\prod\mu_j)^m=|A|^n|B|^m.$$

例 8.2 设 $A\in\mathbf{C}^{m\times m}$ 的特征值是 λ_1，λ_2，…，λ_m，$B\in\mathbf{C}^{n\times n}$ 的特征值是 μ_1，μ_2，…，μ_n，则

$$A\otimes E_n+E_m\otimes B$$

的特征值是

$$\lambda_i+\mu_j\quad(i=1,2,\cdots,m;j=1,2,\cdots,n).$$

证明 由于存在 P，Q 使得

$$P^{-1}AP=J_A,\ Q^{-1}BQ=J_B,$$

$$(P\otimes Q)^{-1}(A\otimes E_n+E_m\otimes B)(P\otimes Q)$$

$$=J_A\otimes E_n+E_m\otimes J_B,$$

而 $J_A\otimes E_n+E_m\otimes J_B$ 的全体特征值是 $\lambda_i+\mu_j$.

例 8.3 设 A，B 同例 2，则 $A\otimes E_n+E_m\otimes B^{\mathrm{T}}$ 的特征值也是 $\lambda_i+\mu_j$.

证明 因为 B 与 B^{T} 有相同的特征值，设存在 R 使得 $R^{-1}B^{\mathrm{T}}R=J_B$，接下来做法与上例相同.

例 8.4 设 x 是 $A\in\mathbf{C}^{m\times m}$ 的特征向量，y 是 $B\in\mathbf{C}^{n\times n}$ 的特征向量，则 $x\otimes y$ 是 $A\otimes B$ 的特征向量.

证明 设

$$Ax=\lambda x,\ By=\mu y,$$

则

$$(A\otimes B)(x\otimes y)=Ax\otimes By=(\lambda\mu)x\otimes y,$$

因此 $x\otimes y$ 是 $A\otimes B$ 的对应于 $\lambda\mu$ 的特征向量.

例 8.5 设

$$A\in \mathbf{C}^{n\times n},$$

则

$$e^{E\otimes A}=E\otimes e^{A},\ e^{A\otimes E}=e^{A}\otimes E.$$

证明 根据定义

$$e^{E\otimes A}=\sum_{k=0}^{+\infty}\frac{1}{k!}(E\otimes A)^k=\sum_{k=0}^{+\infty}\frac{1}{k!}(E\otimes A^k)$$
$$=E\otimes\sum_{k=0}^{+\infty}\frac{1}{k!}A^k=E\otimes e^{A}.$$

同理可以证另一个.

例 8.6 设

$$A\in \mathbf{C}^{m\times m},\ B\in \mathbf{C}^{n\times n}.$$

证明

$$e^{A\otimes E_n+E_m\otimes B}=e^{A}\otimes e^{B}.$$

证明 由矩阵函数的性质(见 6.4 节), 当 A 与 B 可交换, 即

$$AB=BA$$

时

$$e^{A+B}=e^{A}\cdot e^{B},$$

而

$$(A\otimes E_n)(E_m\otimes B)=A\otimes B,$$
$$(E_m\otimes B)(A\otimes E_n)=A\otimes B,$$

故

$$e^{A\otimes E_n+E_m\otimes B}=e^{A\otimes E_n}e^{E_m\otimes B}$$
$$=(e^{A}\otimes E_n)(E_n\otimes e^{B})=e^{A}\otimes e^{B}.$$

习题 8.1

1. 设 $A\in \mathbf{C}^{m\times m}$, $B\in \mathbf{C}^{n\times n}$, 证明:
$$\operatorname{tr}(A\otimes B)=\operatorname{tr}(B\otimes A)=(\operatorname{tr}A)(\operatorname{tr}B).$$
2. 设 $x,y\in \mathbf{C}^n$, 且 $\|x\|_2=\|y\|_2=1$, 证明 $\|x\otimes y\|_2=1$.
3. 证明: $r(A\otimes B)=r(A)\cdot r(B)$.
4. 设 $x_1, x_2, \cdots, x_s$ 是 $A\in \mathbf{C}^{m\times m}$ 的 s 个线性无关的特征向量, $y_1, y_2, \cdots, y_t$ 是 $B\in \mathbf{C}^{n\times n}$ 的 t 个线性无关的特征向量, 证明:
$$x_i\otimes y_j\quad (i=1, 2, \cdots, s;\ j=1, 2, \cdots, t)$$
是 $A\otimes B$ 的 st 个线性无关的特征向量.
5. 设 $A\in \mathbf{C}^{m\times m}$ 和 $B\in \mathbf{C}^{n\times n}$ 都与对角矩阵相似, 证明: $A\otimes B$ 也与对角矩阵相似.

6. 设 $A \in \mathbf{C}^{m\times m}$ 的特征值为 $\lambda_1, \lambda_2, \cdots, \lambda_m$，$n$ 阶方阵

$$\boldsymbol{B}=\begin{pmatrix}1 & 1 & \cdots & 1\\ 1 & 1 & \cdots & 1\\ \vdots & \vdots & & \vdots\\ 1 & 1 & \cdots & 1\end{pmatrix},$$

求 $\boldsymbol{A}\otimes\boldsymbol{B}$ 的特征值.

8.2 直积的应用

本节讨论直积在解线性矩阵方程组中的应用.

8.2.1 拉 直

定义 8.2 设矩阵 $\boldsymbol{A}=(a_{ij})_{m\times n}$，称 mn 维列向量

$$\overrightarrow{\boldsymbol{A}}=(a_{11}\cdots a_{1n}, a_{21}\cdots a_{2n}, \cdots, a_{m1}\cdots a_{mn})^{\mathrm{T}}$$

为 $\boldsymbol{A}$ 的拉直.

例如

$$\boldsymbol{A}=\begin{pmatrix}1 & -1 & 2\\ 3 & 1 & 5\end{pmatrix},$$

则

$$\overrightarrow{\boldsymbol{A}}=(1\ -1\ \ 2\ \ 3\ \ 1\ \ 5)^{\mathrm{T}}.$$

拉直具有下面的性质：

(1) 设 $\boldsymbol{A}, \boldsymbol{B}\in\mathbf{C}^{m\times n}$，$k$ 与 l 为常数，则

$$\overrightarrow{k\boldsymbol{A}+l\boldsymbol{B}}=k\overrightarrow{\boldsymbol{A}}+l\overrightarrow{\boldsymbol{B}}.$$

(2) 设 $\boldsymbol{A}=(a_{ij}(t))_{m\times n}$，则

$$\overrightarrow{\frac{\mathrm{d}\boldsymbol{A}}{\mathrm{d}t}}=\frac{\mathrm{d}\overrightarrow{\boldsymbol{A}}}{\mathrm{d}t}.$$

这两个性质很容易验证，请读者自己证明，下面计算 $\overrightarrow{\boldsymbol{AB}}$：

设

$$\boldsymbol{A}=(a_{ij})_{m\times n}, \boldsymbol{B}=(b_{ij})_{n\times p},$$

则

$$\boldsymbol{AB}=\begin{pmatrix}a_{11} & \cdots & a_{1n}\\ \vdots & & \vdots\\ a_{m1} & \cdots & a_{mn}\end{pmatrix}\boldsymbol{B}=\begin{pmatrix}(a_{11}\cdots a_{1n})\boldsymbol{B}\\ \vdots\\ (a_{m1}\cdots a_{mn})\boldsymbol{B}\end{pmatrix},$$

其中

$$(a_{11}\cdots a_{1n})\boldsymbol{B}=\left(\sum_{k=1}^{n}a_{1k}b_{k1}, \cdots, \sum_{k=1}^{n}a_{1k}b_{kp}\right)$$

是行向量，其余行的乘积也是行向量. 而

$$\overrightarrow{\boldsymbol{AB}}=((a_{11}\cdots a_{1n})\boldsymbol{B}, \cdots, (a_{m1}\cdots a_{mn})\boldsymbol{B})^{\mathrm{T}}$$

$$=\begin{pmatrix} \boldsymbol{B}^{\mathrm{T}}\begin{pmatrix}a_{11}\\ \vdots\\ a_{1n}\end{pmatrix}\\ \vdots\\ \boldsymbol{B}^{\mathrm{T}}\begin{pmatrix}a_{m1}\\ \vdots\\ a_{mn}\end{pmatrix}\end{pmatrix}=\begin{pmatrix}\boldsymbol{B}^{\mathrm{T}} & & & \\ & \boldsymbol{B}^{\mathrm{T}} & & \\ & & \ddots & \\ & & & \boldsymbol{B}^{\mathrm{T}}\end{pmatrix}\begin{pmatrix}a_{11}\\ \vdots\\ a_{1n}\\ \vdots\\ a_{m1}\\ \vdots\\ a_{mn}\end{pmatrix}$$

$$=(\boldsymbol{E}_m\otimes\boldsymbol{B}^{\mathrm{T}})\overrightarrow{\boldsymbol{A}},$$

$$\boldsymbol{B}=\begin{pmatrix}b_{11} & \cdots & b_{1p}\\ \vdots & & \vdots\\ b_{n1} & \cdots & b_{np}\end{pmatrix}=\begin{pmatrix}\boldsymbol{\beta}_1\\ \vdots\\ \boldsymbol{\beta}_n\end{pmatrix},\ \boldsymbol{\beta}_i=(b_{i1},\ \cdots,\ b_{ip}),$$

$$\boldsymbol{AB}=\begin{pmatrix}a_{11} & \cdots & a_{1n}\\ \vdots & & \vdots\\ a_{m1} & \cdots & a_{mn}\end{pmatrix}\begin{pmatrix}\boldsymbol{\beta}_1\\ \vdots\\ \boldsymbol{\beta}_n\end{pmatrix}=\begin{pmatrix}a_{11}\boldsymbol{\beta}_1+\cdots+a_{1n}\boldsymbol{\beta}_n\\ \vdots\\ a_{m1}\boldsymbol{\beta}_1+\cdots+a_{mn}\boldsymbol{\beta}_n\end{pmatrix},$$

其中 $a_{i1}\boldsymbol{\beta}_1+a_{i2}\boldsymbol{\beta}_2+\cdots+a_{in}\boldsymbol{\beta}_n$ 是行向量，$i=1,\ 2,\ \cdots,\ m$，

$$\overrightarrow{\boldsymbol{AB}}=(a_{11}\boldsymbol{\beta}_1+\cdots+a_{1n}\boldsymbol{\beta}_n,\ \cdots,\ a_{m1}\boldsymbol{\beta}_1+\cdots+a_{mn}\boldsymbol{\beta}_n)^{\mathrm{T}}$$

$$=\begin{pmatrix}a_{11}\boldsymbol{\beta}_1^{\mathrm{T}}+\cdots+a_{1n}\boldsymbol{\beta}_n^{\mathrm{T}}\\ \vdots\\ a_{m1}\boldsymbol{\beta}_1^{\mathrm{T}}+\cdots+a_{mn}\boldsymbol{\beta}_n^{\mathrm{T}}\end{pmatrix},$$

其中

$$a_{11}\boldsymbol{\beta}_1^{\mathrm{T}}+a_{12}\boldsymbol{\beta}_2^{\mathrm{T}}+\cdots+a_{1n}\boldsymbol{\beta}_n^{\mathrm{T}}$$

$$=\begin{pmatrix}a_{11} & & \\ & \ddots & \\ & & a_{11}\end{pmatrix}\boldsymbol{\beta}_1^{\mathrm{T}}+\begin{pmatrix}a_{12} & & \\ & \ddots & \\ & & a_{12}\end{pmatrix}\boldsymbol{\beta}_2^{\mathrm{T}}+\cdots+\begin{pmatrix}a_{1n} & & \\ & \ddots & \\ & & a_{1n}\end{pmatrix}\boldsymbol{\beta}_n^{\mathrm{T}}$$

$$=(a_{11}\boldsymbol{E}_n,\ \cdots,\ a_{1n}\boldsymbol{E}_n)\begin{pmatrix}\boldsymbol{\beta}_1^{\mathrm{T}}\\ \vdots\\ \boldsymbol{\beta}_n^{\mathrm{T}}\end{pmatrix},$$

$$\overrightarrow{\boldsymbol{AB}}=(\boldsymbol{A}\otimes\boldsymbol{E}_p)\overrightarrow{\boldsymbol{B}}.$$

特殊地

$$\overrightarrow{\boldsymbol{AX}}=(\boldsymbol{A}\otimes\boldsymbol{E}_p)\overrightarrow{\boldsymbol{X}}.$$

定理 8.1 设

$$\boldsymbol{A}\in\mathbf{C}^{m\times m},\ \boldsymbol{B}\in\mathbf{C}^{n\times n},\ \boldsymbol{X}\in\mathbf{C}^{m\times n},$$

则

$$\overrightarrow{\boldsymbol{AXB}}=(\boldsymbol{A}\otimes\boldsymbol{E}_n)(\boldsymbol{E}_m\otimes\boldsymbol{B}^{\mathrm{T}})\overrightarrow{\boldsymbol{X}}=(\boldsymbol{A}\otimes\boldsymbol{B}^{\mathrm{T}})\overrightarrow{\boldsymbol{X}},$$

$$\overrightarrow{(\boldsymbol{AX}+\boldsymbol{XB})}=(\boldsymbol{A}\otimes\boldsymbol{E}_n+\boldsymbol{E}_m\otimes\boldsymbol{B}^{\mathrm{T}})\overrightarrow{\boldsymbol{X}}.$$

证明 $\overrightarrow{\boldsymbol{AXB}}=\overrightarrow{\boldsymbol{A}(\boldsymbol{XB})}=(\boldsymbol{A}\otimes\boldsymbol{E}_n)\overrightarrow{\boldsymbol{XB}}$

$$=(A\otimes E_n)(E_n\otimes B^{\mathrm{T}})\overrightarrow{X}=(A\otimes B^{\mathrm{T}})\overrightarrow{X},$$

$$(\overrightarrow{AX+XB})=\overrightarrow{AX}+\overrightarrow{XB}=(A\otimes E_n)\overrightarrow{X}+(E_m\otimes B^{\mathrm{T}})\overrightarrow{X}.$$

8.2.2　线性矩阵方程组

下面讨论几种类型方程组的解：设

$$A\in\mathbf{C}^{m\times m},\ B\in\mathbf{C}^{n\times n},\ F\in\mathbf{C}^{m\times n},$$

解 Lyapunov 矩阵方程

$$AX+XB=F.$$

解　将矩阵两边拉直

$$(A\otimes E_n+E_n\otimes B^{\mathrm{T}})\overrightarrow{X}=\overrightarrow{F}.$$

因为矩阵方程与所得的线性方程组等价，得到矩阵方程组有解的充要条件是

$$r(A\otimes E_n+E_m\otimes B^{\mathrm{T}},\ F)=r(A\otimes E_n+E_m\otimes B^{\mathrm{T}}),$$

有唯一解的充要条件是

$$|A\otimes E_n+E_m\otimes B^{\mathrm{T}}|\neq 0.$$

例 8.7　解矩阵方程 $AX+XB=F$，其中

(1)$A=\begin{pmatrix}1&-1\\0&2\end{pmatrix}$，$B=\begin{pmatrix}-3&4\\1&0\end{pmatrix}$，$F=\begin{pmatrix}1&3\\-2&2\end{pmatrix}$；

(2)$A=\begin{pmatrix}1&-1\\0&2\end{pmatrix}$，$B=\begin{pmatrix}-3&4\\0&-1\end{pmatrix}$，$F=\begin{pmatrix}0&5\\2&-9\end{pmatrix}$.

解　(1)设

$$X=\begin{pmatrix}x_1&x_2\\x_3&x_4\end{pmatrix},$$

将矩阵方程两边拉直

$$(A\otimes E_2+E_2\otimes B^{\mathrm{T}})\overrightarrow{X}=\overrightarrow{F},$$

即

$$\begin{pmatrix}-2&1&-1&0\\4&1&0&-1\\0&0&-1&1\\0&0&4&2\end{pmatrix}\begin{pmatrix}x_1\\x_2\\x_3\\x_4\end{pmatrix}=\begin{pmatrix}1\\3\\-2\\2\end{pmatrix},$$

可求得

$$x_1=0,\ x_2=2,\ x_3=1,\ x_4=-1,$$

解为

$$X=\begin{pmatrix}0&2\\1&-1\end{pmatrix}.$$

(2)将方程两边拉直

$$\begin{pmatrix}-2&0&-1&0\\4&0&0&-1\\0&0&-1&0\\0&0&4&1\end{pmatrix}\begin{pmatrix}x_1\\x_2\\x_3\\x_4\end{pmatrix}=\begin{pmatrix}0\\5\\2\\-9\end{pmatrix},$$

解出通解为

$$\boldsymbol{X}=\begin{pmatrix}1&0\\-2&-1\end{pmatrix}+C\begin{pmatrix}0&1\\0&0\end{pmatrix},$$

C 为任意常数.

例 8.8 求解矩阵方程 $\boldsymbol{AXB}+\boldsymbol{CXD}=\boldsymbol{F}$, 其中

$$\boldsymbol{A}=\begin{pmatrix}2&2\\2&-1\end{pmatrix},\ \boldsymbol{B}=\begin{pmatrix}1&0\\-1&1\end{pmatrix},\ \boldsymbol{C}=\begin{pmatrix}0&1\\-2&-1\end{pmatrix},\ \boldsymbol{D}=\begin{pmatrix}0&2\\-1&3\end{pmatrix},$$

$$\boldsymbol{F}=\begin{pmatrix}4&-6\\3&6\end{pmatrix},\ \boldsymbol{X}=\begin{pmatrix}x_1&x_2\\x_3&x_4\end{pmatrix}.$$

解 将矩阵方程两边拉直

$$\begin{pmatrix}2&-2&2&-3\\0&2&2&5\\2&0&-1&2\\-4&-4&-2&-4\end{pmatrix}\begin{pmatrix}x_1\\x_2\\x_3\\x_4\end{pmatrix}=\begin{pmatrix}4\\-6\\3\\6\end{pmatrix},$$

解得唯一解

$$\boldsymbol{X}=\begin{pmatrix}1&-2\\-1&0\end{pmatrix}.$$

例 8.9 设 $\boldsymbol{A},\boldsymbol{F}\in\mathbf{C}^{n\times n}$, 且 $\boldsymbol{A}$ 的特征值都是实数, 证明矩阵方程

$$\boldsymbol{X}+\boldsymbol{AXA}+\boldsymbol{A}^2\boldsymbol{XA}^2=\boldsymbol{F}$$

有唯一解.

证明 将方程两边拉直, 得

$$(\boldsymbol{E}_n\otimes\boldsymbol{E}_n+\boldsymbol{A}\otimes\boldsymbol{A}^{\mathrm{T}}+\boldsymbol{A}^2\otimes(\boldsymbol{A}^{\mathrm{T}})^2)\overrightarrow{\boldsymbol{X}}=\overrightarrow{\boldsymbol{F}},$$

即

$$(\boldsymbol{E}_{n^2}+\boldsymbol{A}\otimes\boldsymbol{A}^{\mathrm{T}}+(\boldsymbol{A}\otimes\boldsymbol{A}^{\mathrm{T}})^2)\overrightarrow{\boldsymbol{X}}=\overrightarrow{\boldsymbol{F}}.$$

设 $\boldsymbol{A}$ 的 n 个特征值为 $\lambda_1,\lambda_2,\cdots,\lambda_n$, 则 $\boldsymbol{A}\otimes\boldsymbol{A}^{\mathrm{T}}$ 的 n^2 个特征值为 $\lambda_i\lambda_j$,

$$\boldsymbol{E}_{n^2}+\boldsymbol{A}\otimes\boldsymbol{A}^{\mathrm{T}}+(\boldsymbol{A}\otimes\boldsymbol{A}^{\mathrm{T}})^2$$

的 n^2 个特征值为

$$1+\lambda_i\lambda_j+(\lambda_i\lambda_j)^2=\frac{3}{4}+\left(\frac{1}{2}+\lambda_i\lambda_j\right)^2>0.$$

因此

$$\boldsymbol{E}_{n^2}+\boldsymbol{A}\otimes\boldsymbol{A}^{\mathrm{T}}+(\boldsymbol{A}\otimes\boldsymbol{A}^{\mathrm{T}})^2$$

可逆, 从而方程组的解唯一.

例 8.10 设

$$\boldsymbol{A}\in\mathbf{C}^{m\times m},\ \boldsymbol{B}\in\mathbf{C}^{n\times n},\ \boldsymbol{X}(t)\in\mathbf{C}^{m\times n},$$

求解矩阵微分方程组的初值问题：

$$\begin{cases}\dfrac{\mathrm{d}\boldsymbol{X}}{\mathrm{d}t}=\boldsymbol{AX}+\boldsymbol{XB},\\ \boldsymbol{X}(0)=\boldsymbol{X}_0.\end{cases}$$

解　将矩阵方程两边拉直

$$\begin{cases}\dfrac{\mathrm{d}\overrightarrow{\boldsymbol{X}}}{\mathrm{d}t}=(\boldsymbol{A}\otimes\boldsymbol{E}_n+\boldsymbol{E}_n\otimes\boldsymbol{B}^{\mathrm{T}})\overrightarrow{\boldsymbol{X}},\\ \overrightarrow{\boldsymbol{X}}(0)=\overrightarrow{\boldsymbol{X}}_0,\end{cases}$$

这是常系数齐次线性微分方程组，它的解

$$\begin{aligned}\overrightarrow{\boldsymbol{X}}(t)&=\mathrm{e}^{(\boldsymbol{A}\otimes\boldsymbol{E}_n+\boldsymbol{E}_m\otimes\boldsymbol{B}^{\mathrm{T}})t}\overrightarrow{\boldsymbol{X}}_0\\ &=(\mathrm{e}^{\boldsymbol{A}t}\otimes\mathrm{e}^{\boldsymbol{B}^{\mathrm{T}}t})\overrightarrow{\boldsymbol{X}}_0.\end{aligned}$$

再由

$$\overrightarrow{\boldsymbol{AXB}}=(\boldsymbol{A}\otimes\boldsymbol{B}^{\mathrm{T}})\overrightarrow{\boldsymbol{X}},$$

$$(\mathrm{e}^{\boldsymbol{A}t}\otimes\mathrm{e}^{\boldsymbol{B}^{\mathrm{T}}t})\overrightarrow{\boldsymbol{X}}_0=\overrightarrow{\mathrm{e}^{\boldsymbol{A}t}\boldsymbol{X}_0\mathrm{e}^{\boldsymbol{B}t}},$$

所以

$$\overrightarrow{\boldsymbol{X}}(t)=\overrightarrow{\mathrm{e}^{\boldsymbol{A}t}\boldsymbol{X}_0\mathrm{e}^{\boldsymbol{B}t}},$$

$$\boldsymbol{X}(t)=\mathrm{e}^{\boldsymbol{A}t}\boldsymbol{X}_0\mathrm{e}^{\boldsymbol{B}t}.$$

例 8.11　求解矩阵微分方程

$$\begin{cases}\dfrac{\mathrm{d}\boldsymbol{X}}{\mathrm{d}t}=\boldsymbol{AX}+\boldsymbol{XB},\\ \boldsymbol{X}(0)=\boldsymbol{X}_0,\end{cases}\quad \boldsymbol{A}=\begin{pmatrix}1&-1\\0&2\end{pmatrix},\ \boldsymbol{B}=\begin{pmatrix}1&0\\0&-1\end{pmatrix},\ \boldsymbol{X}_0=\begin{pmatrix}-2&0\\1&1\end{pmatrix}.$$

解　由上面的结果

$$\boldsymbol{X}(t)=\mathrm{e}^{\boldsymbol{A}t}\boldsymbol{X}_0\mathrm{e}^{\boldsymbol{B}t}.$$

利用矩阵函数的最小多项式法，可得

$$\mathrm{e}^{\boldsymbol{A}t}=\begin{pmatrix}\mathrm{e}^t&\mathrm{e}^t-\mathrm{e}^{2t}\\0&\mathrm{e}^{2t}\end{pmatrix},\ \mathrm{e}^{\boldsymbol{B}t}=\begin{pmatrix}\mathrm{e}^t&0\\0&\mathrm{e}^{-t}\end{pmatrix},$$

$$\boldsymbol{X}(t)=\begin{pmatrix}-\mathrm{e}^{2t}-\mathrm{e}^{3t}&1-\mathrm{e}^t\\ \mathrm{e}^{3t}&\mathrm{e}^t\end{pmatrix}.$$

习题 8.2

1. 求解矩阵方程 $\boldsymbol{AX}+\boldsymbol{XB}=\boldsymbol{F}$，其中

$$\boldsymbol{A}=\begin{pmatrix}2&-1\\0&2\end{pmatrix},\ \boldsymbol{B}=\begin{pmatrix}-3&2\\-1&0\end{pmatrix},\ \boldsymbol{F}=\begin{pmatrix}0&-2\\2&-4\end{pmatrix}.$$

2. 求解矩阵方程 $2\boldsymbol{X}+\boldsymbol{AX}-\boldsymbol{XA}=\boldsymbol{O}$，其中

$$\boldsymbol{A}=\begin{pmatrix}1&0\\2&3\end{pmatrix}.$$

3. 求解矩阵方程的初值问题：

$$\begin{cases}\dfrac{\mathrm{d}\boldsymbol{X}}{\mathrm{d}t}=\boldsymbol{A}\boldsymbol{X}+\boldsymbol{X}\boldsymbol{B},\\ \boldsymbol{X}(0)=\boldsymbol{X}_0,\end{cases}$$

其中

$$\boldsymbol{A}=\begin{pmatrix}1 & 1\\ 0 & 0\end{pmatrix},\ \boldsymbol{B}=\begin{pmatrix}1 & -1\\ 0 & 0\end{pmatrix},\ \boldsymbol{X}_0=\begin{pmatrix}1 & 0\\ 0 & 1\end{pmatrix}.$$

习题解答

习题 1.1

1. (1), (3)是, (2)不是.

2. 是.

习题 1.2

1. **解** 令 $\boldsymbol{\alpha}=x_1\boldsymbol{\varepsilon}_1+x_2\boldsymbol{\varepsilon}_2+x_3\boldsymbol{\varepsilon}_3$, 解出

(1) $\left(1, \frac{1}{2}, -\frac{1}{2}\right)$,

(2) (33, −82, 154).

2. **解** (1) 由 $\boldsymbol{\beta}_1=(\boldsymbol{\alpha}_1, \boldsymbol{\alpha}_2, \boldsymbol{\alpha}_3, \boldsymbol{\alpha}_4)\begin{pmatrix}2\\1\\-1\\1\end{pmatrix}$, $\boldsymbol{\beta}_2=(\boldsymbol{\alpha}_1, \boldsymbol{\alpha}_2, \boldsymbol{\alpha}_3, \boldsymbol{\alpha}_4)\begin{pmatrix}0\\3\\1\\0\end{pmatrix}$,

$$\boldsymbol{\beta}_3=(\boldsymbol{\alpha}_1, \boldsymbol{\alpha}_2, \boldsymbol{\alpha}_3, \boldsymbol{\alpha}_4)\begin{pmatrix}5\\3\\2\\1\end{pmatrix}, \boldsymbol{\beta}_4=(\boldsymbol{\alpha}_1, \boldsymbol{\alpha}_2, \boldsymbol{\alpha}_3, \boldsymbol{\alpha}_4)\begin{pmatrix}6\\6\\1\\3\end{pmatrix},$$

得过渡矩阵

$$\boldsymbol{A}=\begin{pmatrix}2&0&5&6\\1&3&3&6\\-1&1&2&1\\1&0&1&3\end{pmatrix}.$$

(2) $\boldsymbol{\alpha}=(\boldsymbol{\alpha}_1, \boldsymbol{\alpha}_2, \boldsymbol{\alpha}_3, \boldsymbol{\alpha}_4)\begin{pmatrix}x_1\\x_2\\x_3\\x_4\end{pmatrix}=(\boldsymbol{\beta}_1, \boldsymbol{\beta}_2, \boldsymbol{\beta}_3, \boldsymbol{\beta}_4)\begin{pmatrix}x_1'\\x_2'\\x_3'\\x_4'\end{pmatrix}=(\boldsymbol{\alpha}_1, \boldsymbol{\alpha}_2, \boldsymbol{\alpha}_3, \boldsymbol{\alpha}_4)\boldsymbol{A}\begin{pmatrix}x_1'\\x_2'\\x_3'\\x_4'\end{pmatrix}$,

$$\begin{pmatrix}x_1'\\x_2'\\x_3'\\x_4'\end{pmatrix}=\boldsymbol{A}^{-1}\begin{pmatrix}x_1\\x_2\\x_3\\x_4\end{pmatrix}.$$

(3) 设 $\boldsymbol{\alpha}=(\boldsymbol{\alpha}_1,\boldsymbol{\alpha}_2,\boldsymbol{\alpha}_3,\boldsymbol{\alpha}_4)\begin{pmatrix}x_1\\x_2\\x_3\\x_4\end{pmatrix}=(\boldsymbol{\beta}_1,\boldsymbol{\beta}_2,\boldsymbol{\beta}_3,\boldsymbol{\beta}_4)\begin{pmatrix}x_1\\x_2\\x_3\\x_4\end{pmatrix}=(\boldsymbol{\alpha}_1,\boldsymbol{\alpha}_2,\boldsymbol{\alpha}_3,\boldsymbol{\alpha}_4)\boldsymbol{A}\begin{pmatrix}x_1\\x_2\\x_3\\x_4\end{pmatrix}$,

得 $\boldsymbol{A}\begin{pmatrix}x_1\\x_2\\x_3\\x_4\end{pmatrix}=\begin{pmatrix}x_1\\x_2\\x_3\\x_4\end{pmatrix}$，即 $(\boldsymbol{A}-\boldsymbol{E})\boldsymbol{X}=0$ 的解. 解出：

$$\begin{pmatrix}x_1\\x_2\\x_3\\x_4\end{pmatrix}=\boldsymbol{C}\begin{pmatrix}1\\1\\1\\-1\end{pmatrix},\ \boldsymbol{C}\neq 0.$$

3. **解** 取 $\boldsymbol{P}_3(t)$ 的基 $1, t, t^2$，则

$$(1,\ t-1,\ (t-2)(t-1))=(1,\ t,\ t^2)\begin{pmatrix}1&-1&2\\0&1&-3\\0&0&1\end{pmatrix}=(1,\ t,\ t^2)\boldsymbol{A},$$

$$1+t+t^2=(1,\ t,\ t^2)\begin{pmatrix}1\\1\\1\end{pmatrix}=(1,\ t-1,\ (t-2)(t-1))\boldsymbol{A}^{-1}\begin{pmatrix}1\\1\\1\end{pmatrix},$$

$1+t+t^2$ 在这个基下的坐标为 $\begin{pmatrix}3\\4\\1\end{pmatrix}$.

4. **解** (1) 由题中条件得,

$\boldsymbol{\beta}_2=\boldsymbol{\alpha}_4-2\boldsymbol{\beta}_3=\boldsymbol{\alpha}_4-2\boldsymbol{\alpha}_1-4\boldsymbol{\alpha}_2$,

$\boldsymbol{\beta}_1=\boldsymbol{\alpha}_3-2\boldsymbol{\beta}_2=\boldsymbol{\alpha}_3-2\boldsymbol{\alpha}_4+4\boldsymbol{\alpha}_1+8\boldsymbol{\alpha}_2$,

$$(\boldsymbol{\beta}_1,\boldsymbol{\beta}_2,\boldsymbol{\beta}_3,\boldsymbol{\beta}_4)=(\boldsymbol{\alpha}_1,\boldsymbol{\alpha}_2,\boldsymbol{\alpha}_3,\boldsymbol{\alpha}_4)=\begin{pmatrix}4&-2&1&0\\8&-4&2&1\\1&0&0&2\\-2&1&0&0\end{pmatrix}=(\boldsymbol{\alpha}_1,\boldsymbol{\alpha}_2,\boldsymbol{\alpha}_3,\boldsymbol{\alpha}_4)\boldsymbol{C}.$$

(2) $\boldsymbol{\alpha}=(\boldsymbol{\beta}_1,\boldsymbol{\beta}_2,\boldsymbol{\beta}_3,\boldsymbol{\beta}_4)\begin{pmatrix}2\\-1\\1\\1\end{pmatrix}=(\boldsymbol{\alpha}_1,\boldsymbol{\alpha}_2,\boldsymbol{\alpha}_3,\boldsymbol{\alpha}_3)\boldsymbol{C}\begin{pmatrix}2\\-1\\1\\1\end{pmatrix}$,

$\boldsymbol{\alpha}$ 在基(I)下的坐标为 $\boldsymbol{C}\begin{pmatrix}2\\-1\\1\\1\end{pmatrix}=\begin{pmatrix}11\\23\\4\\-5\end{pmatrix}$.

习题 1.3

1. (1) 任取 $\boldsymbol{\alpha}=(x_1, x_2, \cdots, x_n)$, $\boldsymbol{\beta}=(y_1, y_2, \cdots, y_n)\in \mathbf{R}^n$,则

$$x_1+x_2+\cdots+x_n=0,\ (x_1+y_1)+(x_2+y_2)+\cdots+(x_n+y_n)=0,$$
$$y_1+y_2+\cdots+y_n=0,\ k(x_1+x_2+\cdots+x_n)=0,$$

即 $\boldsymbol{\alpha}+\boldsymbol{\beta}\in \mathbf{R}^n$, $k\boldsymbol{\alpha}\in \mathbf{R}^n$, 是子空间.

(2) 任取 $\boldsymbol{\alpha}=(x_1, x_2, \cdots, x_n)$, $\boldsymbol{\beta}=(y_1, y_2, \cdots, y_n)\in \mathbf{R}^n$, 则

$$x_1+x_2+\cdots+x_n=2,\ (x_1+y_1)+(x_2+y_2)+\cdots+(x_n+y_n)=4,$$
$$y_1+y_2+\cdots+y_n=2,$$

$\boldsymbol{\alpha}+\boldsymbol{\beta}\notin \mathbf{R}^n$, 不是子空间.

2. 即证明 $L(\boldsymbol{\alpha}_1, \boldsymbol{\alpha}_2)=L(\boldsymbol{\alpha}_3, \boldsymbol{\alpha}_4)$, 只需证明秩

$\mathbf{R}(\boldsymbol{\alpha}_1, \boldsymbol{\alpha}_2)=\mathbf{R}(\boldsymbol{\alpha}_3, \boldsymbol{\alpha}_4)=\mathbf{R}(\boldsymbol{\alpha}_1, \boldsymbol{\alpha}_2, \boldsymbol{\alpha}_3, \boldsymbol{\alpha}_4)$

$$(\boldsymbol{\alpha}_1, \boldsymbol{\alpha}_2, \boldsymbol{\alpha}_3, \boldsymbol{\alpha}_4)=\begin{pmatrix}1&1&2&0\\1&0&-1&1\\0&1&3&-1\\0&1&3&-1\end{pmatrix}\to\begin{pmatrix}1&1&2&0\\0&-1&-3&1\\0&1&3&-1\\0&1&3&-1\end{pmatrix}\to\begin{pmatrix}1&1&2&0\\0&1&3&-1\\0&0&0&0\\0&0&0&0\end{pmatrix},$$

可见 $\mathbf{R}(\boldsymbol{\alpha}_1, \boldsymbol{\alpha}_2)=\mathbf{R}(\boldsymbol{\alpha}_3, \boldsymbol{\alpha}_4)=\mathbf{R}(\boldsymbol{\alpha}_1, \boldsymbol{\alpha}_2, \boldsymbol{\alpha}_3, \boldsymbol{\alpha}_4)$.

3. **解** $V_1+V_2=L(\boldsymbol{\alpha}_1, \boldsymbol{\alpha}_2, \boldsymbol{\alpha}_3, \boldsymbol{\beta}_1, \boldsymbol{\beta}_2)$,

$$\text{而}(\boldsymbol{\alpha}_1, \boldsymbol{\alpha}_2, \boldsymbol{\alpha}_3, \boldsymbol{\beta}_1, \boldsymbol{\beta}_2)=\begin{pmatrix}1&2&3&1&4\\0&0&0&1&1\\2&1&3&0&3\\1&-1&0&1&1\end{pmatrix}\to\begin{pmatrix}1&-1&0&1&1\\0&1&1&0&1\\0&0&0&1&1\\0&0&0&0&0\end{pmatrix},$$

秩为 3, 维数为 3, 基为 $\boldsymbol{\alpha}_1, \boldsymbol{\alpha}_2, \boldsymbol{\beta}_1$.

4. **证明** 分别解方程组 $x_1+x_2+\cdots+x_n=0$ 和 $x_1=x_2=\cdots=x_n$, 得两组解:

$$\boldsymbol{\alpha}_1=\begin{pmatrix}-1\\1\\0\\\vdots\\0\end{pmatrix}, \boldsymbol{\alpha}_2=\begin{pmatrix}-1\\0\\1\\\vdots\\0\end{pmatrix}, \cdots, \boldsymbol{\alpha}_{n-1}=\begin{pmatrix}-1\\0\\0\\\vdots\\1\end{pmatrix}. \boldsymbol{\beta}=\begin{pmatrix}1\\1\\1\\\vdots\\1\end{pmatrix}.$$

$V_1=L(\boldsymbol{\alpha}_1, \boldsymbol{\alpha}_2, \cdots, \boldsymbol{\alpha}_{n-1})$, $V_2=L(\boldsymbol{\beta})$,

行列式 $|\boldsymbol{\alpha}_1, \boldsymbol{\alpha}_2, \cdots, \boldsymbol{\alpha}_{n-1}\boldsymbol{\beta}|=(-1)^{n+1}\neq 0$,

$\boldsymbol{\alpha}_1, \boldsymbol{\alpha}_2, \cdots, \boldsymbol{\alpha}_{n-1}, \boldsymbol{\beta}$ 线性无关,

$V_1+V_2=\mathbf{R}^n$.

取 $\boldsymbol{\alpha}\in V_1\cap V_2$, 则 $\begin{cases}x_1+x_2+\cdots+x_n=0,\\x_1=x_2=\cdots=x_n,\end{cases}$ $x_1=x_2=\cdots=x_n=0$.

即 $\boldsymbol{\alpha}=0$, $V_1\cap V_2=\{\mathbf{0}\}$, 是直和.

5. (1) 不构成子空间, 对加法运算不封闭;

(2) 构成子空间, 三维, 基 $\begin{pmatrix}1&0&0\\0&0&0\end{pmatrix}$, $\begin{pmatrix}0&1&0\\0&0&0\end{pmatrix}$, $\begin{pmatrix}0&0&0\\0&0&1\end{pmatrix}$;

(3)构成子空间，三维，基$\begin{pmatrix}-1&0&0\\1&0&0\end{pmatrix}$，$\begin{pmatrix}0&1&0\\0&0&0\end{pmatrix}$，$\begin{pmatrix}0&0&1\\0&0&0\end{pmatrix}$.

6. **解** $(\boldsymbol{\beta}_1, \boldsymbol{\beta}_2, \boldsymbol{\beta}_3)=(\boldsymbol{\alpha}_1, \boldsymbol{\alpha}_2, \boldsymbol{\alpha}_3)\boldsymbol{C}$

$$\boldsymbol{C}=\begin{pmatrix}1&2&4\\-2&3&13\\3&2&0\end{pmatrix}\to\begin{pmatrix}1&2&4\\0&1&3\\0&0&0\end{pmatrix}$$

秩为 2，生成的子空间的维数为 2，$\boldsymbol{\beta}_1$，$\boldsymbol{\beta}_2$ 可以作为基底.

7. **证明** 容易验证，由对称矩阵构成的集合以及由反对称矩阵构成的集合都是 $\mathbf{R}^{2\times2}$ 的子空间，分别记作 V_1 和 V_2.

任取矩阵 $\boldsymbol{A}\in\mathbf{R}^{2\times2}$，则 $\boldsymbol{A}=\frac{\boldsymbol{A}+\boldsymbol{A}^{\mathrm{T}}}{2}+\frac{\boldsymbol{A}-\boldsymbol{A}^{\mathrm{T}}}{2}$，而$\frac{\boldsymbol{A}+\boldsymbol{A}^{\mathrm{T}}}{2}$和$\frac{\boldsymbol{A}-\boldsymbol{A}^{\mathrm{T}}}{2}$分别是对称和反对称矩阵.

$\mathbf{R}^{2\times2}=V_1+V_2$，

任取 $\boldsymbol{A}\in V_1\cap V_2$，则

$$\boldsymbol{A}=\boldsymbol{A}^{\mathrm{T}},\ \boldsymbol{A}=-\boldsymbol{A}^{\mathrm{T}}.\ \boldsymbol{A}=0,\ V_1\cap V_1=\{0\}.$$

所以 $\mathbf{R}^{2\times2}=V_1\oplus V_2$.

习题 1.4

1. 设 $\boldsymbol{\alpha}=(x_1, x_2)$，$\boldsymbol{\beta}=(y_1, y_2)$，则

$$T_1(\boldsymbol{\alpha}+\boldsymbol{\beta})=T_1(x_1+y_1,\ x_2+y_2)=(x_2+y_2,\ -x_1-y_1)=T_1\boldsymbol{\alpha}+T_1\boldsymbol{\beta},$$
$$T_1(k\boldsymbol{\alpha})=T_1(kx_1,\ kx_2)=(kx_2,\ -kx_1)=k_1T_1\boldsymbol{\alpha}.$$

T_1 是线性变换，类似的可以证明 T_2 是线性变换.

$$(T_1+T_2)\boldsymbol{\alpha}=T_1\boldsymbol{\alpha}+T_2\boldsymbol{\alpha}=(x_1+x_2,\ -x_1-x_2),$$
$$(T_1T_2)\boldsymbol{\alpha}=T_1(T_2\boldsymbol{\alpha})=(-x_2,\ -x_1),$$
$$(T_2T_1)\boldsymbol{\alpha}=T_2(T_1\boldsymbol{\alpha})=(x_2,\ x_1).$$

2. (1) $T(\boldsymbol{A}+\boldsymbol{B})=\boldsymbol{C}(\boldsymbol{A}+\boldsymbol{B})-(\boldsymbol{A}+\boldsymbol{B})\boldsymbol{C}=\boldsymbol{CA}-\boldsymbol{AC}+\boldsymbol{CB}-\boldsymbol{BC}=\boldsymbol{TA}+\boldsymbol{TB}$,

(2) $\boldsymbol{T}(k\boldsymbol{A})=\boldsymbol{C}k\boldsymbol{A}-k\boldsymbol{AC}=k\boldsymbol{TA}$;

$$\boldsymbol{T}(\boldsymbol{AB})=\boldsymbol{CAB}-\boldsymbol{ABC}=\boldsymbol{CAB}-\boldsymbol{ACB}+\boldsymbol{ACB}-\boldsymbol{ABC}=(\boldsymbol{TA})\boldsymbol{B}+\boldsymbol{A}(\boldsymbol{TB}).$$

3. 令 $(T+S)(x,\ y,\ z)=T(x,\ y,\ z)+S(x,\ y,\ z)=(x+2y+z,\ z,\ x)=0$，得 $(x,\ y,\ z)=0$，

即 $\dim(T+S)^{-1}(0)=0$，$\dim(T+S)\mathbf{R}^3=3$，$(T+S)\mathbf{R}^3=\mathbf{R}^3$.

4. $T^2(x,\ y,\ z)=T(T(x,\ y,\ z))=(0,\ y,\ z)$，

$(T^2)^{-1}(0)=L(\boldsymbol{\alpha})$，$T^2(\mathbf{R}^3)=L(\boldsymbol{\beta}_1,\ \boldsymbol{\beta}_2)$，

$\boldsymbol{\alpha}=(1,\ 0,\ 0)$，$\boldsymbol{\beta}_1=(0,\ 1,\ 0)$，$\boldsymbol{\beta}_2=(0,\ 0,\ 1)$.

5. (1) $\boldsymbol{\alpha}_0\neq\mathbf{0}$ 时，

$T(\boldsymbol{\alpha}+\boldsymbol{\beta})=\boldsymbol{\alpha}+\boldsymbol{\beta}+\boldsymbol{\alpha}_0$，$T\boldsymbol{\alpha}+T\boldsymbol{\beta}=\boldsymbol{\alpha}+\boldsymbol{\alpha}_0+\boldsymbol{\beta}+\boldsymbol{\alpha}_0\neq T(\boldsymbol{\alpha}+\boldsymbol{\beta})$，

不是线性变换；

(2) 不是线性变换；

(3) $T(\boldsymbol{X}+\boldsymbol{Y})=\boldsymbol{B}(\boldsymbol{X}+\boldsymbol{Y})\boldsymbol{C}=\boldsymbol{BXC}+\boldsymbol{BYC}=\boldsymbol{TX}+\boldsymbol{TY}$,

$T(k\boldsymbol{X})=\boldsymbol{B}k\boldsymbol{XC}=k\boldsymbol{BXC}=k\boldsymbol{TX}$,

是线性变换；

(4) 设 $f(t)+g(t)=h(t)$，则

$T(f(t)+g(t))=Th(t)=h(t+1)=f(t+1)+g(t+1)=Tf(t)+Tg(t)$

$T(kf(t))=kf(t+1)=kTf(t)$，

是线性变换.

习题 1.5

1. (1) $T\boldsymbol{e}_1=T(1,0,0)=(2,0,1)=(\boldsymbol{e}_1,\boldsymbol{e}_2,\boldsymbol{e}_3)\begin{pmatrix}2\\0\\1\end{pmatrix}$,

$T\boldsymbol{e}_2=T(0,1,0)=(-1,1,0)$，$T\boldsymbol{e}_3=T(0,0,1)=(0,1,0)$，

$T(\boldsymbol{e}_1,\boldsymbol{e}_2,\boldsymbol{e}_3)=(\boldsymbol{e}_1,\boldsymbol{e}_2,\boldsymbol{e}_3)\boldsymbol{A}$,

$$\boldsymbol{A}=\begin{pmatrix}2&-1&0\\0&1&1\\1&0&0\end{pmatrix};$$

(2) $T(\boldsymbol{\eta}_1,\boldsymbol{\eta}_2,\boldsymbol{\eta}_3)=(\boldsymbol{\eta}_1,\boldsymbol{\eta}_2,\boldsymbol{\eta}_3)\boldsymbol{B}$，$(\boldsymbol{\eta}_1,\boldsymbol{\eta}_2,\boldsymbol{\eta}_3)=(\boldsymbol{e}_1,\boldsymbol{e}_2,\boldsymbol{e}_3)\boldsymbol{C}$,

$$\boldsymbol{B}=\begin{pmatrix}1&0&1\\1&1&0\\-1&2&1\end{pmatrix},\ \boldsymbol{C}=\begin{pmatrix}-1&1&0\\1&0&1\\1&-1&1\end{pmatrix},$$

$T(\boldsymbol{\eta}_1,\boldsymbol{\eta}_2,\boldsymbol{\eta}_3)=T(\boldsymbol{e}_1,\boldsymbol{e}_2,\boldsymbol{e}_3)\boldsymbol{C}=(\boldsymbol{\eta}_1,\boldsymbol{\eta}_2,\boldsymbol{\eta}_3)\boldsymbol{B}=(\boldsymbol{e}_1,\boldsymbol{e}_2,\boldsymbol{e}_3)\boldsymbol{CB}$,

$T(\boldsymbol{e}_1,\boldsymbol{e}_2,\boldsymbol{e}_3)=(\boldsymbol{e}_1,\boldsymbol{e}_2,\boldsymbol{e}_3)\boldsymbol{CBC}^{-1}$.

$$\boldsymbol{CBC}^{-1}=\begin{pmatrix}-1&1&-2\\2&2&0\\3&0&2\end{pmatrix}.$$

2. **解** 已知 $T(\boldsymbol{\varepsilon}_1,\boldsymbol{\varepsilon}_2,\boldsymbol{\varepsilon}_3)=(\boldsymbol{\eta}_1,\boldsymbol{\eta}_2,\boldsymbol{\eta}_3)$,

$(\boldsymbol{\varepsilon}_1,\boldsymbol{\varepsilon}_2,\boldsymbol{\varepsilon}_3)=(\boldsymbol{e}_1,\boldsymbol{e}_2,\boldsymbol{e}_3)\boldsymbol{C}_1$，$(\boldsymbol{\eta}_1,\boldsymbol{\eta}_2,\boldsymbol{\eta}_3)=(\boldsymbol{e}_1,\boldsymbol{e}_2,\boldsymbol{e}_3)\boldsymbol{C}_2$,

$$\boldsymbol{C}_1=\begin{pmatrix}1&2&1\\0&1&1\\1&0&1\end{pmatrix},\ \boldsymbol{C}_2=\begin{pmatrix}1&2&2\\2&2&-1\\-1&-1&-1\end{pmatrix}.$$

(1) $(\boldsymbol{\eta}_1,\boldsymbol{\eta}_2,\boldsymbol{\eta}_3)=(\boldsymbol{e}_1,\boldsymbol{e}_2,\boldsymbol{e}_3)\boldsymbol{C}_2=(\boldsymbol{\varepsilon}_1,\boldsymbol{\varepsilon}_2,\boldsymbol{\varepsilon}_3)\boldsymbol{C}_1^{-1}\boldsymbol{C}_2$;

(2) $T(\boldsymbol{\varepsilon}_1,\boldsymbol{\varepsilon}_2,\boldsymbol{\varepsilon}_3)=(\boldsymbol{\eta}_1,\boldsymbol{\eta}_2,\boldsymbol{\eta}_3)=(\boldsymbol{\varepsilon}_1,\boldsymbol{\varepsilon}_2,\boldsymbol{\varepsilon}_3)\boldsymbol{C}_1^{-1}\boldsymbol{C}_2$,

$T(\boldsymbol{\eta}_1,\boldsymbol{\eta}_2,\boldsymbol{\eta}_3)=T(\boldsymbol{e}_1,\boldsymbol{e}_2,\boldsymbol{e}_3)\boldsymbol{C}_1^{-1}\boldsymbol{C}_2=(\boldsymbol{\eta}_1,\boldsymbol{\eta}_2,\boldsymbol{\eta}_3)\boldsymbol{C}_1^{-1}\boldsymbol{C}_2$,

所求的矩阵 $\boldsymbol{C}_1^{-1}\boldsymbol{C}_2=\dfrac{1}{2}\begin{pmatrix}-4&-3&3\\2&3&3\\2&1&-5\end{pmatrix}$.

3. **证明** 设 $l_0\boldsymbol{\alpha}+l_1T\boldsymbol{\alpha}+\cdots+l_{k-1}T^{k-1}\boldsymbol{\alpha}=0$，则

$T^{k-1}(l_0\boldsymbol{\alpha}+l_1T\boldsymbol{\alpha}+\cdots+l_{k-1}T^{k-1}\boldsymbol{\alpha})=0$，$l_0T^k\boldsymbol{\alpha}=0$，$l_0=0$.

再分别作变换 T^{k-2}，T^{k-3}，…，T 得

$$l_1=l_2=\cdots=l_{k-1}=0.$$

这组元素线性无关.

4. $D\boldsymbol{e}^t=\boldsymbol{e}^t=(\boldsymbol{e}^t,\ t\boldsymbol{e}^t,\ t^2\boldsymbol{e}^t)\begin{pmatrix}1\\0\\0\end{pmatrix}$,

$D(t\boldsymbol{e}^t)=\boldsymbol{e}^t+t\boldsymbol{e}^t=(\boldsymbol{e}^t,\ t\boldsymbol{e}^t,\ t^2\boldsymbol{e}^t)\begin{pmatrix}1\\1\\0\end{pmatrix}$,

$D(t^2\boldsymbol{e}^t)=2t\boldsymbol{e}^t+t^2\boldsymbol{e}^t=(\boldsymbol{e}^t,t\boldsymbol{e}^t,t^2\boldsymbol{e}^t)\begin{pmatrix}0\\2\\1\end{pmatrix}$,

$D(\boldsymbol{e}^t,\ t\boldsymbol{e}^t,\ t^2\boldsymbol{e}^t)=(\boldsymbol{e}^t,\ t\boldsymbol{e}^t,t^2\boldsymbol{e}^t)\boldsymbol{A}$,

$$\boldsymbol{A}=\begin{pmatrix}1&1&0\\0&1&2\\0&0&1\end{pmatrix}.$$

5. $\boldsymbol{T}_1\boldsymbol{E}_{11}=\begin{pmatrix}a&b\\c&d\end{pmatrix}\begin{pmatrix}1&0\\0&0\end{pmatrix}=\begin{pmatrix}a&0\\c&0\end{pmatrix}=(\boldsymbol{E}_{11},\ \boldsymbol{E}_{12},\ \boldsymbol{E}_{21},\ \boldsymbol{E}_{22})\begin{pmatrix}a\\0\\c\\0\end{pmatrix}$, 类似地可以得到

$$T_1(\boldsymbol{E}_{11},\ \boldsymbol{E}_{12},\ \boldsymbol{E}_{21},\ \boldsymbol{E}_{22})=(\boldsymbol{E}_{11},\ \boldsymbol{E}_{12},\ \boldsymbol{E}_{21},\ \boldsymbol{E}_{22})\begin{pmatrix}a&0&b&0\\0&a&0&b\\c&0&d&0\\0&c&0&d\end{pmatrix}$$

$$=(\boldsymbol{E}_{11},\ \boldsymbol{E}_{12},\ \boldsymbol{E}_{21},\ \boldsymbol{E}_{22})\boldsymbol{A}_1.$$

$T_2(\boldsymbol{E}_{11},\ \boldsymbol{E}_{12},\ \boldsymbol{E}_{21},\ \boldsymbol{E}_{22})=(\boldsymbol{E}_{11},\ \boldsymbol{E}_{12},\ \boldsymbol{E}_{21},\ \boldsymbol{E}_{22})\boldsymbol{A}_2$,

$$\boldsymbol{A}_2=\begin{pmatrix}a&c&0&0\\b&d&0&0\\0&0&a&c\\0&0&b&d\end{pmatrix},$$

$T_3=T_1T_2$,

$T_3(\boldsymbol{E}_{11},\ \boldsymbol{E}_{12},\ \boldsymbol{E}_{21},\ \boldsymbol{E}_{22})=T_1(T_2(\boldsymbol{E}_{11},\ \boldsymbol{E}_{12},\ \boldsymbol{E}_{21},\ \boldsymbol{E}_{22}))=(\boldsymbol{E}_{11},\ \boldsymbol{E}_{12},\ \boldsymbol{E}_{21},\ \boldsymbol{E}_{22})\boldsymbol{A}_1\boldsymbol{A}_2$,

$\boldsymbol{A}_3=\boldsymbol{A}_1\boldsymbol{A}_2$.

习题 2.1

1. 由定义可以判别(1)、(2)不是, (3)是.

2. 显然, $(\boldsymbol{\alpha},\ \boldsymbol{\beta})=(\boldsymbol{\beta},\ \boldsymbol{\alpha})=\sum\limits_{i=1}^{n} i\ x_iy_i$;

$(\boldsymbol{\alpha}+\boldsymbol{\beta},\ \boldsymbol{\gamma})=\sum\limits_{i=1}^{n} i(x_i+y_i)z_i=\sum\limits_{i=1}^{n} ix_iz_i+\sum\limits_{i=1}^{n} iy_iz_i=(\boldsymbol{\alpha},\ \boldsymbol{\gamma})+(\boldsymbol{\beta},\ \boldsymbol{\gamma})$;

$(k\boldsymbol{\alpha}, \boldsymbol{\beta}) = \sum_{i=1}^{n} ikx_iy_i = k(\boldsymbol{\alpha}, \boldsymbol{\beta})$；

$\boldsymbol{\alpha} \neq 0$ 时，$(\boldsymbol{\alpha}, \boldsymbol{\alpha}) = \sum_{i=1}^{n} ix_i^2 > 0$，$(\boldsymbol{\alpha}, \boldsymbol{\alpha}) = 0$ 当且仅当 $\boldsymbol{\alpha} = 0$.

3. 设 $\boldsymbol{\alpha} = (x_1, x_2, x_3, x_4)$ 与 $\boldsymbol{\alpha}_1, \boldsymbol{\alpha}_2, \boldsymbol{\alpha}_3$ 正交，则

$$\begin{cases} x_1+x_2-x_3+x_4=0, \\ x_1-x_2-x_3+x_4=0, \\ 2x_1+x_2+x_3+3x_4=0. \end{cases}$$

求得一解 $\boldsymbol{\alpha} = (4, 0, 1, -3)$，单位化 $\frac{1}{\sqrt{26}}(4, 0, 1, -3)$.

4. 取两个向量

$$\boldsymbol{\alpha} = (1, 1, \cdots, 1), \boldsymbol{\beta} = (|a_1|, |a_2|, \cdots, |a_n|).$$

由不等式 $(\boldsymbol{\alpha}, \boldsymbol{\beta}) \leqslant |\boldsymbol{\alpha}| \cdot |\boldsymbol{\beta}|$ 得

$$\sum_{i=1}^{n} |a_i| \leqslant \sqrt{n \sum_{i=1}^{n} a_i^2}.$$

5. (1) **证明** $\boldsymbol{A}$ 是正定矩阵，则 $\boldsymbol{A} = \boldsymbol{A}^{\mathrm{T}}$.

$$(\boldsymbol{x}, \boldsymbol{y}) = \boldsymbol{xAy}^{\mathrm{T}} = (\boldsymbol{xAy}^{\mathrm{T}})^{\mathrm{T}} = \boldsymbol{yA}^{\mathrm{T}}\boldsymbol{x}^{\mathrm{T}} = \boldsymbol{yAx}^{\mathrm{T}} = (\boldsymbol{y}, \boldsymbol{x}),$$

一个数等于它自己的转置；

$(k\boldsymbol{x}, \boldsymbol{y}) = k\boldsymbol{xAy}^{\mathrm{T}} = k(\boldsymbol{x}, \boldsymbol{y})$；

$(\boldsymbol{x}+\boldsymbol{y}, \boldsymbol{z}) = (\boldsymbol{x}+\boldsymbol{y})\boldsymbol{Az}^{T} = \boldsymbol{xAz}^{\mathrm{T}} + \boldsymbol{yAz}^{\mathrm{T}} = (\boldsymbol{x}, \boldsymbol{z}) + (\boldsymbol{y}, \boldsymbol{z})$；

$(\boldsymbol{x}, \boldsymbol{x}) = \boldsymbol{xAx}^{\mathrm{T}} \geqslant 0$，$(\boldsymbol{x}, \boldsymbol{x}) = 0$ 当且仅当 $\boldsymbol{x} = 0$.

(2) 柯西不等式 $(\boldsymbol{xA}y^{\mathrm{T}})^2 \leqslant (\boldsymbol{xAx}^{\mathrm{T}})(\boldsymbol{yAy}^{\mathrm{T}})$.

习题 2.2

1. 容易验证，$\boldsymbol{A}^{\mathrm{T}}\boldsymbol{A} = \boldsymbol{E}$，其中 $\boldsymbol{A}$ 是过渡矩阵.

$(\boldsymbol{\alpha}_1, \boldsymbol{\alpha}_2, \boldsymbol{\alpha}_3) = (\boldsymbol{\varepsilon}_1, \boldsymbol{\varepsilon}_2, \boldsymbol{\varepsilon}_3)\boldsymbol{A}$

取转置 $\begin{pmatrix} \boldsymbol{\alpha}_1^{\mathrm{T}} \\ \boldsymbol{\alpha}_2^{\mathrm{T}} \\ \boldsymbol{\alpha}_3^{\mathrm{T}} \end{pmatrix} = \boldsymbol{A}^{\mathrm{T}} \begin{pmatrix} \boldsymbol{\varepsilon}_1^{\mathrm{T}} \\ \boldsymbol{\varepsilon}_2^{\mathrm{T}} \\ \boldsymbol{\varepsilon}_3^{\mathrm{T}} \end{pmatrix}$. 两式相乘，

$$\begin{pmatrix} \boldsymbol{\alpha}_1^{\mathrm{T}} \\ \boldsymbol{\alpha}_2^{\mathrm{T}} \\ \boldsymbol{\alpha}_3^{\mathrm{T}} \end{pmatrix} (\boldsymbol{\alpha}_1, \boldsymbol{\alpha}_2, \boldsymbol{\alpha}_3) = \boldsymbol{A}^{\mathrm{T}} \begin{pmatrix} \boldsymbol{\varepsilon}_1^{\mathrm{T}} \\ \boldsymbol{\varepsilon}_2^{\mathrm{T}} \\ \boldsymbol{\varepsilon}_3^{\mathrm{T}} \end{pmatrix} (\boldsymbol{\varepsilon}_1, \boldsymbol{\varepsilon}_2, \boldsymbol{\varepsilon}_3)\boldsymbol{A} = \boldsymbol{A}^{\mathrm{T}}\boldsymbol{A} = \boldsymbol{E}$$ 是标准正交基.

2. 由方程组的系数矩阵

$$\boldsymbol{A} = \begin{pmatrix} 2 & 1 & -1 & 1 & -3 \\ 1 & 1 & -1 & 0 & 1 \end{pmatrix} \rightarrow \begin{pmatrix} 1 & 0 & 0 & 1 & -4 \\ 0 & 1 & -1 & -1 & 5 \end{pmatrix}$$

得基础解系

$$\boldsymbol{\alpha}_1=\begin{pmatrix}0\\1\\1\\0\\0\end{pmatrix},\ \boldsymbol{\alpha}_2=\begin{pmatrix}-1\\1\\0\\1\\0\end{pmatrix},\ \boldsymbol{\alpha}_3=\begin{pmatrix}4\\-5\\0\\0\\1\end{pmatrix}.$$

用施密特正交化方法,得

$$\boldsymbol{\beta}_1=\boldsymbol{\alpha}_1,\ \boldsymbol{\beta}_2=\frac{1}{2}\begin{pmatrix}-2\\1\\-1\\2\\0\end{pmatrix},\ \boldsymbol{\beta}_3=\frac{1}{5}\begin{pmatrix}7\\-6\\6\\13\\5\end{pmatrix}.$$

单位化，得标准正交基.

$$\boldsymbol{\gamma}_1=\frac{1}{\sqrt{2}}\begin{pmatrix}0\\1\\1\\0\\0\end{pmatrix},\ \boldsymbol{\gamma}_2=\frac{1}{\sqrt{10}}\begin{pmatrix}-2\\1\\-1\\2\\0\end{pmatrix},\ \boldsymbol{\gamma}_3=\frac{1}{\sqrt{315}}\begin{pmatrix}7\\-6\\6\\13\\5\end{pmatrix}.$$

3. (1) 任取$\boldsymbol{\beta}_1,\boldsymbol{\beta}_2\in V_1$，则$(\boldsymbol{\beta}_1,\boldsymbol{\alpha})=(\boldsymbol{\beta}_2,\boldsymbol{\alpha})=0$,

$(\boldsymbol{\beta}_1+\boldsymbol{\beta}_2,\boldsymbol{\alpha})=0\quad(k\boldsymbol{\beta}_1,\boldsymbol{\alpha})=0$,

$\boldsymbol{\beta}_1+\boldsymbol{\beta}_2\in V_1$, $k\boldsymbol{\beta}_1\in V_1$，是子空间.

(2) 以$\boldsymbol{\alpha}$为第一个元素扩充成V的正交基$\boldsymbol{\alpha},\boldsymbol{\beta}_1,\boldsymbol{\beta}_2,\cdots,\boldsymbol{\beta}_{n-1}$，$V_1=L(\boldsymbol{\beta}_1,\boldsymbol{\beta}_2,\cdots,\boldsymbol{\beta}_{n-1})$，$\dim V_1=n-1$.

4. **解** 设$T\boldsymbol{\alpha}_3=\frac{1}{3}(a_1\boldsymbol{\alpha}_1+a_2\boldsymbol{\alpha}_2+a_3\boldsymbol{\alpha}_3)$，则

$$T(\boldsymbol{\alpha}_1,\boldsymbol{\alpha}_2,\boldsymbol{\alpha}_3)=(\boldsymbol{\alpha}_1,\boldsymbol{\alpha}_2,\boldsymbol{\alpha}_3)\boldsymbol{A},$$

$$\boldsymbol{A}=\frac{1}{3}\begin{pmatrix}2&2&a_1\\2&-1&a_2\\-1&2&a_3\end{pmatrix}.$$

设

$$\boldsymbol{\alpha}=(\boldsymbol{\alpha}_1,\boldsymbol{\alpha}_2,\boldsymbol{\alpha}_3)\begin{pmatrix}x_1\\x_2\\x_3\end{pmatrix}=(\boldsymbol{\alpha}_1,\boldsymbol{\alpha}_2,\boldsymbol{\alpha}_3)\boldsymbol{x},$$

$$\boldsymbol{\beta}=(\boldsymbol{\alpha}_1,\boldsymbol{\alpha}_2,\boldsymbol{\alpha}_3)\begin{pmatrix}y_1\\y_2\\y_3\end{pmatrix}=(\boldsymbol{\alpha}_1,\boldsymbol{\alpha}_2,\boldsymbol{\alpha}_3)\boldsymbol{y}.$$

由于$\boldsymbol{\alpha}_1,\boldsymbol{\alpha}_2,\boldsymbol{\alpha}_3$是标准正交基，$(\boldsymbol{\alpha},\boldsymbol{\beta})=\boldsymbol{y}^{\mathrm{T}}\boldsymbol{x}$,而

$T\boldsymbol{\alpha}=(\boldsymbol{\alpha}_1,\boldsymbol{\alpha}_2,\boldsymbol{\alpha}_3)\boldsymbol{A}\boldsymbol{x}$, $T\boldsymbol{\beta}=(\boldsymbol{\alpha}_1,\boldsymbol{\alpha}_2,\boldsymbol{\alpha}_3)\boldsymbol{A}\boldsymbol{y}$,

$$(T\boldsymbol{\alpha},T\boldsymbol{\beta})=(\boldsymbol{A}\boldsymbol{y})^{\mathrm{T}}\boldsymbol{A}x=\boldsymbol{y}^{\mathrm{T}}\boldsymbol{A}^{\mathrm{T}}\boldsymbol{A}x.$$

若$(T\boldsymbol{\alpha},T\boldsymbol{\beta})=(\boldsymbol{\alpha},\boldsymbol{\beta})$，则$\boldsymbol{A}^{\mathrm{T}}\boldsymbol{A}=\boldsymbol{E}$.

$\boldsymbol{A}$ 的列互相垂直，即

$$\begin{cases}2a_1+2a_2-a_3=0,\\2a_1-a_2+2a_3=0,\end{cases}$$

解出 a_1，a_2，a_3，得正交变换的矩阵

$$\boldsymbol{A}=\frac{1}{3}\begin{pmatrix}2&2&1\\2&-1&-2\\-1&2&-2\end{pmatrix}.$$

5. $\boldsymbol{H}_1=\boldsymbol{G}_1$,

$$\boldsymbol{H}_2=\boldsymbol{G}_2-\frac{(\boldsymbol{G}_2,\boldsymbol{H}_1)}{(\boldsymbol{H}_1,\boldsymbol{H}_1)}\boldsymbol{H}_1=\frac{1}{3}\begin{pmatrix}3&-2\\1&1\end{pmatrix},$$

$$\boldsymbol{H}_3=\boldsymbol{G}_3-\frac{(\boldsymbol{G}_3,\boldsymbol{H}_1)}{(\boldsymbol{H}_1,\boldsymbol{H}_1)}\boldsymbol{H}_1-\frac{(\boldsymbol{G}_3,\boldsymbol{H}_2)}{(\boldsymbol{H}_2,\boldsymbol{H}_2)}\boldsymbol{H}_2=\frac{1}{5}\begin{pmatrix}3&3\\-4&1\end{pmatrix},$$

$$\boldsymbol{H}_4=\boldsymbol{G}_4-\frac{(\boldsymbol{G}_4,\boldsymbol{H}_1)}{(\boldsymbol{H}_1,\boldsymbol{H}_1)}\boldsymbol{H}_1-\frac{(\boldsymbol{G}_4,\boldsymbol{H}_2)}{(\boldsymbol{H}_2,\boldsymbol{H}_2)}\boldsymbol{H}_2-\frac{(\boldsymbol{G}_4,\boldsymbol{H}_3)}{(\boldsymbol{H}_3,\boldsymbol{H}_3)}\boldsymbol{H}_3=\frac{1}{7}\begin{pmatrix}3&3\\3&-6\end{pmatrix}$$

习题 2.3

1. **解** 原方程组 $\boldsymbol{AX}=\boldsymbol{b}$,

$$\boldsymbol{A}=\begin{pmatrix}1&1\\2&1\\3&1\end{pmatrix},\ \boldsymbol{X}=\begin{pmatrix}x\\y\end{pmatrix},\ \boldsymbol{b}=\begin{pmatrix}1\\3\\5\end{pmatrix}.$$

两边乘以 $\boldsymbol{A}^{\mathrm{T}}$，则 $\boldsymbol{A}^{\mathrm{T}}\boldsymbol{AX}=\boldsymbol{A}^{\mathrm{T}}\boldsymbol{b}$，即

$$\begin{pmatrix}14&9\\9&6\end{pmatrix}\begin{pmatrix}x\\y\end{pmatrix}=\begin{pmatrix}2&2\\1&4\end{pmatrix},\text{解出}\begin{pmatrix}x\\y\end{pmatrix}=\begin{pmatrix}2\\-\frac{2}{3}\end{pmatrix}.$$

2. **解** 原方程组 $\boldsymbol{AX}=\boldsymbol{b}$,

$$\boldsymbol{A}=\begin{pmatrix}1&1&1\\2&-2&1\\3&-1&2\end{pmatrix},\ \boldsymbol{X}=\begin{pmatrix}x\\y\\z\end{pmatrix},\ \boldsymbol{b}=\begin{pmatrix}1\\2\\5\end{pmatrix}.$$

两边乘以 $\boldsymbol{A}^{\mathrm{T}}$，则 $\boldsymbol{A}^{\mathrm{T}}\boldsymbol{A}\boldsymbol{z}=\boldsymbol{A}^{\mathrm{T}}\boldsymbol{b}$，即

$$\begin{pmatrix}14&-6&9\\-6&6&-3\\9&-3&6\end{pmatrix}\begin{pmatrix}x\\y\\z\end{pmatrix}=\begin{pmatrix}20\\-8\\13\end{pmatrix},\text{解出}\begin{pmatrix}x\\y\\z\end{pmatrix}=C\begin{pmatrix}3\\1\\-4\end{pmatrix}+\begin{pmatrix}1\\0\\\frac{2}{3}\end{pmatrix}.$$

习题 2.4

(1) $\boldsymbol{A}^{\mathrm{H}}=\boldsymbol{A}$，$\boldsymbol{A}$ 是正规矩阵.

$$|\lambda\boldsymbol{E}-\boldsymbol{A}|=(\lambda-1)(\lambda+1)(\lambda+2),\ \lambda_1=1,\ \lambda_2=-1,\ \lambda_3=-2.$$

对应的特征向量

$$P_1=\begin{pmatrix}1\\-2i\\1\end{pmatrix},\ P_2=\begin{pmatrix}-1\\0\\1\end{pmatrix},\ P_3=\begin{pmatrix}1\\i\\1\end{pmatrix}.$$

单位化 $u_1=\frac{1}{\sqrt6}P_1$, $u_2=\frac{1}{\sqrt2}P_2$, $u_3=\frac{1}{\sqrt3}p_3$,

酉矩阵 $U=(u_1, u_2, u_3)$, $U^HAU=\begin{pmatrix}1&&\\&-1&\\&&-2\end{pmatrix}$.

(2) $A^H=A$, A 是正规矩阵.

$$(\lambda E-A)=\lambda(\lambda-\sqrt2)(\lambda+\sqrt2),\ \lambda_1=0,\ \lambda_2=\sqrt2,\ \lambda_3=-\sqrt2.$$

对应的特征向量

$$P_1=\begin{pmatrix}0\\i\\1\end{pmatrix},\ P_2=\begin{pmatrix}\sqrt2\\-i\\1\end{pmatrix},\ P_3=\begin{pmatrix}-\sqrt2\\-i\\1\end{pmatrix},$$

单位化

$$u_1=\frac{1}{\sqrt2}P_1,\ u_2=\frac12P_2,\ u_3=\frac12P_3.$$

$$U=(u_1, u_2, u_3),U^HAU=\begin{pmatrix}0&&\\&\sqrt2&\\&&-\sqrt2\end{pmatrix}.$$

习题 3.1

1. **证明** 设

$$f(\lambda)=|\lambda E-A|=\lambda^n+a_{n-1}\lambda^{n-1}+\cdots+a_1\lambda+a_0,$$

由于 A 可逆, $f(0)=a_0\neq0$,再由

$$A^n+a_{n-1}A^{n-1}+\cdots+a_1A+a_0E=0$$

得

$$-\frac{1}{a_0}A(A^{n-1}+a_{n-1}A^{n-1}+\cdots+a_1E)=E,$$

即

$$A^{-1}=-\frac{1}{a_0}(A^{n-1}+a_{n-1}A^{n-2}+\cdots+a_1E).$$

2. **解** $|\lambda E-A|=\lambda^2-6\lambda+7$, 利用除法,

$$2\lambda^4-12\lambda^3+19\lambda^2-29\lambda+37=(\lambda^2-6\lambda+7)\cdot(2\lambda^2+5)+\lambda+2,$$

代入 A 得 $B=A+2E=\begin{pmatrix}3&-1\\2&7\end{pmatrix}$, 可逆,再由

$$A^2-6A+7E=0,$$

得

$$-\frac{1}{23}(A+2E)(A-8E)=E,$$

$$B^{-1}=\frac{1}{23}(8E-A).$$

3. 直接代入验证：

$$\begin{aligned}&(\boldsymbol{E}-\boldsymbol{BA})[\boldsymbol{E}+\boldsymbol{B}(\boldsymbol{E}-\boldsymbol{AB})^{-1}\boldsymbol{A}]\\=&\boldsymbol{E}-\boldsymbol{BA}+(\boldsymbol{E}-\boldsymbol{BA})\boldsymbol{B}(\boldsymbol{E}-\boldsymbol{AB})^{-1}\boldsymbol{A}\\=&\boldsymbol{E}+[-\boldsymbol{B}(\boldsymbol{E}-\boldsymbol{AB})+(\boldsymbol{E}-\boldsymbol{BA})\boldsymbol{B}](\boldsymbol{E}-\boldsymbol{AB})^{-1}\boldsymbol{A}\\=&\boldsymbol{E}+\boldsymbol{0}=\boldsymbol{E}.\end{aligned}$$

4. **证明** $|\lambda\boldsymbol{E}-\boldsymbol{A}|=\lambda^3-\lambda^2-\lambda+1$,

即 $\boldsymbol{A}^3-\boldsymbol{A}^2-\boldsymbol{A}+\boldsymbol{E}=\boldsymbol{0}$，由此得

$$\boldsymbol{A}^3=\boldsymbol{A}^2+\boldsymbol{A}-\boldsymbol{E}，且\ \boldsymbol{A}^3-\boldsymbol{A}=\boldsymbol{A}^2-\boldsymbol{E}.$$

用归纳法证明，$n=3$ 时，

$$\boldsymbol{A}^3=\boldsymbol{A}^{3-2}+\boldsymbol{A}^2-\boldsymbol{E}.$$

设 $\boldsymbol{A}^n=\boldsymbol{A}^{n-2}+\boldsymbol{A}^2-\boldsymbol{E}$，两边乘以 $\boldsymbol{A}$，则

$$\boldsymbol{A}^{n+1}=\boldsymbol{A}^{n-1}+\boldsymbol{A}^3-\boldsymbol{A}=\boldsymbol{A}^{n+1-2}+\boldsymbol{A}^2-\boldsymbol{E}.$$

再由归纳法，

$$\boldsymbol{A}^{100}=\boldsymbol{A}^{98}+\boldsymbol{A}^2-\boldsymbol{E}=\boldsymbol{A}^{96}+2(\boldsymbol{A}^2-\boldsymbol{E})=\cdots=\boldsymbol{A}^0+50(\boldsymbol{A}^2-\boldsymbol{E})$$

$$\boldsymbol{A}^{100}=\begin{pmatrix}1&0&0\\50&1&0\\50&0&1\end{pmatrix}.$$

5. (1) $|\lambda\boldsymbol{E}-\boldsymbol{A}|=(\lambda-1)^3$，直接验证 $m(\lambda)=(\lambda-1)^2$；

(2) $|\lambda\boldsymbol{E}-\boldsymbol{A}|=(\lambda-1)^2(\lambda+1)$，$m(\lambda)=(\lambda-1)(\lambda+1)$；

(3) $$|\lambda\boldsymbol{E}-\boldsymbol{A}|=\begin{vmatrix}\lambda-3&1&3&-1\\1&\lambda-3&-1&3\\-3&1&\lambda+3&-1\\1&-3&-1&\lambda+3\end{vmatrix}\xlongequal{C_3+C_1}\begin{vmatrix}\lambda-3&1&\lambda&-1\\1&\lambda-3&0&3\\-3&1&\lambda&-1\\1&-3&0&\lambda+3\end{vmatrix}$$

$$\xlongequal{r_1-r_3}\begin{vmatrix}\lambda&0&0&0\\1&\lambda-3&0&3\\-3&1&\lambda&-1\\1&-3&0&\lambda+3\end{vmatrix}=\lambda^2\begin{vmatrix}\lambda-3&3\\-3&\lambda+3\end{vmatrix}=\lambda^4.$$

直接验证 $m(\lambda)=\lambda^2$.

习题 3.2

(1) $|\lambda\boldsymbol{E}-\boldsymbol{A}|=(\lambda-7)(\lambda+2)$，$\lambda_1=7$，$\lambda_2=-2$，

对应的特征向量

$$\boldsymbol{P}_1=\begin{pmatrix}1\\1\end{pmatrix},\ \boldsymbol{P}_2=\begin{pmatrix}-4\\5\end{pmatrix},\ \boldsymbol{P}=(\boldsymbol{P}_1,\boldsymbol{P}_2),\ \boldsymbol{P}^{-1}\boldsymbol{AP}=\begin{pmatrix}7&0\\0&-2\end{pmatrix}.$$

(2) $|\lambda\boldsymbol{E}-\boldsymbol{A}|=(\lambda-1)(\lambda-2)(\lambda-3)$，$\lambda_1=1$，$\lambda_2=2$，$\lambda_3=3$，

对应的特征向量

$$\boldsymbol{P}_1=\begin{pmatrix}-1\\2\\1\end{pmatrix},\ \boldsymbol{P}_2=\begin{pmatrix}1\\1\\0\end{pmatrix},\ \boldsymbol{P}_3=\begin{pmatrix}1\\2\\2\end{pmatrix},\ \boldsymbol{P}=(\boldsymbol{P}_1,\boldsymbol{P}_2,\boldsymbol{P}_3),\ \boldsymbol{P}^{-1}\boldsymbol{AP}=\begin{pmatrix}1&&\\&2&\\&&3\end{pmatrix}.$$

(3) $|\lambda \boldsymbol{E}-\boldsymbol{A}|=(\lambda-2)^3$, $\mathbf{R}(2\boldsymbol{E}-\boldsymbol{A})=1$.

不能对角化.

习题 3.3

1. (1) $|\lambda \boldsymbol{E}-\boldsymbol{A}|=(\lambda^2-1)(\lambda^2-4)$,

$d_1=d_2=d_3=1$, $d_4=(\lambda^2-1)(\lambda^2-4)$.

初级因子为 $\lambda-1$, $\lambda+1$, $\lambda-2$, $\lambda+2$.

(2) $|\lambda \boldsymbol{E}-\boldsymbol{A}|=(\lambda-1)(\lambda+1)(\lambda-2)=D_3$,

$d_1=d_2=1$, $d_3=D_3$.

初级因子 $\lambda-1$, $\lambda+1$, $\lambda-2$.

2. $|\lambda \boldsymbol{E}-\boldsymbol{A}|=(\lambda-a)^n$, 有一个 $n-1$ 阶子式

$$D_{n-1}=\begin{vmatrix} -b_1 & & & \\ a & -b_2 & & \\ & \ddots & \ddots & \\ & & a & -b_{n-1} \end{vmatrix}=(-1)^{n-1}.$$ b_1, b_2, $\cdots$, $b_{n-1}\neq 0$, 为常数, 所以

$$d_1=d_2=\cdots=d_{n-1}=1,\ d_n=(\lambda-a)^n.$$

初级因子 $(\lambda-a)^n$.

习题 3.4

1. (1) $$\lambda \boldsymbol{E}-\boldsymbol{A}=\begin{pmatrix} \lambda-1 & 1 & -2 \\ -3 & \lambda+3 & -6 \\ -2 & 2 & \lambda-4 \end{pmatrix}\to\begin{pmatrix} 1 & 0 & 0 \\ 0 & \lambda & 0 \\ 0 & 0 & \lambda(\lambda-2) \end{pmatrix},$$

约当标准形 $$\boldsymbol{J}=\begin{pmatrix} 2 & 0 & 0 \\ 0 & 0 & 0 \\ 0 & 0 & 0 \end{pmatrix}.$$

(2) $$\lambda \boldsymbol{E}-\boldsymbol{A}=\begin{pmatrix} \lambda-3 & -7 & 3 \\ 2 & \lambda+5 & -2 \\ 4 & 10 & \lambda-3 \end{pmatrix}\to\begin{pmatrix} 1 & 0 & 0 \\ 0 & 1 & 0 \\ 0 & 0 & (\lambda-1)(\lambda^2+1) \end{pmatrix},$$

约当标准形 $$\boldsymbol{J}=\begin{pmatrix} 1 & 0 & 0 \\ 0 & i & 0 \\ 0 & 0 & -i \end{pmatrix},$$

(3) $$\lambda \boldsymbol{E}-\boldsymbol{A}=\begin{pmatrix} \lambda-3 & 0 & -8 \\ -3 & \lambda+1 & -6 \\ 2 & 0 & \lambda+5 \end{pmatrix}\to\begin{pmatrix} 1 & 0 & 0 \\ 0 & \lambda+1 & 0 \\ 0 & 0 & (\lambda+1)^2 \end{pmatrix},$$

约当标准形 $$\boldsymbol{J}=\begin{pmatrix} -1 & 0 & 0 \\ 0 & -1 & 0 \\ 0 & 1 & -1 \end{pmatrix}.$$

(4) $\lambda\boldsymbol{E}-\boldsymbol{A}=\begin{pmatrix}\lambda-4 & -5 & 2\\ 2 & \lambda+2 & -1\\ 1 & 1 & \lambda-1\end{pmatrix}\to\begin{pmatrix}1 & 0 & 0\\ 0 & 1 & 0\\ 0 & 0 & (\lambda-1)^3\end{pmatrix}$,

约当标准形
$$\boldsymbol{J}=\begin{pmatrix}1 & 0 & 0\\ 1 & 1 & 0\\ 0 & 1 & 1\end{pmatrix}.$$

2. (1) $\lambda\boldsymbol{E}-\boldsymbol{A}=\begin{pmatrix}\lambda+1 & -1 & -1\\ 5 & \lambda-21 & -17\\ 6 & 26 & \lambda+21\end{pmatrix}\to\begin{pmatrix}1 & 0 & 0\\ 0 & 1 & 0\\ 0 & 0 & \lambda^2(\lambda+1)\end{pmatrix}$,

约当标准形
$$\boldsymbol{J}=\begin{pmatrix}-1 & 0 & 0\\ 0 & 0 & 0\\ 0 & 1 & 0\end{pmatrix}.$$

设 $\boldsymbol{P}^{-1}\boldsymbol{AP}=\boldsymbol{J}$, $\boldsymbol{P}=(\boldsymbol{P}_1, \boldsymbol{P}_2, \boldsymbol{P}_3)$, 则 $\boldsymbol{AP}=\boldsymbol{PJ}$, 即
$(\boldsymbol{AP}_1, \boldsymbol{AP}_2, \boldsymbol{AP}_3)=(-\boldsymbol{P}_1, \boldsymbol{P}_3, 0)$.
解方程 $\boldsymbol{AP}_1=-\boldsymbol{P}_1$, $\boldsymbol{AP}_2=\boldsymbol{P}_3$, $\boldsymbol{AP}_3=0$, 得
$$\boldsymbol{P}_3=\begin{pmatrix}-1\\ 3\\ -4\end{pmatrix}, \boldsymbol{P}_2=\begin{pmatrix}2\\ -1\\ 2\end{pmatrix}, \boldsymbol{P}_1=\begin{pmatrix}1\\ 1\\ -1\end{pmatrix}.$$
取 $\boldsymbol{P}=(\boldsymbol{P}_1, \boldsymbol{P}_2, \boldsymbol{P}_3)$, $\boldsymbol{P}^{-1}\boldsymbol{AP}=\boldsymbol{J}$.

(2) $\lambda\boldsymbol{E}-\boldsymbol{A}=\begin{pmatrix}\lambda-8 & 3 & -6\\ -3 & \lambda+2 & 0\\ 4 & -2 & \lambda+2\end{pmatrix}\to\begin{pmatrix}1 & 0 & 0\\ 0 & 1 & 0\\ 0 & 0 & (\lambda-1)^2(\lambda-2)\end{pmatrix}$,

约当标准形
$$\boldsymbol{J}=\begin{pmatrix}1 & 0 & 0\\ 1 & 1 & 0\\ 0 & 0 & 2\end{pmatrix}.$$

设 $\boldsymbol{P}^{-1}\boldsymbol{AP}=\boldsymbol{J}$, $\boldsymbol{P}=(\boldsymbol{P}_1, \boldsymbol{P}_2, \boldsymbol{P}_3)$, 则
$\boldsymbol{AP}=\boldsymbol{PJ}$, $(\boldsymbol{AP}_1, \boldsymbol{AP}_2, \boldsymbol{AP}_3)=(\boldsymbol{P}_1+\boldsymbol{P}_2, \boldsymbol{P}_2, 2\boldsymbol{P}_3)$.
解方程 $\boldsymbol{AP}_2=\boldsymbol{P}_2$, $\boldsymbol{AP}_1=\boldsymbol{P}_1+\boldsymbol{P}_2$, $\boldsymbol{AP}_3=2\boldsymbol{P}_3$,
$$\boldsymbol{P}_2=\begin{pmatrix}3\\ 3\\ -2\end{pmatrix}, \boldsymbol{P}_1=\begin{pmatrix}-3\\ -4\\ 2\end{pmatrix}, \boldsymbol{P}_3=\begin{pmatrix}-8\\ 6\\ -5\end{pmatrix}.$$

(3) $\lambda\boldsymbol{E}-\boldsymbol{A}=\begin{pmatrix}\lambda+7 & 12 & 6\\ -3 & \lambda-5 & -3\\ -3 & -6 & \lambda-2\end{pmatrix}\to\begin{pmatrix}1 & 0 & 0\\ 0 & \lambda+1 & 0\\ 0 & 0 & (\lambda+1)(\lambda-2)\end{pmatrix}$,

约当标准形
$$\boldsymbol{J}=\begin{pmatrix}-1 & 0 & 0\\ 0 & -1 & 0\\ 0 & 0 & 2\end{pmatrix}.$$

设
$$\boldsymbol{P}=(\boldsymbol{P}_1, \boldsymbol{P}_2, \boldsymbol{P}_3), \boldsymbol{P}^{-1}\boldsymbol{AP}=\boldsymbol{J}, \boldsymbol{AP}=\boldsymbol{PJ},$$
$$(\boldsymbol{AP}_1, \boldsymbol{AP}_2, \boldsymbol{AP}_3)=(-\boldsymbol{P}_1, -\boldsymbol{P}_2, 2\boldsymbol{P}_3).$$

解方程

$$AP_1=-P_1 \quad AP_2=-P_2,\ AP_3=2P_3,$$

$$P_1=\begin{pmatrix}-2\\1\\0\end{pmatrix},\ P_2=\begin{pmatrix}-1\\0\\1\end{pmatrix},\ P=\begin{pmatrix}-2\\1\\1\end{pmatrix}.$$

(4) $\lambda E-A=\begin{pmatrix}\lambda+1 & 2 & -6\\1 & \lambda & -3\\1 & 1 & \lambda-4\end{pmatrix}\to\begin{pmatrix}1 & 0 & 0\\0 & \lambda-1 & 0\\0 & 0 & (\lambda-1)^2\end{pmatrix}$,

约当标准形

$$J=\begin{pmatrix}1 & 0 & 0\\0 & 1 & 0\\0 & 1 & 1\end{pmatrix}.$$

设

$$P=(P_1,\ P_2,\ P_3),\ P^{-1}AP=J,\ AP=PJ,$$
$$(AP_1,\ AP_2,\ AP_3)=(P_1,\ P_2+P_3,\ P_3).$$

解方程 $AP_1=P_1,\ AP_3=P_3$，得

$$P_1=\begin{pmatrix}-1\\1\\0\end{pmatrix},\ P_3=\begin{pmatrix}3\\0\\1\end{pmatrix}.$$

代入 $AP_2=P_2+P_3$,

$(A-E)P_2=C_1P_1+C_2P_3=P_3'$,

$$\begin{pmatrix}-2 & -2 & 6 & -C_1+3C_2\\-1 & -1 & 3 & C_1\\-1 & -1 & 3 & C_2\end{pmatrix}\to\begin{pmatrix}-1 & -1 & 3 & C_2\\0 & 0 & 0 & C_1-C_2\\0 & 0 & 0 & -C_1+C_2\end{pmatrix}.$$

取 $C_1=C_2=1$，得 $P_3'=P_1+P_2=\begin{pmatrix}2\\1\\1\end{pmatrix}$,解出 $P_2=\begin{pmatrix}2\\0\\1\end{pmatrix}$.

变换矩阵，$P=(P_1,\ P_2,\ P_3')=\begin{pmatrix}-1 & 2 & 2\\1 & 0 & 1\\0 & 1 & 1\end{pmatrix}$.

习题 4.1

1. (1) $\|\mathbf{0}\|=\|0\cdot\mathbf{0}\|=0\cdot\|\mathbf{0}\|=0$;

(2) $\left\|\dfrac{\alpha}{\|\alpha\|}\right\|=\dfrac{1}{\|\alpha\|}\cdot\|\alpha\|=1$;

(3) $\|-\alpha\|=|(-1)|\,\|\alpha\|=\|\alpha\|$;

(4) 由 $\|\alpha+\beta\|\leqslant\|\alpha\|+\|\beta\|$，用 $\beta-\alpha$ 代替 β,得

$$\|\alpha\|-\|\beta\|\geqslant-\|\alpha-\beta\|.$$

再用 $\alpha-\beta$ 代替 α，得

$$\|\boldsymbol{\alpha}\|-\|\boldsymbol{\beta}\|\leqslant\|\boldsymbol{\alpha}-\boldsymbol{\beta}\|.$$

所以 $$\big|\|\boldsymbol{\alpha}\|-\|\boldsymbol{\beta}\|\big|\leqslant\|\boldsymbol{\alpha}-\boldsymbol{\beta}\|.$$

2. (1) 设 $\boldsymbol{\alpha}=(x_1, x_2, \cdots, x_n)$，显然

$$\sum_{i=1}^{n}|x_i|^2\leqslant\left(\sum_{i=1}^{n}|x_i|\right)^2,\ \|\boldsymbol{\alpha}\|_2\leqslant\|\boldsymbol{\alpha}\|_1.$$

取 $\boldsymbol{\beta}=(1, 1, \cdots, 1)$，由 $(\boldsymbol{\alpha}, \boldsymbol{\beta})^2\leqslant|\boldsymbol{\alpha}|^2\cdot|\boldsymbol{\beta}|^2$，得

$$\left(\sum_{i=1}^{n}|x_i|\right)^2\leqslant n\sum_{i=1}^{n}x_i^2,\ \|\boldsymbol{\alpha}\|_1\leqslant\sqrt{n}\,\|\boldsymbol{\alpha}\|_2;$$

(2) 显然 $\max\limits_i|x_i|\leqslant\sum\limits_{i=1}^{n}|x_i|\leqslant n\cdot\max\limits_i|x_i|$，即

$$\|\boldsymbol{\alpha}\|_\infty\leqslant\|\boldsymbol{\alpha}\|_1\leqslant n\|\boldsymbol{\alpha}\|_\infty;$$

(3) 显然 $\max\limits_i|x_i|=\sqrt{(\max\limits_i|x_i|)^2}\leqslant\sqrt{\sum\limits_{i=1}^{n}|x_i|^2}\leqslant n\cdot\max\limits_i|x_i|$，即

$$\|\boldsymbol{x}\|_\infty\leqslant\|\boldsymbol{\alpha}\|_2\leqslant n\|\boldsymbol{\alpha}\|_\infty.$$

3. $\|\boldsymbol{x}\|_1=3$，$\|\boldsymbol{x}\|_2=\sqrt{3}$，$\|\boldsymbol{x}\|_\infty=1$.

4. $\|\boldsymbol{x}\|_1=7+\sqrt{2}$，$\|\boldsymbol{x}\|_2=\sqrt{23}$，$\|\boldsymbol{x}\|_\infty=4$.

5. (1) $x\neq0$，则 $\|\boldsymbol{x}\|>0$；

(2) $$\|k\boldsymbol{x}\|=\sqrt{\sum_{i=1}^{n}a_i|k\boldsymbol{x}_i|^2}=|k|\sqrt{\sum_{i=1}^{n}a_i|x_i|^2}=|k|\,\|\boldsymbol{x}\|,$$

(3) $$\|\boldsymbol{x}+\boldsymbol{y}\|^2=\sum_{i=1}^{n}a_i|x_i+y_i|^2$$
$$\leqslant\sum_{i=1}^{n}a_i|x_i|^2+\sum_{i=1}^{n}a_i|y_i|^2+\sum_{i=1}^{n}2a_i|x_i||y_i|,$$

而

$$(\|\boldsymbol{x}\|+\|\boldsymbol{y}\|)^2=\sum_{i=1}^{n}a_i|x_i|^2+\sum_{i=1}^{n}a_i|y_i|^2+2\sum_{i=1}^{n}a_i|x_i|^2\cdot\sum_{i=1}^{n}a_i|y_i|^2.$$

由柯西不等式

$$\left(\sum_{i=1}^{n}a_i|x_i||y_i|\right)^2=\left(\sum_{i=1}^{n}\sqrt{a_i}|x_i|\cdot\sqrt{a_i}|y_i|\right)^2$$
$$\leqslant\sum_{i=1}^{n}a_i|x_i|^2\cdot\sum_{i=1}^{n}a_i|y_i|^2,$$
$$\|\boldsymbol{x}+\boldsymbol{y}\|\leqslant\|\boldsymbol{x}\|+\|\boldsymbol{y}\|.$$

6. (1) 证明

$x\neq0$ 时，$\|\boldsymbol{x}\|>0$；

$$\|k\boldsymbol{x}\|=\max\{\|k\boldsymbol{x}\|_a, \|k\boldsymbol{x}\|_b\}=|k|\max\{\|\boldsymbol{x}\|_a, \|\boldsymbol{x}\|_b\}$$
$$=|k|\cdot\|\boldsymbol{x}\|;$$

$$\|x+y\|=\max\{\|\boldsymbol{x}+\boldsymbol{y}\|_a, \|\boldsymbol{x}+\boldsymbol{y}\|_b\}$$
$$\leqslant\max\{\|\boldsymbol{x}\|_a+\|\boldsymbol{y}\|_a, \|\boldsymbol{x}\|_b+\|\boldsymbol{y}\|_b\}$$
$$\leqslant\max\{\|\boldsymbol{x}\|_a, \|\boldsymbol{x}\|_b\}+\max\{\|\boldsymbol{y}\|_a, \|y\|_b\}$$
$$=\|\boldsymbol{x}\|+\|\boldsymbol{y}\|.$$

(2)证明

$\| x \| = k_1 \| x \|_a + k_2 \| x \|_b \geqslant 0$;

$\| kx \| = k_1 \| kx \|_a + k_2 \| kx \|_b$

$= |k| (k_1 \| x \|_a + k_2 \| x \|_b) = |k| \| x \|$;

$\| x+y \| = k_1 \| x+y \|_a + k_2 \| x+y \|_b$

$\leqslant k_1(\| x \|_a + \| y \|_a) + k_2(\| x \|_b + \| y \|_b)$

$= \| x \| + \| y \|$.

习题 4.2

1. $\| A \|_{m_1} = 18+\sqrt{2}$, $\| A \|_F = \sqrt{66}$, $\| A \|_{m_\infty} = 15$,

$\| A \|_1 = 7+\sqrt{2}$, $\| A \|_\infty = 9$.

2. **证明**

$A \neq 0$ 时, $S^{-1}AS \neq 0$, $\| A \| > 0$;

$\| kA \| = \| S^{-1}kAS \|_m = |k| \| S^{-1}AS \|_m = |k| \| A \|$;

$\| A+B \| = \| S^{-1}(A+B)S \|_m \leqslant \| S^{-1}AS \|_m + \| S^{-1}BS \|_m$

$= \| A \| + \| B \|$;

$\| AB \| = \| S^{-1}ABS \|_m = \| S^{-1}AS \cdot S^{-1}BS \|_m$

$\leqslant \| S^{-1}AS \|_m \cdot \| S^{-1}BS \|_m = \| A \| \cdot \| B \|$.

3. 任取 $A \neq 0$, 则 $\| A \| \neq 0$,

$\| A \| = \| EA \| \leqslant \| E \| \cdot \| A \|$, $\| E \| \geqslant 1$.

4. **证明** $A \neq 0$, 则 $\| A \|_m > 0$;

$\| kA \|_m = \max(m, n) \cdot \max\limits_{i,j} |ka_{ij}| = |k| \max(m, n) \cdot \max\limits_{i,j}(|a_{ij}|)$

$= |k| \| A \|_m$;

$\| A+B \|_m = \max(m, n) \cdot \max\limits_{i,j} |a_{ij}+b_{ij}|$

$\leqslant \max(m, n) \cdot (\max\limits_{i,j} |a_{ij}| + \max\limits_{i,j} |b_{ij}|)$

$= \| A \|_m + \| B \|_m$.

设 $x = (\xi_1, \xi_2, \cdots, \xi_n)^T$,

$$\| Ax \|_1 = \sum_{i=1}^{m} \left| \sum_{j=1}^{n} a_{ij} \cdot \xi_j \right| \leqslant \sum_{i=1}^{m} \sum_{j=1}^{n} |a_{ij}| \cdot |\xi_j|$$

$$\leqslant \max_{i,j} |a_{ij}| \cdot \sum_{i=1}^{m} \sum_{j=1}^{n} |\xi_j|$$

$$\leqslant \max(m, n) \cdot \max_{i,j} |a_{ij}| \cdot \sum_{j=1}^{n} |\xi_i| = \| A \|_m \cdot \| x \|_1,$$

$$\| Ax \|_2^2 = \sum_{i=1}^{m} \left| \sum a_{ij}\xi_j \right|^2 \leqslant \sum_{i=1}^{m} \left(\sum_{j=1}^{n} |a_{ij}| |\xi_j| \right)^2$$

$$\leqslant \sum_{i=1}^{m} \left(\sum_{j=1}^{n} |a_{ij}|^2 \cdot \sum_{j=1}^{n} |\xi_j|^2 \right) \leqslant n(\max_{i,j} |a_{ij}|)^2 \cdot \sum_{i=1}^{m} \sum_{j=1}^{n} |\xi_i|^2$$

$$\leqslant [\max(m, n)]^2 \cdot (\max_{i,j} |a_{ij}|)^2 \sum_{j=1}^{n} |\xi_j|^2$$

$$= \| A \|_m^2 \cdot \| x \|_2^2,$$

$$\| Ax \|_\infty = \max_i \left| \sum_{j=1}^n a_{ij}\xi_j \right| \leqslant \max_i \sum_{j=1}^n |a_{ij}| \cdot |\xi_j|$$

$$\leqslant \max_{i,j} |a_{ij}| \cdot \max \sum_{j=1}^n |\xi_j|$$

$$\leqslant \max(m, n) \max_{i,j} |a_{ij}| \quad \max_j |\xi_j| = \| A \|_m \| x \|_\infty .$$

5. **证明** $A \neq 0$，显然 $\| A \|_G > 0$，

$$\| kA \|_G = \sqrt{mn} \cdot \max_{i,j} |ka_{ij}| = |k| \cdot \sqrt{mn} \max_{i,j} |a_{ij}|$$

$$= |k| \| A \|_G,$$

$$\| A+B \|_G = \sqrt{mn} \cdot \max_{i,j} |a_{ij}+b_{ij}|$$

$$\leqslant \sqrt{mn} \cdot \max_{i,j} \{ |a_{ij}| + |b_{ij}| \}$$

$$\leqslant \sqrt{mn} \cdot \max_{i,j} |a_{ij}| + \sqrt{mn} \max_{i,j} |b_{ij}|$$

$$= \| A \|_G + \| B \|_G,$$

$$\| Ax \|_2^2 = \sum_{i=1}^m \left(\sum a_{ij}\xi_j \right)^2 \leqslant \sum_{i=1}^m \left(\sum_{j=1}^n |a_{ij}| |\xi_j| \right)^2$$

$$\leqslant \sum_{i=1}^m \left(\sum_{j=1}^n |a_{ij}|^2 \cdot \sum_{j=1}^n |\xi_j|^2 \right)$$

$$\leqslant (\max_{i,j} |a_{ij}|)^2 \cdot n \cdot \sum_{i=1}^m \sum_{j=1}^n |\xi_j|^2$$

$$\leqslant mn \max_{i,j} |a_{ij}| \sum_{j=1}^n |\xi_j|^2 = \| A \|_G^2 \cdot \| x \|_2^2.$$

6. **证明**

$\| U \|_2^2 = U^H U$ 的最大特征值 $=E$ 的最大特征值 $=1$，

$\| U \|_2 = 1.$

习题 4.3

1. **解** 可求得 $A^{-1} = \dfrac{1}{4}\begin{pmatrix} 2 & -3 & 2 \\ 4 & -2 & 0 \\ -4 & 4 & 0 \end{pmatrix}$，于是

$$\mathrm{cond}_1 A = \| A \|_1 \cdot \| A^{-1} \|_1 = 5 \cdot \frac{10}{4} = \frac{25}{2},$$

$$\mathrm{cond}_\infty A = \| A \|_\infty \cdot \| A^{-1} \|_\infty = 5 \cdot \frac{8}{4} = 10.$$

2. **证明**

设 A 的属于特征值 λ 的特征向量为 x，则

$Ax = \lambda x$，从而 $A^m x = \lambda^m x$，取向量范数与给出的矩阵范数相容，则

$$|\lambda|^m \| x \| = \| \lambda^m x \| = \| A^m x \| \leqslant \| A^m \| \cdot \| x \|,$$

$$|\lambda^m| \leqslant \| A^m \|, \quad |\lambda| \leqslant \sqrt[m]{\| A^m \|}.$$

习题 5.2

1. $A=\begin{pmatrix}1&0&0\\2&1&0\\2&2&1\end{pmatrix}\begin{pmatrix}1&3&0\\0&-3&0\\0&0&-6\end{pmatrix}$, $A=\begin{pmatrix}1&0&0\\2&-3&0\\2&-6&-6\end{pmatrix}\begin{pmatrix}1&3&0\\0&1&0\\0&0&1\end{pmatrix}$.

2. $A=G^{H}G$, $G=\frac{1}{\sqrt{5}}\begin{pmatrix}5&2&-4\\0&1&-2\\0&0&\sqrt{5}\end{pmatrix}$.

习题 5.3

(1) $P=\begin{pmatrix}1&-1&0\\0&\frac{1}{2}&0\\2&-4&1\end{pmatrix}$, $PA=\begin{pmatrix}1&0&2&1\\0&1&\frac{1}{2}&-\frac{1}{2}\\0&0&0&0\end{pmatrix}$,

$A=\begin{pmatrix}1&2\\0&2\\-2&4\end{pmatrix}\begin{pmatrix}1&0&2&1\\0&1&\frac{1}{2}&-\frac{1}{2}\end{pmatrix}$.

(2) $P=\begin{pmatrix}\frac{1}{2}&0&-\frac{1}{2}&0\\-\frac{1}{2}&0&-\frac{1}{2}&0\\1&1&0&0\\1&1&1&1\end{pmatrix}$, $PA=\begin{pmatrix}1&0&0&0\\0&1&-1&-1\\0&0&0&0\\0&0&0&0\end{pmatrix}$,

$A=\begin{pmatrix}1&-1\\-1&1\\-1&-1\\1&1\end{pmatrix}\begin{pmatrix}1&0&0&0\\0&1&-1&-1\end{pmatrix}$.

(3) $P=\begin{pmatrix}1&0&0&0\\-2&1&0&0\\-1&0&1&0\\-2&0&0&1\end{pmatrix}$, $PA=\begin{pmatrix}1&2&3&6\\0&0&0&0\\0&0&0&0\\0&0&0&0\end{pmatrix}$, $A=\begin{pmatrix}1\\2\\1\\2\end{pmatrix}(1\ 2\ 3\ 6)$.

习题 5.4

1. $A=\frac{1}{3\sqrt{2}}\begin{pmatrix}3&1&-2\sqrt{2}\\0&4&\sqrt{2}\\3&-1&2\sqrt{2}\end{pmatrix}\frac{1}{3\sqrt{2}}\begin{pmatrix}12&9&9\\0&9&7\\0&0&4\sqrt{2}\end{pmatrix}$.

2. $A=\frac{1}{\sqrt{6}}\begin{pmatrix}-\sqrt{3} & \mathrm{i} & \sqrt{2}\\ -\sqrt{3}\mathrm{i} & 1 & -\sqrt{2}\mathrm{i}\\ 0 & 2\mathrm{i} & -\sqrt{2}\end{pmatrix}\frac{1}{\sqrt{6}}\begin{pmatrix}\sqrt{3} & -\sqrt{3}\mathrm{i} & \sqrt{3}\\ 0 & 3 & \mathrm{i}\\ 0 & 0 & 2\sqrt{2}\end{pmatrix}$.

3. $A=\frac{1}{\sqrt{30}}\begin{pmatrix}\sqrt{5} & -1 & 2\sqrt{6}\\ 2\sqrt{5} & -2 & -\sqrt{6}\\ \sqrt{5} & 5 & 0\end{pmatrix}\frac{1}{\sqrt{6}}\begin{pmatrix}6 & 1 & 10\\ 0 & \sqrt{5} & -2\sqrt{5}\\ 0 & 0 & 0\end{pmatrix}$.

习题 5.5

1. (1)
$$A^{\mathrm{T}}A=\begin{pmatrix}5 & 0 & 0\\ 0 & 0 & 0\\ 0 & 0 & 0\end{pmatrix}$$
的特征值为 $\lambda_1=5$, $\lambda_2=\lambda_3=0$, 对应的特征向量为
$$(1,\ 0,\ 0)^{\mathrm{T}},\ (0,1,\ 0)^{\mathrm{T}},\ (0,\ 0,\ 1)^{\mathrm{T}},$$
于是
$$r(A)=1,\ D=(\sqrt{5}),\ Q=E,\ Q_1=(1,\ 0,\ 0)^{\mathrm{T}},\ P_1=AQ_1D^{-1}=\frac{1}{\sqrt{5}}(1,\ 2)^{\mathrm{T}}.$$
取 $P_2=\frac{1}{\sqrt{5}}(-2,1)^{\mathrm{T}}$, $P=(P_1,\ P_2)$, 则 A 的奇异值分解为
$$A=\frac{1}{\sqrt{5}}\begin{pmatrix}1 & -2\\ 2 & 1\end{pmatrix}\begin{pmatrix}\sqrt{5} & 0 & 0\\ 0 & 0 & 0\end{pmatrix}\begin{pmatrix}1 & 0 & 0\\ 0 & 1 & 0\\ 0 & 0 & 1\end{pmatrix}.$$

(2) $A^{\mathrm{T}}A=\begin{pmatrix}2 & 1\\ 1 & 2\end{pmatrix}$ 的特征值为 $\lambda_1=3$, $\lambda_2=1$, 对应的特征向量为 $(1,\ 1)^{\mathrm{T}}$, $(-1,\ 1)^{\mathrm{T}}$. 于是
$$r(A)=2,\ D=\begin{pmatrix}\sqrt{3} & 0\\ 0 & 1\end{pmatrix},$$
$$Q=\frac{1}{\sqrt{2}}\begin{pmatrix}1 & -1\\ 1 & 1\end{pmatrix},\ Q_1=Q,$$
$$P_1=AQ_1D^{-1}=\frac{1}{\sqrt{6}}\begin{pmatrix}1 & -\sqrt{3}\\ 1 & \sqrt{3}\\ 2 & 0\end{pmatrix}.$$
取 $P_2=\frac{1}{\sqrt{3}}\begin{pmatrix}-1\\ -1\\ 1\end{pmatrix}$, 构造 $P=(P_1,P_2)$, 则 A 的奇异值分解为
$$A=\frac{1}{\sqrt{6}}\begin{pmatrix}1 & -\sqrt{3} & -\sqrt{2}\\ 1 & \sqrt{3} & -\sqrt{2}\\ 2 & 0 & \sqrt{2}\end{pmatrix}\begin{pmatrix}\sqrt{3} & 0\\ 0 & 1\\ 0 & 0\end{pmatrix}\frac{1}{\sqrt{2}}\begin{pmatrix}1 & 1\\ -1 & 1\end{pmatrix}.$$

2. $\|A\|_{\mathrm{F}}^2=\mathrm{tr}(A^{\mathrm{T}}A)=\sum\limits_{i=1}^{n}\lambda_i(A^{\mathrm{T}}A)=\sum\limits_{i=1}^{n}\sigma_i^2=\sum\limits_{i=1}^{r}\sigma_i^2.$

习题 6.1

1.
$$A'=\begin{pmatrix}-\sin t & -\cos t\\ \cos t & -\sin t\end{pmatrix},\ |A|=1,\ |A|'=0$$

$$|A'|=1,\ A^{-1}=\begin{pmatrix}\cos t & \sin t\\ -\sin t & \cos t\end{pmatrix},\ (A^{-1})'=\begin{pmatrix}-\sin t & \cos t\\ -\cos t & -\sin t\end{pmatrix}.$$

2.
$$\begin{pmatrix}\frac{1}{2}(e^{2t}-1) & e^{t}(t-1)+1 & \frac{1}{3}t^3\\ 1-e^{-t} & e^{2t}-1 & 0\\ \frac{3}{2}t^2 & 0 & 0\end{pmatrix}.$$

3.
$$A^2=A\cdot A,\ (A^2)'=AA'+A'A.$$

当 $AA'=A'A$，即 A 与 A' 可变换时，

$$(A^2)'=2AA'.$$

且

$$\frac{d}{dt}A^m=mA^{m-1}\frac{dA}{dt}.$$

用归纳法，设 $(A^m)'=mA^{m-1}\cdot A'$，而且 $AA'=A'A$，则

$$\begin{aligned}(A^{m+1})'&=(A^m\cdot A)'=(A^m)'A+A^m\cdot A'\\ &=mA^{m-1}A'A+A^mA'=(m+1)A^m\cdot A'.\end{aligned}$$

4. $A'=\begin{pmatrix}4e^{2t} & e^t & e^t\\ 2e^{2t} & e^t & -2e^{2t}\\ 6e^{2t} & e^t & -e^t\end{pmatrix}.$

习题 6.2

1. $|\lambda E-A|=(\lambda-2a)(\lambda+a)^2$，特征值 $2a$，$-a$.

当 $|a|<\frac{1}{2}$ 时，A 为收敛矩阵.

2. $\|A\|_\infty<1$，$P(A)<1$，收敛.

原式 $=(E-A)^{-1}=\begin{pmatrix}0.9 & -0.7\\ -0.3 & 0.4\end{pmatrix}^{-1}=\frac{2}{3}\begin{pmatrix}4 & 7\\ 3 & 9\end{pmatrix}.$

习题 6.3

(1) $e^{At}=\begin{pmatrix}2e^{-t}-e^{-2t} & e^{-t}-e^{-2t}\\ -2e^{-t}+2e^{-2t} & -e^{-t}+2e^{-2t}\end{pmatrix}.$

(2) $-\frac{1}{6}e^{t}\begin{pmatrix}-3 & 5 & -2\\ 3 & -5 & 2\\ 3 & -5 & 2\end{pmatrix}+\frac{1}{15}e^{-2t}\begin{pmatrix}0 & 11 & -11\\ 0 & 1 & -1\\ 0 & -14 & 14\end{pmatrix}+\frac{1}{10}e^{3t}\begin{pmatrix}5 & 1 & 4\\ 5 & 1 & 4\\ 5 & 1 & 4\end{pmatrix}$.

(3) $e^{-2t}\begin{pmatrix}2t^2+2t+1 & 2t+2 & \frac{1}{2}t^2\\ -4t^2 & -4t^2+2t+1 & -t^2-t\\ 8t^2-40t & 8t^2-12t & 2t^2-12t+1\end{pmatrix}$.

(4) $e^{-2t}\begin{pmatrix}1 & -5 & 1\\ 0 & 0 & 0\\ 0 & 2 & 1\end{pmatrix}+te^{-2t}\begin{pmatrix}0 & 6 & 3\\ 0 & 0 & 0\\ 0 & 0 & 0\end{pmatrix}+e^{-3t}\begin{pmatrix}0 & 5 & 0\\ 0 & 1 & 0\\ 0 & -2 & 0\end{pmatrix}$.

习题 6.4

1. (1) 在公式 $\cos(\boldsymbol{A}+\boldsymbol{B})=\cos\boldsymbol{A}\cos\boldsymbol{B}-\sin\boldsymbol{A}\sin\boldsymbol{B}$ 中，令 $\boldsymbol{B}=-\boldsymbol{A}$，得 $\cos^2\boldsymbol{A}+\sin^2\boldsymbol{A}=\cos\boldsymbol{O}=\boldsymbol{E}$.

(2) $\boldsymbol{A}(2\pi\boldsymbol{E})=(2\pi\boldsymbol{E})\boldsymbol{A}$,

$\sin(\boldsymbol{A}+2\pi\boldsymbol{E})=\sin\boldsymbol{A}\cos(2\pi\boldsymbol{E})+\cos\boldsymbol{A}\sin(2\pi\boldsymbol{E})$,

$\cos(2\pi\boldsymbol{E})=\boldsymbol{E}-\frac{1}{2!}(2\pi\boldsymbol{E})^2+\frac{1}{4!}(2\pi\boldsymbol{E})^4-\cdots=(\cos2\pi)\boldsymbol{E}=\boldsymbol{E}$,

$\sin(2\pi\boldsymbol{E})=2\pi\boldsymbol{E}-\frac{1}{3!}(2\pi\boldsymbol{E})^3+\frac{1}{5!}(2\pi\boldsymbol{E})^5-\cdots=(\sin2\pi)\boldsymbol{E}=0$,

$\sin(\boldsymbol{A}+2\pi\boldsymbol{E})=\sin\boldsymbol{A}$.

(3) 与(2)的推导类似.

(4) $e^{\boldsymbol{A}+2\pi i\boldsymbol{E}}=e^{\boldsymbol{A}}\cdot e^{2\pi i\boldsymbol{E}}=e^{\boldsymbol{A}}$.

这里 $e^{2\pi i\boldsymbol{E}}=\cos(2\pi\boldsymbol{E})+i\sin(2\pi\boldsymbol{E})=\boldsymbol{E}$.

2. (1) $(e^{\boldsymbol{A}})^{\mathrm{T}}=e^{\boldsymbol{A}^{\mathrm{T}}}=e^{-\boldsymbol{A}}$，$(e^{\boldsymbol{A}})^{\mathrm{T}}\cdot e^{\boldsymbol{A}}=e^{-\boldsymbol{A}}\cdot e^{\boldsymbol{A}}=e^{\boldsymbol{0}}=\boldsymbol{E}$.

(2) $(e^{i\boldsymbol{A}})^{\mathrm{H}}=e^{(i\boldsymbol{A})^{\mathrm{H}}}=e^{-i\boldsymbol{A}}$, $(e^{i\boldsymbol{A}})^{\mathrm{H}}\cdot e^{i\boldsymbol{A}}=e^{\boldsymbol{0}}=\boldsymbol{E}$.

3. $(e^{\boldsymbol{A}t})'=\boldsymbol{A}e^{\boldsymbol{A}t}$，令 $t=0$，得

$\boldsymbol{A}=(e^{\boldsymbol{A}t})'_{t=0}$,

$$\boldsymbol{A}=\begin{pmatrix}3 & 1 & -1\\ 1 & 3 & -1\\ 3 & 3 & -1\end{pmatrix}.$$

习题 6.5

1. 解　$|\lambda\boldsymbol{E}-\boldsymbol{A}|=\lambda^2+3$，$\lambda=\pm\sqrt{3}i$.

设　$e^{\boldsymbol{A}t}=a_0\boldsymbol{E}+a_1\boldsymbol{A}$,

$e^{\sqrt{3}it}=a_0+a_1\sqrt{3}i$,

$e^{-\sqrt{3}it}=a_0-a_1\sqrt{3}i$.

解出 $a_0=\cos\sqrt{3}t$，$a_1=\frac{1}{\sqrt{3}}\sin\sqrt{3}t$，$X(t)=e^{At}X(0)=\begin{pmatrix}\frac{2}{\sqrt{3}}\sin\sqrt{3}t,\\ \cos\sqrt{3}t+\frac{1}{\sqrt{3}}\sin\sqrt{3}t\end{pmatrix}$.

2. 解

$$|\lambda E-A|=(\lambda-3)^2+25,\ \lambda=3\pm5i.$$

设$e^{At}=a_0E+a_1A$，由

$$e^{(3+5i)t}=a_0+(3+5i)a_1,$$
$$e^{(3-5i)t}=a_0+(3-5i)a_1,$$

解出 $a_1=\frac{1}{5}e^{3t}\sin5t$,

$$a_0=e^{3t}\left(\cos5t-\frac{3}{5}\sin5t\right),$$

$$e^{At}=e^{3t}\begin{pmatrix}\cos5t & \sin5t\\ -\sin5t & \cos5t\end{pmatrix},$$

$$X(t)=e^{At}X(0)+\int_0^t e^{A(t-\tau)}F(\tau)d\tau,$$

$$e^{At}X(0)=e^{3t}\begin{pmatrix}\sin5t\\ \cos5t\end{pmatrix}$$

$$e^{-A\tau}F(\tau)=\begin{pmatrix}e^{-4\tau} & \cos5\tau\\ e^{4\tau} & \sin5\tau\end{pmatrix},$$

$$\int_0^t e^{-A\tau}F(\tau)d\tau=\frac{1}{41}\begin{pmatrix}e^{-4t}(-4\cos5t+5\sin5t)+4\\ e^{-4t}(-4\sin5t-5\cos5t)+5\end{pmatrix},$$

$$X(t)=e^{3t}\begin{pmatrix}\sin5t\\ \cos5t\end{pmatrix}+\frac{1}{41}\begin{pmatrix}-4e^{-4t}+4\cos5t+5\sin5t\\ -5e^{-4t}+5\cos5t-4\sin5t\end{pmatrix}.$$

3. $|\lambda E-A|=(\lambda+1)^3$，$m(\lambda)=(\lambda+1)^2$.

设 $e^{At}=a_0E+a_1A$，$e^{\lambda t}=a_0+a_1\lambda$.

求导 $te^{\lambda t}=a_1$，代入得

$$a_1=te^{-t},\ a_0=(1+t)e^{-t},$$

$$e^{At}=e^{-t}\begin{pmatrix}1+4t & 0 & 8t\\ 3t & 1 & 6t\\ -2t & 0 & 1-4t\end{pmatrix},$$

$$X(t)=e^{At}X(0)=e^{-t}\begin{pmatrix}1+12t\\ 1+9t\\ 1-6t\end{pmatrix}.$$

4. 解 $|\lambda E-A|=\lambda^2(\lambda-1)$.

设 $e^{At}=a_0E+a_1A+a_2A^2$,

$$e^{\lambda t}=a_0+a_1\lambda+a_2\lambda^2.$$

求导 $te^{\lambda t}=a_1+2a_2\lambda$,

代入得 $a_0=1$，$a_1=t$，$a_2=e^t-1-t$,

$$e^{At}=\begin{pmatrix}1-2t & t & 0\\ -4t & 1+2t & 0\\ 1+2t-e^t & e^t-t-1 & e^t\end{pmatrix},$$

$$\boldsymbol{X}(t)=e^{At}\left[\boldsymbol{X}(0)+\int_0^t e^{-A\tau}F(\tau)\,d\tau\right],$$

$$e^{-A\tau}F(\tau)=\begin{pmatrix}1\\2\\0\end{pmatrix}$$

解出
$$\boldsymbol{X}(t)=\begin{pmatrix}1\\1\\e^t(t-1)\end{pmatrix}.$$

习题 7.1

1. $\rho(\boldsymbol{A})\leqslant\|\boldsymbol{A}\|_\infty=1.$
2. $|\lambda_i|\leqslant 2.7$，$|\mathrm{Re}\lambda_i|\leqslant 2.7$，$|\mathrm{Im}\lambda_i|\leqslant 0.165.$

习题 7.2

1. 在如下四个盖尔圆的并集内：
   (1) $|z-1|\leqslant 1$,
   (2) $|z-1.5|\leqslant 1.5$,
   (3) $|z-5|\leqslant 1$,
   (4) $|z-5\mathrm{i}|\leqslant 1.$
2. A 的四个盖尔圆为
   G_1：$|z-9|\leqslant 4$，G_2：$|z-8|\leqslant 2$，G_3：$|z-4|\leqslant 1$，G_4：$|z-1|\leqslant 1.$
   由于 G_4 孤立，其中含有一个实特征值.另外三个圆中含有三个特征值，由于复根成对出现，三个圆的交集中必有一个实特征值，从而至少有两个实特征值.
3. **证明：**
   A 的四个盖尔圆为
   G_1：$|z-1|\leqslant\frac{13}{27}$，$G_2$：$|z-2|\leqslant\frac{13}{27}$，$G_3$：$|z-3|\leqslant\frac{13}{27}$，$G_4$：$|z-4|\leqslant\frac{13}{27}$.
   这四个盖尔圆弧立，其中各有一个特征值. $\boldsymbol{A}$ 有四个不同的特征值，一定可以对角化，即相似于对角矩阵.又由于 $\boldsymbol{A}$ 是实矩阵，特征值都是实数，复根一定成对出现，A 按行严格对角占优. $\det\boldsymbol{A}\neq 0$，$\boldsymbol{A}$ 的特征值不等于零.

习题 8.1

1. $\mathrm{tr}(\boldsymbol{A}\otimes\boldsymbol{B})=\sum_i \mathrm{tr}(a_{ii}\boldsymbol{B})=(\sum_i a_{ii})\mathrm{tr}\boldsymbol{B}=\mathrm{tr}\boldsymbol{A}\cdot\mathrm{tr}\boldsymbol{B}.$
2. $\|\boldsymbol{x}\otimes\boldsymbol{y}\|_2^2=(\boldsymbol{x}\otimes\boldsymbol{y})^{\mathrm{H}}(\boldsymbol{x}\otimes\boldsymbol{y})=(\boldsymbol{x}^{\mathrm{H}}\boldsymbol{x})\otimes(\boldsymbol{y}^{\mathrm{H}}\boldsymbol{y})=1.$

3. 设 $r(\boldsymbol{A})=r_1$, $r(\boldsymbol{B})=r_2$, 则存在可逆矩阵 $\boldsymbol{P}_i$, $\boldsymbol{Q}_i$, $i=1, 2$,

$$\boldsymbol{P}_1\boldsymbol{A}\boldsymbol{Q}_1=\begin{pmatrix}\boldsymbol{E}_{r_1} & \boldsymbol{O}\\ \boldsymbol{O} & \boldsymbol{O}\end{pmatrix}=\boldsymbol{A}_1,\ \boldsymbol{P}_2\boldsymbol{B}\boldsymbol{Q}_2=\begin{pmatrix}\boldsymbol{E}_{r_2} & \boldsymbol{O}\\ \boldsymbol{O} & \boldsymbol{O}\end{pmatrix}=\boldsymbol{B}_1,$$

$$(\boldsymbol{P}_1\otimes\boldsymbol{P}_2)(\boldsymbol{A}\otimes\boldsymbol{B})(\boldsymbol{Q}_1\otimes\boldsymbol{Q}_2)=\boldsymbol{A}_1\otimes\boldsymbol{B}_1.$$

4. $(\boldsymbol{A}\otimes\boldsymbol{B})(x_i\otimes y_i)=\lambda_i\mu_j(x_i\otimes y_i)$.

5. 提示:用 $\boldsymbol{P}^{-1}\boldsymbol{A}\boldsymbol{P}=\boldsymbol{\Lambda}_{\boldsymbol{A}}$, $\boldsymbol{Q}^{-1}\boldsymbol{B}\boldsymbol{Q}=\boldsymbol{\Lambda}_{\boldsymbol{B}}$ 证明.

6. $n\lambda_1$, $n\lambda_2$, $\cdots$, $n\lambda_m$, 0, $\cdots$, 0.

习题 8.2

1. **解** 两边拉直, 得

$$(\boldsymbol{A}\otimes\boldsymbol{E}+\boldsymbol{E}\otimes\boldsymbol{B}^{\mathrm{T}})\vec{\boldsymbol{X}}=\vec{\boldsymbol{F}},$$

$$\boldsymbol{A}\otimes\boldsymbol{E}+\boldsymbol{E}\otimes\boldsymbol{B}^{\mathrm{T}}=\begin{pmatrix}-1 & -1 & -1 & 0\\ 2 & 2 & 0 & -1\\ 0 & 0 & -1 & -1\\ 0 & 0 & 2 & 2\end{pmatrix},\ \vec{\boldsymbol{F}}=\begin{pmatrix}0\\ -2\\ 2\\ -4\end{pmatrix}.$$

解方程得通解 $x_3=4$, $x_4=-6$, $x_1=-4-x_2$.

原方程通解为 $\boldsymbol{X}=\begin{pmatrix}-4 & 0\\ 4 & -6\end{pmatrix}+k\begin{pmatrix}-1 & 1\\ 0 & 0\end{pmatrix}$.

2. **解** 两边拉直, 得

$$(2\boldsymbol{E}\otimes\boldsymbol{E}+\boldsymbol{A}\otimes\boldsymbol{E}-\boldsymbol{E}\otimes\boldsymbol{A}^{\mathrm{T}})\vec{\boldsymbol{X}}=0,$$

$$2\boldsymbol{E}\otimes\boldsymbol{E}+\boldsymbol{A}\otimes\boldsymbol{E}-\boldsymbol{E}\otimes\boldsymbol{A}^{\mathrm{T}}=\begin{pmatrix}2 & -2 & 0 & 0\\ 0 & 0 & 0 & 0\\ 2 & 0 & 4 & -2\\ 0 & 2 & 0 & 2\end{pmatrix}.$$

求出通解 $\boldsymbol{X}=k\begin{pmatrix}-1 & -1\\ 1 & 1\end{pmatrix}$.

3. **解** 可以推导出

$$\boldsymbol{X}(t)=\mathrm{e}^{\boldsymbol{A}t}\boldsymbol{X}_0\mathrm{e}^{\boldsymbol{B}t},$$

计算得 $\mathrm{e}^{\boldsymbol{A}t}=\begin{pmatrix}\mathrm{e}^t & \mathrm{e}^t-1\\ 0 & 1\end{pmatrix}$, $\mathrm{e}^{\boldsymbol{B}t}=\begin{pmatrix}\mathrm{e}^t & 1-\mathrm{e}^t\\ 0 & 1\end{pmatrix}$,

$$\boldsymbol{X}(t)=\begin{pmatrix}\mathrm{e}^{2t} & -(\mathrm{e}^t-1)^2\\ 0 & 1\end{pmatrix}.$$